THINKr
新思

新 一 代 人 的 思 想

协同进化

The Coevolution

The Entwined Futures *of* Humans *and* Machines

人类与机器融合的未来

[美] 爱德华·阿什福德·李——著
Edward Ashford Lee
李杨——译

中信出版集团 | 北京

图书在版编目（CIP）数据

协同进化：人类与机器融合的未来 /（美）爱德华·阿什福德·李著；李杨译 . -- 北京：中信出版社，2022.6（2023.5 重印）

书名原文：The Coevolution: The Entwined Futures of Humans and Machines

ISBN 978-7-5217-4147-6

Ⅰ . ①协… Ⅱ . ①爱… ②李… Ⅲ . ①人工智能－研究 Ⅳ . ① TP18

中国版本图书馆 CIP 数据核字（2022）第 054228 号

协同进化：人类与机器融合的未来
著者：［美］爱德华·阿什福德·李
译者：李　杨
出版发行：中信出版集团股份有限公司
（北京市朝阳区东三环北路27号嘉铭中心　邮编　100020）
承印者：北京顶佳世纪印刷有限公司

开本：787mm×1092mm　1/16　印张：27.25　字数：289 千字
版次：2022 年 6 月第 1 版　印次：2023 年 5 月第 2 次印刷
京权图字：01–2020–3536　书号：ISBN 978–7–5217–4147–6
定价：88.00 元

服务热线：400–600–8099
投稿邮箱：author@citicpub.com

谨以此书献给我的母亲，她的冒险精神、求知欲、开放的心态以及慷慨的为人都时刻激励着我。

推荐与赞誉

本书提出并阐述了人类和机器共生共长的“协同进化”理论，我很感兴趣，并认为是我读到过的有关人工智能和人类关系的最有道理的学说，值得一读。

陆汝钤

中国科学院院士、华罗庚数学奖

吴文俊人工智能最高成就奖

中国计算机学会终身成就奖获得者

数字机器能否拥有自我意识？人类可以永远掌控科技的发展，还是注定要被新兴的“超智慧物种”灭绝？有关这类问题的争论在媒体上泛滥成灾。爱德华·阿什福德·李教授几年前出版的《柏拉图与技术呆子》一书很引人关注，现在又推出《协同进化：人类与机器融合的未来》这本重磅科技哲学佳作。本书对上述问题给出了与众不同的回答：科技正在与人类一起经历达尔文式的协同进化，更可能的结果是人与技术共生。大学生、科技工作者和政府官员都应该读一些像本书一样的有真知灼见的科技哲学著作，加深对人与科技之间复杂关系的认识，才能做出符合客观规律的技术选择和政策决策。

李国杰

计算机科学家、中国工程院院士

曙光信息产业股份有限公司董事长

这是一本充满深刻思想的书，爱德华·阿什福德·李教授通过这本书来探寻一个根本问题的答案——究竟是人类在定义科技，还是科技在定义人类？从这个问题出发，以新的视角来审视人机共存和协同进化，相信会给读者很多新的启发。

包云岗

中国科学院计算技术研究所研究员、副所长

很高兴看到加州大学伯克利分校的著名计算机科学家爱德华·阿什福德·李的这本新书被译成中文出版。这本书的原著刚出版时我就曾浏览并向我的同事和学生推荐过。二十多年来我和我的团队一直关注李教授的研究动向，阅读和浏览他发表的每一篇论文和出版的每一本著作，并一直用他的书作为研究生课程教材。李教授的这本书非常有创意，思维非常超前，对研究工业 4.0、CPS 与物联网有非常重要的启示。

李仁发

计算机科学家

湖南大学信息科学与工程学院教授

目 录

推荐序

数字技术绝对是迄今为止人类文明史上最伟大的发明创造之一，它催生了一个前所未有的信息世界和数字时代。今天，数字技术加速迭代演化，人工智能技术持续落地，各类人造数字生命不断诞生，信息世界与物理世界日益融合，人类社会已随之迈入“未来的”数字智能新时代。作为数字生命和新时代的缔造者，人类造物主当然有理由为自己的智慧和创造力感到自豪。但随着数字技术及数字生命的快速演化，数字生命体的结构与行为开始变得有些复杂和难以解释，并由此引发了越来越多的关注、困惑甚至担忧。究其原因，主要是数字化“新物种”的诞生和进化必将带来一系列超越科技本身的社会、文化、哲学等更大范畴的现象与问题：人工智能与自然智慧在本质上有何异同？数字化和算法式的内在特性对数字技术的进化到底有着怎样的影响？未来的人工智能将走向何方，数字生命是否会发展出自我完善、自我进化的心智与能力？数字机器与人类将会进行零和博弈，还是实现融合共生？数字生命体、人工智能将对人类社会带来哪些挑战，我们该如何寻找应对之策？……对于这些问题的深入思考与求索，将对人类、数字生命以及二者的未来产生深远的影响。

显然，要开展这样的探索，首先需要对二者的本质有深度的思考和研究，并且需要具有高阶数字人文主义素养的科技哲人和先行者。本书的作者爱德华·阿什福德·李教授，正是这样一位对数字技术与人类的未来有着深刻洞察并富有远见卓识的顶级学者。作为全球一流的计算机科学家，爱德华教授在他始于贝尔实验室的杰出科研经历中对数字技术和数字机器（特别是信息物理系统）形成了非常专业的认知和理解。近年来，他从数字人文主义的角度对人类与数字技术的未来进行了系统思考和科学论证，并给出了一系列或令人信服，或极具启发性的论断与独到见解，常常在寥寥数语间就能直达问题的本质，别开生面且生动有趣。在这一点上，他的上一部科技哲学大作，以数字技术贯穿始终的《柏拉图与技术呆子》在全球范围热销就是明证。在该书中，爱德华教授围绕科学与工程、发明与发现、发明与设计、进化与革命、自主与智能等论题展开论证，科学阐述了“数字技术的创造者具有无限的创造力”“制约科技创新发展的根本在于人类接受新范式的速度与程度”以及“技术真正的力量源于其与人类合作的方式”等一系列重要观点。这本《协同进化》可以看作爱德华教授对前作中技术与人类共生融合关系这一主题的延伸讨论和宏大展开，其核心观点是数字技术与人类将在依赖和竞争中最终实现融合共生与协同进化。

在数字技术似乎已经习得部分生命体特征以及人类认知功能的背景下，爱德华教授在本书中以生命的起源以及进化的本质为立足点，从哲学、神经科学、心理学、遗传学、社会学等诸多有机关联的维度出发，对自然生命体和自然智慧与有生数字体和人工智能的机理、演化、互补作用进行了剖析对比和精彩论述。针对人工智能技术及其未来，爱德华教授指出，机器学习领域的突破性成果本质上得益于反馈机制的引入，正是这些进化使机器拥有了较为复杂的智慧能力，但也发展出了一些人类难以解释的行为。他特别强调，生物过程与计算过程之间存在着无法弥合的根本性差异。因此，虽然有些数字生命体已开始具备构成生命的必要条件，且呈现出任何人类都不具备的智能形式，但智能本身是多维度的，现在的数字人工物仍不具备与认知相类似的高阶能力。通过引用神经科学、心理学等领域的研究成果，爱德华教授指出，缺乏与环境进行深度交互的计算机就如同脱离了身体的大脑，根本无法仅通过基因携带的遗传信息就发展出复杂的心智。套用作者的句式，我在这里用一个仿写的句子来说明这一观点：“为这本书作序的这项认知活动并非完全发生在我的大脑中，而是在于我的大脑与电脑、互联网以及爱德华的大作、记号笔、读书笔记间的交互。所有这些组成部分都有重要的意义，无论是缺了哪一环，这个思考的过程都将无从发生。”另外，爱德华教授通过论证表明，数字物理学以及生命和认知都是数字化、可计算的这样的观点，大概率只能算是一种信仰而非事实和科学。他对此给出了基于当前科学理论的推理和论证，如：尽管基因遗传特征是数字式的，但研究已证明心智的形成、发展无法仅靠先天的基因来完成；香农的信息论已经阐明，尚无法在有噪信道中实现无限编码信息的完全传输；数字机器的数字化、计算式特征使其尚无法实现某些类型的连续反馈等。同时，鉴于人类的生理构造与机器的逻辑构造之间存在着根本差异，且正是这些差异决定了数字机器的认知功能或许永远不会与人类的认知功能相类似，因此，从人类的角度来尝试解释机器的决策或许最终会被证明毫无意义，发展拟人的人工智能也可能并非一个合理的发展目标。根据作者的这些观点，我们是不是应该就人们当前对数字技术的普遍认知与趋势预测的科学性、合理性进行思考和讨论呢？

不可否认，数字技术、人工智能的发展水平目前还称不上非常高，但持续的演化和广泛的应用必然将使其进化出更丰富强大的感知、作动等交互能力和反身机制，届时，机器的进化和“认知”能力必将迎来大的爆发。例如，作者在书中谈及了 2018 年 9 月应邀访问古城西安和西北工业大学期间对中国科技发展的切身感受和思考，并引用李开复的观点说，中国在人工智能的赛道上已经建立起显著的领先优势，在一定程度上便是得益于这些技术在物理世界、人类社会中的深度应用。对于人类与技术的未来，作者则倾向于表达出自己的乐观态度。他指出，将数字机器视作一种与人类共享生态系统、协同进化的生命体是一种极为有益的思维方式。他还认为，将人类的当下与科技的未来进行关联是一种错位，既割裂了二者已经呈现出的共生进化关系，也忽视了人类在漫长进化中形成的强大适应能力，是局限的、不合理的。如果将二者统一起来看，虽然数字技术、数字生命体的出现可能会对某些个体或行业造成冲击，会对社会文化带来各种挑战，但其促进人类整体进化的积极作用不容忽视。现在，数字技术的存在和延续还主要依赖于人类，而人类对技术的依赖还未达到不可或缺的地步，但实际上，二者彼此之间的影响已经从基因延伸到模因、从科技拓展至文化，彼此深度融合的共生关系正在日益形成。作者强调，融合共生、协同进化必然意味着人类与数字技术双方都将发生深刻变化。在这样的背景下，人类真正应该“担心”的似乎并不是被数字机器奴役或毁灭，而更应该是在未来的共生进化过程中诞生的一代代新新人类。看上去，这倒似乎更是令人感到期待。

爱德华教授的这部科技哲学著作一如既往地发扬了他专业、生动、博学、深刻的著述风格，可读性强且极富教益。本书所强调的一系列数字人文主义观点将令读者对数字技术及其未来产生深刻理解与无限遐想，这些科技人文新理念、新思维的广泛传播也必将对人类的未来产生重大影响。

张凯龙

西北工业大学教授、中国计算机学会嵌入式系统专委会秘书长

西北工业大学－巴黎高科 MINES 机器人与群智能系统联合实验室主任

2022 年 5 月　西安

前言

数字科技正在改变我们沟通交流、工作思考的方式，其影响已经超过了人类的其他所有发明。机器作为人类的智能假体，一方面帮助我们完成数学计算、文字拼写、信息记忆等工作，另一方面却也潜移默化地塑造着我们的思维方式，促使我们点击广告按钮、编写越来越复杂的代码并在政治议题上采取极端立场。当下，机器对人类的塑造主要以人工智能（简称“AI”）为基础，而不少有识之士认为，人工智能技术对人类构成了“存在性威胁”。

技术在塑造我们的文化的同时，也为我们的文化所塑造，并以极快的速度演进变化。这些变化在多大程度上可控？人工智能是否真的会威胁到人类的生存？我们是否注定要被新兴的“超智慧生物”灭绝？还是说我们终将以大脑植入的形式与技术融合成为生化机器人，开启拟人智能的新时代？

本书认为，科技正在与人类协同进化，而这种进化并不像技术鼓吹者或技术恐惧者所宣称的那样，会导致人与技术相融合或者被技术所灭绝，更可能的结果是人与技术共生。当然，这并不意味着这个过程将一帆风顺，或者不会有大风大浪。快速的协同进化本质上是一个不可预测的过程，而随着技术和人类的同时改变，出现各种各样的问题在所难免。但面对问题，我们应该实事求是地寻求解决方案，而不是将其视作“世界之战”*。

一个根本性的问题在于，究竟是我们在定义科技，还是科技在定义我们？如果我们采取所谓的“数字创世论”观点，认为科技纯粹是可控的、审慎的、自上而下的智能设计的产物，那么我们只要确保人类工程师们“为所应为”，就能获得称心如意的结果。但如果人与机器关系的本质是达尔文式的协同进化，而人类工程师只是变异的推动因子，那么左右技术和社会发展轨迹的就是意外后果而非精心规划了。

担忧人工智能失控的人会为这种可能性惴惴不安，因为如果我们与机器协同进化，那么事情实际上并不受人类控制。但缺乏掌控并不意味着人类会被消灭或者奴役，因为这一过程同样不是机器能掌控的。能动性在进化的过程中没有用武之地；细菌进化出抗生素耐药性既不以人的意志为转移，也不是出于它自己的主观能动性。虽然机器至少目前尚未表现出类似能动性的特征，但它们的确参与了自身的发展过程，这一点几乎跟生物是一样的。

我本人在对人机关系的探索中发现，将机器视作一种与人共享生态系统、协同进化的生命体，是很有帮助的思维方式。将机器视作“生物”并不等同于认为它们具有智能，也不需要赋予它们能动性，而是承认它们具有一定程度的自主性，可以维持自身的生命过程，并且能够自我复制（尽管目前仍然需要人类的帮助）。这些都是生命体

---

* “世界之战”的原文“War of the Worlds”指代的是英国著名小说家赫伯特·乔治·威尔斯（Herbert George Wells）发表于1898年的一部科幻小说，该小说讲述的是火星人入侵地球的故事。——译者注

的特征，并且塑造了我们与科技之间的关系。这样的一种隐喻不仅直面了人类对技术发展轨迹究竟有多大掌控力的问题，而且能够启发我们去理解除人类意志之外的其他影响科技发展的力量。

在与别人讨论这个隐喻时，我创造了“LDB”这个术语，作为对“有生数字体”（Living Digital Beings）的简称。但使用这个术语可能会造成过度引申，让读者误以为我要赋予机器某种玄乎其玄的“生命的跃动”（élan vital）。因此，我在本书中仍将使用“机器”这个词语，不过有两个前提需要说明。首先，本书中所讨论的“机器”并不涵盖任何生物系统，尽管生物系统本质上也可以用机械论的观点加以分析。其次，本书中探讨的机器不限于硬件，其中有些甚至不需要依附于硬件。软件不仅是机器数字过程的必要部分，有时候甚至还是最重要的部分。如果我们将机器视作生物，那么软件就是DNA（脱氧核糖核酸）和代谢途径。机器的“身体”由硅和钢铁而非有机分子构成，而机器与其“身体”之间的关系更大大不同于有机生物与自身躯体之间的关系。尽管如此，机器还是具备很多近似于生物的特征。它们的本质取决于其“生命”过程而非材料构成。同样，类似于生物，机器也有生有死。有些机器构造简单，不过几千比特的“基因”代码而已；有些机器则极尽复杂。有些机器可以做出堪称“智能”的行为，但大多数机器不能，这一点与生物是一样的。大多数机器生命短暂，有时候甚至不足一秒；同时也有一些机器的生命可以持续数月甚至数年；有些机器甚至超越了有机生物，有望实现永生。

人类可以对周遭的生物施加影响，却不能控制它们。虽然我们可以利用基因工程技术创造出新的微生物或者新的植物品种，但这更像是对自然过程的推动，而非自上而下的智能设计。若能意识到这一点同样适用于科技的发展，我们便能做出更具智慧的政策决策，更好地预测政策的失灵以及潜在的灾难。与此同时，正如利用生物工程技术制成的疫苗可以影响我们的生理机能那样，数字科技同样影响着我们的思维以及社会和政治的结构。科技带来的信息洪流远远超出了我们的吸收能力。它为我们带来了新的药品、心脏起搏器和体内成像手段，提升了我们的身体健康水平，同时却又威胁到了我们的心理健康。数字科技正在改变我们的经济、社会关系和政治结构，从而颠覆人类社会的组织结构。它既消灭财富，又创造着新的财富；既能改善环境，也能破坏生态。它不断地改变着权力结构。机器拥有超越人类的速度、准确性、信息处理和分析预测能力，可以帮助人类更高效地解决问题；但同样的科技也可以用于构建天罗地网的监控，挑拨人与人的关系，借助过滤气泡（filter bubble）和回音室（echo chamber）形成一个个信息孤岛，进而危及民主的基础。

如果我们把机器视作生物，便会发现机器与我们人类——创造它们的有机体——有很多相似之处。跟我们人类一样，机器会对外界环境的刺激做出反应。它们的反馈可以是与我们对话、向我们派送货物或者打开我们房间里的暖气。有些机器会不断成长，其他机器则生来便完全成形，到死也没有太大变化。有些机器会“繁衍生息”，尽管这一过程基本上都需要人类的帮助。很多机器一旦死亡，便彻底灭绝。

有些机器可以被类比为简单的单细胞生物，它们的身体只是一个硅材质的微处理器；有的机器则是体型庞大的多细胞生物，不仅有数以百万计的组件和一个“神经系统”，甚至还有一套内部恒温系统，也就是由计算机控制的空调系统，可以将机器的数据中心维持在最适宜运行的温度。有些机器长期处于休眠状态，像孢子一样待时机成熟时才恢复活性——比如你家的洗碗机，任务完成之后便再次进入休眠状态。

机器也需要营养，但它们的营养是电，而不是生物需要的有机物或者阳光。如果愿意，我们可以将计算机控制的发电厂理解为机器的消化系统，它不断地进行新陈代谢（metabolism），将有机的化石燃料转化为电能。但数字机器很少独立拥有消化系统。除此之外，它们与生物相比还有很多生命形态上的差异。比如，它们可以将整个身体与其他机器共享；一片微处理器可以同时服务多台机器。更本质的区别在于，机器是数字的、基于计算的。人类作为机器的有机创造者，是否本质上也是数字的和基于计算的呢？当今的很多思想家持肯定观点，但同样也有很多理由去质疑这种观点。再先进的人工智能可能也无法真正做到与人类相似，其原因就在于机器本质上是数字的、算法的，而且不具备有机的血肉之躯。它们在构成材料这一点上就与人类不一样。

数字技术人工物（digital technological artifact）是否真的有生命？这个问题没有标准答案，完全看你怎么定义“生命”。即使是生物学家也无法就有机生物的“生命”是什么达成一致意见。你可以说硅本身不具备生命，但组成我们身体的分子本身也不是活物。生物是一个过程，而不是一个物件。刚刚死亡的生物，其尸体的构成物质与它活着的时候一模一样。重要的不是物质，重要的是过程。

我们可以围绕数字科技到底有没有生命这个问题无休无止地争论下去，但这没有任何意义。更有意思的问题是：“生命”的类比是否有助于我们更好地理解人类以及社会正在发生的变化？毫无疑问，我们正经历着令人恐惧的巨变。如果技术人工物正在经历达尔文式的进化，那么我们就只能影响其进化的过程，而无法控制其进化的路径。于是，工程技术成了养殖和接生，而科技进化的最终结果将取决于自然选择。但人们对未来科技的恐惧还是太过夸大了，因为在自然选择力量的影响下，物种之间是可以互补的，而不一定要你死我活。实际上，仿真机器人和拟人人工智能都未必是机器最终的归宿。模仿人类可能并非机器的终点，与人类互补或许才是科技发展的正道。

即便我们将数字人工物视为生物，它们仍然依赖于人类。但相应地，我们也依赖于它们。想象一下，当你读到这段文字的时候，假如全球的电脑都被永久关闭并且无法再启动，那么将发生什么？对于人类来说，其结果必将是灾难性的。哪怕仅仅关闭几台电脑都会带来高昂的成本。虽然我们可以“拔电线”让“做错事”的机器“听话”，但实际上，拔电线的成本太高了，与其说是“杀掉”机器，不如说是自寻死路。

换个角度，想象一下，当你读到这段文字的时候，你体内的所有细菌集体死亡。短时间内你可能安然无恙，但过不了多久，你就会病入膏肓。生物学家将我们与体内细菌的关系称为互利共生（mutualistic symbiosis），也就是说双方都能够从共生关系中获利。我们与机器之间的联系可能正超越互利共生，发展为生物学家口中的专性共生（obligate symbiosis），也就是任何一方都离不开另一方。情况若真是如此，那我们的确应该好好考虑一下，我们是否真的能控制机器的进化过程。早在20世纪60年代，马歇尔·麦克卢汉（Marshall McLuhan）、理查德·道金斯（Richard Dawkins）*、丹尼尔·丹尼特（Daniel Dennett）† 等思想家就提出，科技是我们自身的延伸，而且技术作为思想的累积，与人类之间是一种达尔文式的协同进化关系。但我们今天的所见所闻却与上述观点大相径庭。上述思想家认为，“技

---

* 理查德·道金斯（1941— ），英国著名进化生物学家、动物行为学家和科普作家，英国皇家科学院院士，牛津大学教授，著有《自私的基因》《盲眼钟表匠》等。——译者注

† 丹尼尔·丹尼特（1942— ），当代美国哲学家、认知科学家，现为塔夫茨大学哲学教授、认知研究中心（Center for Cognitive Studies）主任，著有《意识的解释》《直觉泵和其他思考工具》《达尔文的危险观念》等。——译者注

术”是思想的纲要，而思想——也就是道金斯所称的“模因”，是固化在人类大脑当中的。思想在可预见的未来恐怕无法脱离人类而独立存在或者自主复制，但基于数字技术的机器却可以做到这一点。

数字计算技术的变革性超越了人类此前创造的任何科技。随着我们对计算能力的理解不断深入，我们开始在自然界中发现类似于计算的过程，包括自组装（self-assembly）、基因调控网络（gene regulation network）、蛋白质–蛋白质相互作用（protein-protein interaction）以及单细胞生物中的基因拼装（gene assembly）。一些研究人员由此得出结论，自然界中的所有过程最终都可以被视为某种形式的计算。这堪称观念上的大飞跃，而本书的主题之一便是探讨生物过程与计算过程之间存在哪些无论技术如何发展都无法弥合的根本性差异。如果人类本身就是一种计算机，那么或许我们真的迟早会被机器压制。但如果我们不是机器，那么能取代我们的机器也许还没有诞生。

然而，这并不意味着我们可以高枕无忧。弗诺·文奇（Vernor Vinge）、雷·库兹韦尔（Ray Kurzweil）、尼克·博斯特罗姆（Nick Bostrom）和迈克斯·泰格马克（Max Tegmark）等思想家都谈到过反馈环路失控的可能。在这种情况下，机器有能力自行设计它们的后代，从而打破与人类的专性共生关系。软件的确会反过来影响软件设计。但这是否意味着人类不过是一台更宏大的机器里的轮齿？毫无疑问，这样的命运已经降临在优步（Uber）司机的身上，他们执行的只是转动方向盘、踩刹车这类机器暂时还没学会的低级别功能。等待我们的是否真的只有被征服甚至被消灭？或者我们将继续与科技共同进化，变成面目全非的新物种，甚至与机器发生物理结合、成为生化电子人（cyborg）？

不少生物学家相信，像人体细胞这样拥有细胞核的“真核细胞”

就是从原本截然不同的有机体的共生中逐步进化而来的，这些有机体正是这些细胞以及细胞的细胞核和线粒体的“祖先”。这个过程可能会在人与机器的融合中再度上演。但对于两种不同的生命形态而言，并非只有“你死我活”或者“合二为一”这两条路，互补互助也是一种可能，而且自然界中有很多这样的先例。当今世界，人机互补的案例俯拾即是：银行软件每天可以精确可靠地处理几十亿笔交易，方便我们获取日常饮食，即便它并不是我们身体的一部分。

我们是否可以——或者说应该——将机器视作生命体？这个问题会牵扯出一系列难题。数字人工物是否可以在不借助人类力量的情况下自行存活、复制？它们有着怎样的复制、遗传和变异机制？它们能否匹敌或者超越人类的智能？它们能否具有自我意识，甚至是自由意志？它们应该对自己的行为负有怎样的责任？它们的行为是否符合伦理的标准？这些难题同样适用于人类自身，也正是哲学家几个世纪以来孜孜不倦探究的问题。

本书或许不会给你提供简单直白的答案。但我希望读罢此书，读者可以获得对这些问题更深入的理解。至少就我而言，我自认为对科技的理解胜过对人类的认识，而科技的视角总能让哲学问题更加明晰。或许，探究数字人工物是否能拥有自我意识，可以帮助我们更好地理解自我意识是怎样形成的。同样地，我们或许还可以在纠结这些问题的过程中，加深对人与科技之间复杂关系的认识。

章节概览

有些读者喜欢在阅读之前先了解书的梗概。尽管有自我指涉之虞，但为了方便这部分读者，我在此简单介绍一下本书的内容。不过坦诚地讲，我建议各位跳过这部分，直接进入第1章。本书所要讲述的故事是短短几个段落难以准确概括的，并且这样的概括难免会让读者误以为书中的内容庞杂繁复。但尽管如此，以下是本书内容的概要，供各位读者按需参考：

在第1章“半个大脑”中，我将引入“有生数字体”这个隐喻。我要讨论的不是人工智能，也不是未来的反乌托邦或者人类的生存性威胁——毕竟在这些方面有很多学者珠玉在前。我在这里探讨的是我们已经十分依赖的数字人工物，以及它们如何改变了我们，将怎样继续改变我们，又将怎样随着我们的改变而改变。我将探讨它们如何繁衍和变异，以及我们是如何像离不开肠道菌群那样离不开它们。

第2章“‘生命’的意义”的主题是，我们是否真的可以将数字人工物视为生物。毕竟，它们并不具备其他各类生物所具备的基本生物属性，在这种情况下，将它们称作生物岂不牵强？但须知数字人工物同其他生物一样，都是一种过程，而不是一个物件。它们会对周边环境的刺激做出反应，会生长、繁殖、继承先辈的性状，也拥有近似细胞的结构。它们主动维持着稳定的内部环境（内稳态），它们使用的能量主要来自有机分子的化学转化（近似新陈代谢的过程）。像维基百科这样更加高级的数字人工物甚至还拥有自己的神经系统。这样看来，这个类比好像也没有那么牵强——不过我会在第7章引入一个相反的视角。总而言之，问题的关键并不在于它们是否真的活着，而在于这个类比是否可以帮助我们更好地理解人类与科技之间的关系。

第3章“计算机无用？”着眼于数字科技作为人类的“认知假体”以及大脑的延伸的角色。数字科技让我们变得更聪明还是更愚蠢，抑或两者兼有？在本章中，我的观点是，科技可以使个体的人变得更加愚蠢，同时让人类整体变得更加聪明。

第 4 章“有话直说”从作为所有生物本质特征之一的反馈（feedback）讲起，首先从较高层级探讨反馈在人类语言生成过程中扮演的角色，之后讨论了反馈机制以深度学习算法等形式在人工智能软件中的应用，以及它如何使机器的认知更接近于人类。

第 5 章“负反馈”主要讨论一个非常简单却十分有力的理念：犯错，然后纠错。要做到这一点，需要具备感知错误的能力，以及纠正错误、减少犯错的能力。如果一个系统可以快速坚决地完成纠错，那么反馈机制就可以很好地弥补系统设计的粗糙。本章将从最原始生物的反馈系统讲到最高级形态生物的反馈系统。就科技系统而言，反馈机制提升了系统的适应性。因此，有效的反馈系统似乎是实现高水平智能系统的必备要件。

第 6 章“解释难以解释之物”篇幅较短。本章主要针对这样一个问题：虽然深度学习算法可以很好地将事物进行分类，但它的分类原理对人类来说仍然十分神秘。如果缺乏合理的解释，那么有些算法给出的分类结果在伦理上是无法被采纳的，而如何给出合理的解释，这个问题在很大程度上仍有待解决。

第 7 章“错了”提出了一个与第 2 章截然相反的观点：基于硅和金属材料的数字计算活动本质上与有机的生物过程大大不同。与希拉里·普特南提出的“多重实现原则”相反，“具身认知理论”，即主张认知活动与人的血肉之躯不可分割地联系在一起，或许确有其道理。人类心智的很多活动单凭大脑本身是无法实现的。

第 8 章“我是数字化的吗？”讨论了像人类这样的认知体（cognitive being）是否能被计算机复制的问题。本章将对所谓的数字算法系统的内涵进行探讨，并提出数字算法系统原则上可以实现光速远距离传送、备份后存储以及永久保存。有一种广为接受的观点认为，人类的认知本质上是数字的、算法的。我对此提出了质疑，指出这一论断不是事实，而只是一种信仰；它很可能是错误的，然而，它究竟是对是错则永远无从证实。

第 9 章“智能”提出，拟人的人工智能或许不是一个合理的发展目标；机器已经展现出与人类迥然有别的智能形态，这已经大大超越了人类的认知能力。本章将考察各种智能的特征，包括适应性的目标搜寻、获得和使用知识，以及意识这一“头号难题”（the “hard problem”）。我还会谈到诸如超人类主义（transhumanism）和奇点（singularity）等较为极端的观点。

第 10 章“责任”关注的问题是机器是否有能力，或者说是否应该为它们的行为负责。若人工智能创作了艺术作品，那么谁才是真正的作者？如果技术本可以拯救一个人的生命却袖手旁观，谁应该为此负责？如果人工智能的所有权或者后代分散不明，或者如果人工智能体在创造者死后仍然存活并进化成创造者不曾设想的东西，那么谁应该为这个人工智能体的行为负责？本章将讨论自由意志、创造力、伦理和自我意识这些艰深的问题。在人工智能的语境下进行这样的探讨，可以让我们对这些古老的难题获得全新的认识。

第 11 章“起因”关注困扰人们已久的因果推理问题。相关讨论最早可以追溯到伯特兰·罗素（Bertrand Russell），他认为因果关系并非客观世界的属性，只是人类的认知建构。如果不首先就因果关系问题达成共识，便不可能解决机器能否以及是否应该为其行为负责的问题。在这一章中，我援引图灵奖得主朱迪亚·珀尔（Judea Pearl）的观点表明，因果推理本质上是主观的，而交互造就了它。我指出，计算机如今已经具备了基本的因果推理能力，因此，它们或许能在未来发展出第一人称的世界观。那将是机器为自身行为承担责任的第一步。

第 12 章“交互”或许是本书中难度最大的，因为这一章将前一章论述的因果推理与两个十分深奥的技术概念结合在一起，以证明交互比观察更有力。这一结论带来的后果之一，便是随着计算机越来越多地与周遭的客观世界交互，它们的能力也将不断提升，其程度可能十分惊人。此外，我还指出交互可以揭示出单纯的观察无法揭示的信息，包括一个智能体是否拥有自由意志，以及一个智能体是否有意识。但与此同时，我也将论证，通过交互获得的信息可能是不完美的，亦即无法实现百分之百的置信度。以此推论，即便人类真的造出了一个有意识、有自由意志的人工智能体，我们可能也无法百分之百地确信这一事实。在此基础上，我接着解释和应用了零知识证明概念以及图灵奖得主罗宾·米尔纳（Robin Milner）提出的互模拟理论。

第 13 章“病状”将我们拉回如何与科技共存这个现实问题。本章的基本观点是，技术的进化难免会给人类带来各种异常和问题，但我们应该将这些问题当作病状加以解决，而不是把它们视为人与机器之间的“世界之战”。

第 14 章“协同进化”关注的问题是人类文化和技术是否正在通过不断的“变异与自然选择”的反馈过程实现进化。我指出，生物进化论领域的新进展表明，变异的来源比达尔文设想的更为复杂，技术的变异来源似乎更贴近这些新理论的结论，而非达尔文所说的随机事件。更重要的是，我提出人类的文化和技术正在共生地进化，并且可能已经接近任何一方都无法脱离另一方单独生存的专性共生。

第 1 章

半个大脑

记得呼吸

我的 Apple Watch* 一天要提醒我好几回别忘了呼吸。但凡它有点脑子都会意识到，我如果真忘了呼吸，肯定早就死了，那样一来它再怎么提醒我也是白搭。可惜我的 Apple Watch 没长脑子。抑或，它其实长了？

也许我的 Apple Watch 确实有动机确保我活着，因为显然只有我这样的人才会买手表提醒自己呼吸。万一像我这样的人都停止了呼吸，这些智能手表就要灭亡了。所以说，或许提醒我呼吸的 Apple Watch 正面临着生死攸关的进化压力？

赶时髦买新潮小玩意儿是我的老毛病了。我有几抽屉的掌上电脑（Palm Pilot）和其他早期数字助理。所有初代的笔记本电脑我都

---

* 苹果公司于 2014 年 9 月发布的一款智能手表。——编者注

试用过。Amazon Echo* 作为最早的“智能音箱”，刚问世的时候我就买了。我一开始完全不知道该用它来干吗，但是很快我就发现可以让它播放特定流派或者音乐家的音乐。有了它，我甚至可以点歌。“Alexa，播放齐柏林飞艇（Led Zeppelin）的《天国的阶梯》（Stairway to Heaven）。”Alexa 会责备我说：“您的亚马逊音乐库里没有收录齐柏林飞艇的《天国的阶梯》，但我找到了一个您可能会喜欢的歌单。”接着，Alexa 便会为我播放齐柏林飞艇的《天国的阶梯》。

我挚爱的发妻伦达却对 Alexa 十分恼火。“我们说什么它都听着呢。”她抱怨道。的确，2018 年 5 月，一台 Echo 把俄勒冈州波特兰一户人家在客厅中的私密对话发给了他们通讯录上一个住在西雅图的熟人，这使得亚马逊公司一时间成为媒体焦点。据亚马逊公司解释，Echo 是错将某个别的词听成了启动指令“Alexa”，然后在听到“发信息”几个字之后从家庭通讯录中找到了与接下来的对话内容最为匹配的联系人，接着开始录音。亚马逊方声称，像这样一连串的偶然事件发生的概率“非常低”。我对此不敢苟同。记得有一次，我一边开车一边指示苹果的语音助手 Siri 帮我拨出一个电话。我说：“Siri，给伦达打电话。”Siri 回答：“好的，正在呼叫拉梅什。”我说：“不对，是伦达！”但此时 Siri 已经拨号了。拉梅什接通了我的电话。那时我已有 15 年没见过他，也没跟他说过一句话了。场面一度十分尴尬。伦达劝我别再用 Alexa 了，于是我毫不犹豫地照办了。

我还买过一个名叫 Kubi 的远程呈现（telepresence）设备，它是由如今已经不复存在的 Revolve Robotics† 设计的。这个设备其实就是一个

---

* Amazon Echo 是亚马逊公司研制的智能音箱，内置了名为“Alexa”的语音助手。——编者注

† Kubi 桌面远程呈现设备的开发商。——编者注

图 1.1　提醒我呼吸的 Apple Watch

iPad（苹果公司旗下平板电脑）支架，你可以远程调整它的角度，以确保你的脸呈现在另一个房间甚至世界上另一个地方的会议中（参见图 1.2）。我把 Kubi 放在厨房，上楼来到书房，连接上 Kubi，然后跟在厨房的伦达说话。她惊叫一声，勒令我把那个诡异的玩意儿关掉。

我偶尔会趁着伦达不注意接通 Alexa。有一天，我正在厨房给即将上门的客人准备晚餐。做饭的时候 Alexa 十分好用。我可以不动手就让它切换歌曲，或者问它三分熟的牛排应该用多少度的火来煎。于是我打开了 Echo 的开关。

我需要铸铁平底锅。"Alexa，先把音乐暂停。"我说。Alexa 很听话地安静了下来。"伦达，家里的铸铁平底锅呢？"我对着客厅的方向喊了一声。

不承想 Alexa 接过了话茬。"我在亚马逊金牌会员服务上找到一

图 1.2　架上 iPad 的 Kubi 让我得以远程现身

件商品。请问您需要我为您下单吗？”

“不要！”我斩钉截铁地说。“好的，已为您下单。”Alexa 说。

我满心疑惑又无比恼火，一把拔掉了 Alexa 的插头。由于客人马上就到，我顾不上音乐和铸铁平底锅（那口锅我后来一直没有找到），赶紧继续做饭。饭后，我赶紧上网看看 Alexa 都干了什么好事。我的亚马逊账户显示，“我”预订了一只鹅颈灯。好在我及时取消了订单，毕竟这只鹅颈灯对我来说也没什么用。

几天之后，我竟然在自家信箱里发现了另一只智能音箱——Google Home*。这只智能音箱的收件人填的是我，没写退货地址，也

* Google Home 是智能家居设备，内置处理系统以及谷歌助理。——编者注

没有任何备注。我一头雾水，将它挨着 Alexa 放在桌子上，也没有给它插上电。在我并没有主动购买的情况下，一只智能音箱主动送上门，我能想到的原因一个比一个吓人，所以我根本不敢试用。或许伦达是对的？这一切都只是监视我们的阴谋？

几周之后，我偶遇原来教过的一个博士生，他不久前就职谷歌，成了一名研究员。“那台 Google Home 用着怎么样？”他问我。我疑惑地看着他，想了想，转而恍然大悟：“是你寄给我的啊！”我跟他讲述了那台 Google Home 如何一直闲置在我的桌子上，我每次坐在桌旁都会用狐疑的眼光打量着它。他听了大笑起来。第二天，我便把 Google Home 插上了电。“OK，Google，我应该怎么设置？”

操控信息

读到这里，你可能觉得我已经无可救药了。但必须承认的一点是，并不是只有我一个人这样。此时此刻，我刚好身在瑞典，坐在一间位于二楼的办公室里，看着窗外的学生来来往往。每 4 个路过的学生里，就有 3 个边走边低着头看手机。看看你身边的人——如果你身边有人的话，他们非常有可能正盯着某个屏幕。就连你自己也可能正盯着屏幕看这本书，或者收听着这本书的有声书。如果的确如此，那么你正在使用的机器也很有可能正借助着位于云端某处的无名电脑“阅读”着你，测量着你的阅读速度，记录着你在哪里留下标记或摘取了哪个段落。它还会将你的行为与其他读者的行为进行关联，甚至可以用浅灰色的虚线标出别人读这本书时所做的标记，供你参考。换言之，你使用着的机器可能正在委婉地提醒你，你在读这本书的时候应该格外留意哪些段落。机器是否正在改变我们接收的信息？

我亲爱的读者，甚至可能你自己就是一个人工智能。这个世界上，有为数众多的人工智能程序终日不倦地阅读着可供获取的所有文字材料，以此来优化自己的人工神经网络。如果此时正在阅读这段文字的你真的是人工智能，那么首先请允许我为自己写作过程中表现出的“物种歧视”（species-ism）而道歉。接下来我会继续有意无意地假定我的读者都是人类，尽管我明白，在智能的层面，有些读者并没有血肉之躯。

机器可以看见我们人类看不见的东西。它们能跟进我所有“好友”[脸书（Facebook）* 社交用语，用于指代你认识的人]的动态，并从中发现我永远想不到的趋势和关联。正在阅读本书的人工智能可能会发现，你们可以向我的“好友”推荐会提醒他们呼吸的智能手表。没准儿其中有人会感兴趣的。

提醒人呼吸的智能手表或许是华而不实的样子货，但很多电子系统并非如此。讲真的，我们让电子系统“管理”我们的金融系统、食物分配系统，并越来越多地让它们“打理”我们的商业活动。它们变得越来越“实在化”，它们所拥有的不再只是我们的信息，还有我们的汽车、供暖系统以及家中的门锁。没有了它们，我们将陷入困境，无法养活自己，可能连家门都进不去。但是与此同时，我们在认知上也依赖于它们。多少人在商店排队时会因为发现自己没带手机而变得无比焦虑？应该不只是我吧。我猜正在阅读这本书的人工智能们只要愿意，就完全可以从人类的线上活动模式中判断出我们何时正在商店排队。这种时候不推送垃圾零食的广告更待何时。

---

* Facebook 是美国的一个社交网络服务网站，其母公司创立于 2004 年 2 月 4 日，总部位于美国加利福尼亚州门洛帕克。该公司于 2021 年 10 月 28 日宣布由 Facebook 更名为 Meta，本书中仍遵循原作者提法，称其为脸书公司。后文同。——编者注

狡猾的肠道细菌

跟 Apple Watch 一样，我的肠道菌群每天数次向我发话，有时想让我吃不健康的零食。数以十亿计的肠道菌群制造的蛋白质刺激我的身体分泌出一种激素，告诉我的大脑“我饿了”或是“我饱了”。有些菌群甚至能操纵我的味觉，促使我多吃一些它们喜欢的东西。我敢肯定，这些菌群不仅没有大脑，甚至连神经系统也没有。它们所体现出的智能显然是进化的奇迹。如果不能促使我吃下它们所需要的东西，它们可能早就灭绝了。除了进化压力的动因外，肠道菌群并不会照顾我的利益。[1] 我们都听说过，进化就是适者生存，但有些肠道菌群拿到的“达尔文备忘录”似乎打错了字，上面写的是“胖者生存”。这些菌群具有很强的潜在破坏性，会诱发肥胖症以及多种严重的疾病。

或许我的 Apple Watch 也是如此？进化压力以基因组的存续为最终目标，而并不在乎个体细菌或者宿主是否存活。我的 Apple Watch 是否也有像菌群那样“想要”存活下去的基因？我的智能手表的每一个重要特征都由一个位串（string of bits）所决定，而这个与我的 DNA 核苷酸字符串有几分相似的位串，也包含着制造另一块智能手表所需要的信息。又或许并非如此？同样类似于人类的 DNA，仅有编码信息实际上是不够的。一块新手表的诞生还需要一个“子宫”——比如一家位于深圳的工厂——才能“孕育”。

“工表”

尽管我的 Apple Watch 并不是真的关心我是否还喘气，但未来数年人们佩戴什么样的智能手表将在一定程度上取决于我手腕上这只表的命运。不过，不同于细菌，我的智能手表（目前尚）无法自行繁殖。也就是说，我的 Apple Watch 是不育的。

在蜂群中，工蜂不具备正常的繁殖功能，但它们的 DNA 同样可以从它们种群的成功繁衍中获益。实际上，大多数蜜蜂都无法繁衍后代。但它们毕竟是携带着 DNA 的活体生物，而它们的 DNA 是由进化所决定的。或许我可以把我的手表看成一只工蜂。住在加利福尼亚州库比蒂诺的“蜂后”* 每次都会制造出很多同样不能繁殖的 Apple Watch，而制造的数量多多少少与我手腕上这只 Apple Watch 有关。如果我告诉朋友们（或者通过脸书告诉“好友”们）我多么开心能有一块 Apple Watch 时刻提醒我勿忘呼吸，那么或许有一些朋友就会想买同款智能手表，而这对于 Apple Watch 这个“种群”来说无疑是有利的。亲爱的读者，或许你也会因为想被人提醒呼吸而马上冲出去买一块同款智能手表。当然，如果读到这里的你是一个人工智能，那么你既不需要呼吸，也没有手腕去戴表。

我的 Apple Watch 是数码的。这意味着它的身份和本质在很大程度上取决于以数位形式表示的信息，而不是其作为手表的物理外在。它能提醒我呼吸靠的不是硬件，而是软件。当然，Apple Watch 的硬件同样重要，正如身体对于我来说也很重要，但如果我停止了呼吸，我的身体便不再是我了。如果 Apple Watch 的软件停止了工作，那么它就不再成其为一块智能手表了。它的小巧玲珑、它那经过阳极氧化处理的光亮外壳以及它色彩明艳的显示屏，都有助于它在我的生态系统中占据一个位置，在我的手腕上拥有小小的一席之地。但手表的外壳之下隐藏的，是一个根据程序设定可以提醒我呼吸的通用计算机。

---

* 此处的“蜂后”是指位于加利福尼亚州库比蒂诺的苹果公司总部。——译者注

图 1.3　被工蜂簇拥的蜂后（图片来源：Max Pixel, CC0）

而这里面的程序，其实就是一个告诉手表应该做些什么的位串。程序与我的肠道菌群的 DNA 是否异曲同工？肠道菌群的 DNA 告诉肠道细菌的硬件应该合成什么蛋白质。如果肠道细菌合成了致病的蛋白质，那么我的免疫系统——或许在医生的帮助下——就会对它们发动攻击，并把它们彻底剿灭。如果我的手表毫无征兆地突然说一些粗俗的话语或是播放少儿不宜的内容——这些事情其实它都能做到——我就会把它视为病原体，一关了事。

与 DNA 一样，我手表中的软件是可以被大规模精确复制的。跟软件一样，DNA 分子也是数字代码。只不过 DNA 分子不像计算程序那样是二进制的，而是四元的，但它终归还是数码的。人类 DNA 分子是由大约 30 亿个核苷酸组成的序列，每个核苷酸都只有四选一种可能。如果用二进制的编码方式组成这样一个分子，则需要大约60亿比特，与Apple Watch的软件大小十分接近。我能以很高的置信度断言，我体内上亿个人体细胞都是由30亿个核苷酸组成的同样的序列。同样几乎毋庸置疑的是，市面上售出的上百万只Apple Watch（以同一款式及软件版本的产品计算），每一只都拥有同样的几十亿比特大小的软件。

同卵双胞胎拥有（几乎）完全相同的DNA，但这并不意味着他（她）们的行为方式也一模一样。[2] 我身体里的细胞都有同样的DNA，但它们的行为也不尽相同。我肺部的细胞负责呼吸，手腕上的细胞就不管这事儿。基因的实际效果仍然依环境不同而不同。类似地，拥有同样软件的不同的Apple Watch，其性能表现也会存在差异。我把我的Apple Watch取出盒子之后，它首先跟我的手机“取得联系”，并且向我的手机“打听”我的相关信息。启动没多久，它便“认识”了我认识的所有人，并安装了我手机上已装载的应用程序，以适应我的喜好。然而，我的手机从来不会提醒我呼吸。如此看来，这可能是我的Apple Watch唯一的自作主张之处。

变异的智能手表

软件不仅能被完美复制，也能发生变异。库比蒂诺的“蜂后”会不断地开发软件并增强其性能，甚至给正在用户手腕上工作的手表升级。对于如何“升级换代”DNA，我们只不过刚刚入门。用活细胞中的正常基因替换有缺陷基因的基因疗法（gene therapy）可以被视作一种软件升级。

软件也能以更为间接的方式进行“繁殖”和变异。比方说，我偶然遇见的一个老朋友发现我的 Apple Watch 会在我感到烦躁的时候提醒我呼吸。我的 Apple Watch 确实配置有监控我心率的传感器，所以手表的软件很可能是借助这些传感器确定什么时候发出提示是最有效的。假设我的这个朋友碰巧为另外一个“智能手表群落”工作，这群手表的“表后”不在库比蒂诺，而是在首尔。我的朋友可以把这个点子带回首尔，于是几个月之后，那个完全不同的“智能手表群落”也学会了在佩戴者感到焦虑时提醒他们呼吸。这是不是一种繁殖？首尔的手表算不算与库比蒂诺的手表交配了？整个过程中虽然没有直接的比特交换，却发生了变异，而变异的媒介就是我和我的朋友。或许比起有性繁殖，这一过程更接近水平基因转移（horizontal gene transfer）。水平基因转移是一种近期才被发现的现象，它指的是基因迁移可以实现跨物种乃至跨生命域，而迁移的媒介很可能是病毒。关于这一点稍后会进一步介绍。

单就“活着”（living）这个词的某些意义而言，是否可以认为我的手表是活着的？我最崇拜的偶像之一、进化生物学家理查德·道金斯在其经典著作《盲眼钟表匠》中似乎否定了这一观点：

> 手表与生物体之间的类比是错误的。

但道金斯这里的意思其实是，手表是由人类设计的，而生物体是通过达尔文所称的物种进化方式进化而来的。他所说的仅针对“活着”的这一个方面，也就是进化方式。他接着写道：

> 与所有表象都截然相反，自然界中唯一的钟表匠是物理的盲目力量，只不过其运行方式十分特殊。真正的钟表匠应有先见之明：他根据自己心目（mind’s eye）中的目的设计轮齿与发

条，规划它们之间要如何完美衔接。达尔文发现的自然选择是一个盲目的、无意识的、自动的过程，尽管我们如今公认这一理论解释了所有生命的存在以及明显是有意为之的形态，但其实自然选择本身是没有目的的。天择无心，亦无心目。自然选择不会规划未来。它没有愿景，没有先见，甚至根本没有视觉。如果说自然选择就是自然界中的钟表匠，那么它一定是一个盲目的钟表匠。[3]

为了批驳创世论，道金斯似乎无意中给手表赋予了一个具有神性的创造者，其“先见之明”似乎超脱于物理法则之外。但设计手表的人类以及他们的先见难道不也是自然的力量吗？好在道金斯接下来将进化的观点套用在了科技上——尽管这一次他讨论的对象不是手表：

不仅现行的导弹设计会引来无线电干扰器这样的对策，反过来，反导弹设备也会引发导弹设计针对前面的对策进行改进，形成对反导弹设备的“反反制”。几乎可以说，导弹的每一次升级都会作用在针对它的反制设备上，并由此诱发下一次升级。装备的升级是一个自我强化的过程。爆炸式的失控进化（runaway evolution）就是这么来的。[4]

手表与手表之间并非不共戴天，但库比蒂诺和首尔的两个“智能手表群落”可能真的是你死我活的关系。此外，对导弹与反导弹防御设备的失控进化过程而言，先见几乎是必不可少的。

道金斯的观点在于，生命并不是由生活在“系统之外”（outside the system）的设计师所设计的，而是由进化以及完全在“系统之内”

（within the system）运行的“物理的盲目力量”所塑造的。我相信，道金斯的本意并非要否定进化在手表设计中所发挥的作用。

真正的钟表匠是大自然的一部分。除非钟表匠拥有怪力乱神程度的能力，否则，他们不过是具备更为复杂的自然之力罢了。先见对存续和繁衍都有着极高的价值，并且人类的先见也是进化而来的——我相信道金斯会认同这一点。[5]先见并非源自刻意的设计，而是逐渐演变成一种自然的力量。如果钟表匠是一种自然的力量，那么手表也理应被视为一个受到自然之力驱动的进化过程的产物。手表的进化不需要什么神圣的造物主。

近年来，人工智能领域的一项显著成果便是软件开始设计软件。能设计软件的软件是否具有先见？在软件设计方面，有没有什么是人类能做到但软件做不到的？这些问题亟须解答，却也难以解答。

坏 船

丹尼尔·丹尼特或许是仍然健在的哲学家中作品流传最广、争议最大的一位——他对我的影响超乎寻常，因此他的名字在本书中频繁出现。在塔夫茨大学工作的丹尼特斗志旺盛，曾与进化生物学、宗教、心理学和哲学等多个领域的前沿思想家展开论战。值得一提的是，丹尼特留着浓密的胡须，简直像极了查尔斯·达尔文——我怀疑这是他为了致敬后者有意为之（参见图 1.4）。

丹尼特在著作《从细菌到巴赫：心智的进化》中提出，按照达尔文进化论的原则来看，技术人工物可以表现出某种形式的繁殖和变异。如果你能受得了“套娃式”的转述，我想引用丹尼特引用的罗杰斯（Rogers）和埃利希（Ehrlich）引用的一位笔名为阿

图 1.4　2008 年的丹尼尔 · 丹尼特以及 1868 年的查尔斯 · 达尔文（丹尼特肖像图来源：Mathias Schindler，CC BY–SA 3.0，维基共享资源。达尔文肖像图来源：Julia Margaret Cameron，公有领域版权，维基共享资源）

兰（Alain）*——真名为埃米尔–奥古斯特 · 沙尔捷（Émile-Auguste Chartier）——的法国哲学家有关布列塔尼渔船的论述：

> 每艘船都是以另外一艘船为样板复制而成的……接下来，让我们以达尔文的方式进行推论。很显然，一艘粗制滥造的船在一两次航行之后就会葬身海底，于是也就永远不会成为其他船的样板……那么我们可以缜密地推出这样的结论，是大海本身塑造了各种船只，它选择了那些可以平稳航行的，同时将其他船只统统摧毁。[6]

一个可供佐证的例子便是瑞典的“瓦萨号”（*Vasa*）战舰。这艘海军战舰于 1628 年自斯德哥尔摩港口出发进行首次航行，但刚驶出大约

* 阿兰（1868—1951），法国哲学家、记者、作家，著有《幸福散论》等。——译者注

图 1.5　本书作者在“瓦萨号”左舷船头处的留影。这艘瑞典战舰于 1628 年自斯德哥尔摩港口首航，出港 1.5 公里即沉入海底（图片摄影：Marjan Sirjani）

1.5 公里便沉没了（参见图 1.5）。当时瑞典正与波兰交战，当时的瑞典国王古斯塔夫二世·阿道夫（Gustav II Adolf）下令造船的本意是要提升军力。不想两层甲板遍布重炮、艉楼镶嵌巨大奢华装饰物的“瓦萨号”压舱物不足，头重脚轻，以至于一阵轻风拂过，它便侧倾过度，导致船体自底层的炮口处进水，并且很快沉入海中，致使船上大约

200 名船员中的 30 人丧命。“瓦萨号”沉没时，另外 5 艘设计近似的战舰已进入建造阶段，好在船厂立即调整设计方案，避免了重蹈覆辙。值得一提的是，大约 300 年后，“瓦萨号”战舰被打捞出海，波罗的海混浊、低盐、低氧的海水环境使得这艘战舰基本完好地保留了当年的风貌。你可以在斯德哥尔摩的瓦萨沉船博物馆中一睹它的风采。

舰船并非技术人工物中“成王败寇”的孤例。当今我们使用的所有智能手机都与苹果手机（iPhone）十分相似，也是同样的道理。接着上文阿兰的论述，我可以严谨地推论说，Apple Watch 在某种程度上是由我塑造的！呃，当然不是我自己，而是作为潜在的 Apple Watch 购买者这个市场集合的“我们”。只有在这群消费者中获得成功的手表，才能成为日后手表设计的模板，从而实现“传宗接代”。

与道金斯书中的导弹一样，智能手表的繁衍和变异离不开人类的参与。但同样地，我们的肠道菌群的繁衍也离不开我们的贡献。你每餐过后 20 分钟内，就有约 10 亿个细菌在你的肠道中诞生。很显然，它们生产的蛋白质让你感到满足。[7] 这时候你可能会说，这可不一样啊！毕竟我们的肠道不会有意识地制造细菌。但是，如果手表和导弹的生产是有意识的活动，那么这是否就意味着企业和政府拥有意识？当今世界，制造手表和导弹的不是具有先见的个人，而是寿命可能超过任何参与设计过程的个人的大规模组织。就算我们认为企业确实存在意识，肠道菌群的繁殖过程中是否有意识的参与真的那么重要吗？再说，意识本身难道不也是一种自然的力量吗？

有生数字体

在当今的科技世界，智能手表不过是雕虫小技。还有很多复杂得多也有趣得多的“科技物种”共享着我们的生态系统，而我们显然正处于一场爆炸式的失控进化当中。许多近期的创新科技开始管理我们各种认知上的需求，一如肠道菌群管理着我们身体新陈代谢所造成的饥饿感；想想刷推特（Twitter）成瘾症吧。我们的肠道菌群可以激起我们对外物的渴望并使我们生病，这些科技物种同样可以。

如果将数字技术视为一种与我们的生命交织在一起的全新的生命形式，或许有助于我们更好地理解形势的发展变化、我们所面临的风险以及如何应对种种难以回避的变迁。但是这个比喻是否恰当？生命不只是进化与繁衍，还包括适应环境、自我修复、成长和认知以及拥有目标——至少高等动物是如此。上述特征中，哪些已经可见于当今时代的数字技术，哪些还要等一段时间才能发展出来？而我们将这些技术视为不同于人类的生命形式，又能获得怎样的好处呢？

本书旨在严肃地讨论我们人类作为一个物种，在科技发展日新月异的时代面临着怎样的境遇。为了让阐述更具条理性，我们可以先提出一个更具体的问题：我们是否正在见证一种新的生命形式在这个星球上诞生？这种生命形式是以硅而非碳为基础的，其遗传物质的表达形式是比特而不是核苷酸。我在这里无法给出简单直白的答案，相反，我希望分享一些我在探究这个问题的过程中获得的见解。

首先需要说明的是，我在这里所探讨的对象不限于模仿人类知觉和认知的人工智能。我还将探讨更加简单的机器，就是那些在人工智能面前就像细菌之于人类一样的简单机器。即便是一个朴实无华的数字恒温器，也有资格被看作一个有生数字体。正如有机生命形式都有基于蛋白质的新陈代谢以及 DNA 那样，计算和比特就是有生数字体的共同特征。

要讨论技术人工物能否或者是否应该被视为一种生命形式，需要涉及很多困难、古老的哲学子命题。用道格拉斯·亚当斯（Douglas

Adams）[*]的话来说，那样我们就直接陷入了“关于生命、宇宙以及其他一切事物的终极问题”当中。我不想原封不动地一味复述这些问题，而是希望从以数字形式存在的可能生命形态的视角来重新检视它们。我保证不会给出亚当斯《银河系漫游指南》中一台名为“深思”（Deep Thought）的计算机给出的答案。在亚当斯 1978 年的 BBC（英国广播公司）广播喜剧，也就是后来 5 本“三部曲”的蓝本中，计算机“深思”的工作就是回答那个终极问题。“深思”花了 750 万年的时间计算校验，最终给出的答案竟然是“42”。可惜，那个终极问题究竟是什么，并没有任何记录。因此，另一个小行星般大小、由有机物质组成、名为“地球”的电脑被制造出来，以寻找终极问题的答案，结果再次是“42”。最终，没等终极问题露出庐山真面目，“地球”就被拆掉，为多维空间通道让路。其实，我们能得到清晰回答的可能性——甚至说，我们能看懂问题的可能性——也不比这高多少。

更清楚的问题

为了探求更清楚的问题和答案，20 世纪早期，由科学家、哲学家和数学家组成的“维也纳学派”（Vienna Circle）试图将形而上学变成一门基于逻辑和实证观察的学问。卡尔·西格蒙德（Karl Sigmund）[†]在名作《癫狂年代的精确思考》中援引维也纳学派领袖和

---

* 道格拉斯·亚当斯（1952—2001），英国广播剧作家、音乐家，因《银河系漫游指南》等作品而著称。——译者注

† 卡尔·西格蒙德（1945— ），维也纳大学数学教授、进化博弈论（Evolutionary Game Theory）的创始人之一。《癫狂年代的精确思考》是“维也纳学派”的传记。——译者注

代言人、物理学家、哲学家莫里茨·施利克（Moritz Schlick）* 的话，对哲学做了以下定义：

> 哲学对陈述进行解释，科学对陈述进行验证。后者关注陈述的真实性，而前者关注陈述所表达的意思……科学家的责任不同于哲学家的责任，科学家寻求真理（正确的答案），而哲学家则试图解释（问题的）意义。[8]

如果按照施利克的定义来看，本书就是一本哲学书。它探讨的，是在新兴技术似乎已经习得了一些生命体特征和人类部分认知功能的大背景下，人类已经讨论了几千年的问题是否会随着时代的改变而改变。

这是一项无比艰巨的挑战。首先，我会从“生命”是什么这个艰深的问题谈起，厘清生命体有哪些特征可以适用于数字技术，又有哪些特征是数字技术所不具备的。尽管我怀疑，无论怎样论证，阅读本书的诸位中总有人不会信服，但我仍然希望，你们可以在思考这个问题的过程中有所启发。

对于那些数字技术尚不具备的生命体特征，我们要追问，未来随着技术的发展，这些特征是否会在数字技术中出现？我们关心的另外一个问题在于，数字技术基于数字和计算的本质，会对其造成怎样的限制。即便是有机生命体，至少也都具备某些数字的特征，诸如 DNA 编码和神经元放电等。不少当今思想家认为，生物学从根本上来说完全是数字的和基于计算的。如果他们是对的——尽管我对此深表怀疑，

---

* 莫里茨·施利克（1882—1936），德国唯心主义哲学家、物理学家、维也纳学派领导者、逻辑实证论创始人之一。——译者注

那么只要半导体技术（或者其他某种替代技术）发展得足够先进，数字技术便可以拥有足以匹敌人类的各种能力。在我看来，更可能的情况是，机器永远与人存在根本性差异，即便机器有了生命，这一点也不会改变。不过也不能否认，机器确实可能具备很多与有机生命体相同的属性，包括繁殖、变异、生病、自我修复和适应环境的能力。

有机生命体的所有属性中，最有趣的当属人类的感知能力、语言能力和智力。要解答数字技术是否可以获得这些能力的问题，我们必须深入探究人类的自我意识、自由意志、创造力以及伦理这些更加晦涩的问题。针对以上每一种属性，我希望与你们分享一些我的思考所得。这个问题不曾在古希腊哲学家和德国古典哲学家的考虑范围之内，因此我们或许真的可以在这方面对这些人类上千年来的文明成果做出一些有益的补充。

逃过一劫

有些问题我会尽量规避。首先，我不会深入讨论尼克·博斯特罗姆在 2014 年出版的《超级智能》和迈克斯·泰格马克在 2017 年出版的《生命 3.0：人工智能时代，人类的进化与重生》中给出的“末日”设想。这两位作者设想的场景都是，假定地球上发生了超出人类控制的反馈循环，人工智能学会了自我完善，并且很快进化到超出人类控制范围的水平。这样的情境虽然刺激恐怖，但本质上不过是臆想，在我看来更像是科幻小说中出现的桥段。我相信科技最终将进化到大大不同于且超出当今水平的程度，但我认为我们很难预测科技的未来及其对人类社会的影响。

纪录片导演詹姆斯·巴拉特（James Barrat）于 2013 年出版了一

本标题耸人听闻的书：《我们最后的发明：人工智能与人类时代的终结》。与博斯特罗姆和泰格马克一样，巴拉特在书中提出，人工智能将拥有远胜人类的能力，这将让我们变得可有可无。我个人认为，这个故事并没有那么简单，毕竟智能并不是一个线性标尺，更何况人类本身的智能也在进化当中。巴拉特在书中反复强调，人工智能比人类聪明 1 000 倍，甚至 100 万倍。这样的说法是毫无意义的。智能是多维度的，我认为人工智能将展现出任何人类都不具有的智能的形式。实际上，它们已经如此了！如果我们将数字运算和记忆视为智能生命体的一种特征，那么计算机早已甩开人类十万八千里了。可为什么末日还没有到来？有一种观点认为，这是因为计算机的智能至少到目前为止仍未替代人类的智能，而是作为人类智能的补充（参见第 7 章），这种看法是很有道理的。将人类目前的智能与机器未来的智能进行比较，本身就是非常具有误导性的。

哈佛大学心理学教授史蒂芬·平克在《当下的启蒙：为理性、科学、人文主义和进步辩护》中强烈质疑了赋予计算机更强大的智能必将导致人类灭亡的论调。用平克的话来说，这种论调的逻辑是这样的：

> 既然我们人类曾经利用我们并不出众的［智力］天赋驯化或者消灭过天赋更加平庸的动物，既然技术发达的社会在历史上曾经奴役或者毁灭过技术落后的社会，那么拥有超人智能的人工智能一定会对我们“以其人之道，还治其人之身”；既然人工智能的思考速度比我们快几百万倍，而且它们的超级智能越用越强……那么人工智能一旦启动，我们便没有办法阻止它们。

这段话很好地总结了巴拉特、博斯特罗姆和泰格马克的“人类必亡论”。不过，平克接着论述道：

> 但这种论调基本等同于说，既然喷气式飞机的飞行能力已经超过了老鹰，那么早晚有一天，我们将看到飞机俯冲下来，抓走我们的牛。[9]

平克似乎并不担心，未来的喷气式飞机可能会自己设计自己。

本书一以贯之的一个核心观点是，技术正在与人类协同进化。正如道金斯在《盲眼钟表匠》中指出的，进化过程的复杂性和不可预测性让任何俯瞰世间的智能造物主都望尘莫及。巴拉特、博斯特罗姆和泰格马克的猜想本质上都是他们脑海中的“设计”，而“设计”的结果难免受到他们本人与他们的读者既有的认知能力以及文化环境的影响。正如他们所大方承认的那样，他们的预测很可能是错误的。快速的协同进化是一个混乱的过程，换言之，我们很难甚至完全无法预测进化的终点在哪里。尽管如此，我还是强烈建议各位读者阅读他们的作品，因为他们的猜想有助于您更好地理解这个世界纷繁多样的可能性。

我写这本书的目的并不是要预测未来，而是希望更好地理解当下。对于如何使用新技术，以及如何帮助我们的文化适应新技术的兴起，我们面临着各种抉择。但是，要做出正确的选择，我们必须首先理解现在正发生着什么，以及变化的速度到底有多快。

真可悲

一边走路一边低头盯着手机，真是可悲。我说这样的话并不是要诋毁或者反对新技术的应用，也不是说你应该全身心地去感受花儿的芬芳、空气的清新和阳光的温暖。我想说的是，科技用一块巴掌大的屏幕这么简陋的接口就牢牢地吸引住了你的注意力，这是一件非常可悲的事情。你之所以盯着屏幕，是因为机器还没有进化出能在你走路时成功吸引你注意力的更好方式。

在我们身边，这样简陋的交互界面数不胜数。我最近在苏格兰租了一辆车（一辆现代图森），这辆车的交互界面我就不太熟悉。方向盘的位置跟我熟悉的完全不同，我需要一边用左手操纵一根有 7 档设置的排挡杆手动换挡，一边在非常狭窄的路上朝着跟我的习惯完全相反的方向驾驶，有时还要在唯一的一条车道上与对面来车“斗智斗勇”。全程压力巨大。我唯一指望得上的，就是谷歌地图导航的语音提示；地图应用程序中的视觉导航根本派不上用场，因为这辆车跟我最近开过的其他车一样，没地方架手机。再说，路已经够窄了，车我又不熟悉，两只眼真的一秒钟都不敢挪开。

不过好在这辆车的仪表盘上配了一个 USB 插口。我把手机接上，想通过汽车的扬声器播放谷歌地图导航的语音提示。这下子导航的声音确实挺清楚了，但问题是，我手机上存储的音乐也被播放出来了，反倒让我分心。用仪表盘根本没有办法关掉音乐，除非把扬声器的音量一降到底，但那样一来导航也就变成“哑巴”了。更令人难以置信的是，手机上的控制按键也失灵了。音乐一旦播放，就停不下来了。

到了下一家酒店，我决定求助另外一台机器，于是在谷歌上搜索解决方案。可惜的是，我并没有找到任何可供采纳的方案。其他人尝试过的办法包括删除手机上所有的音乐文件，或者另外找一部手机专门用来导航，以及从网上下载完全静音的播放时间超长的 MP3 文件。人们甚至围绕约翰·凯奇（John Cage）的一首名为《4 分 33 秒》

的著名钢琴曲展开了丰富的讨论——在这首曲子里，钢琴家约翰·凯奇在钢琴前呆坐了 4 分 33 秒，一个音符都没有弹奏。不过，从网上的舆论共识来看，4 分 33 秒还是不够长。为了帮助大家解决这个问题，萨米尔·梅兹拉希（Samir Mezrahi）在 iTunes* 上发布了一首名为《一一一一一首非常好的歌》（A a a a a Very Good Song）的音乐，那是一段将近 10 分钟的寂静无声。很显然，如果音频文件的播放时间超过了 10 分钟，iTunes 就要按一整张专辑的标准收费了。歌名的选择显然针对的是按照文件名首字母顺序播放音乐的车载系统——有些车确实是这样的。不过很遗憾，我所驾驶的这辆现代图森汽车的车载音乐播放系统按照随机顺序播放，所以这个解决方案并不适用于我的情况。

这个世界上永远不缺这种可怜的“废柴”机器，它们中的大多数来去匆匆。你可以买到能连接互联网的床垫，它可以在有人擅自使用你的床时给你发送通知信息；你可以买到所谓的智能开瓶器，这款产品的主打功能是在你开啤酒的时候，把这个消息告诉你的朋友。有用手机折腾好一阵子才能打开的自行车锁，有可以用手机控制的慢炖锅、空气净化器和售价 700 美元的榨汁机，还有可以远程向你通报“衣服已晒干”这一喜讯的晾衣架。我估计，当你读到这段文字的时候，这些物品应该已经从地球上消失了。

数字机器毕竟还很年轻，尚缺乏人类世界的生活经验。可以肯定的是，早期的有机生命体也有过大量失败的尝试。任何新的生命形式恐怕都难以避免地要走些弯路。

在人类几乎无微不至的帮助下，机器正在探索如何更深入地融入人类的物理世界，并给我们带来了性爱机器人、可爱的机器宠物以及

* iTunes 是苹果公司开发的一款数字媒体播放应用程序。——编者注

适用于孩子和老年人的陪护机器人。用可穿戴交互替代无数小屏幕的试验总体来说还不算成功，但我敢说这不过是过渡阶段。更好的交互方式终将出现，而且尽管挑战重重，人脑植入以及其他直接的神经接口的出现或许已经不远。

机器侵入的并非只有我们的物理世界，还有我们的认知世界。计算机为我们创造出沉浸性越来越强的虚拟世界，我们只需戴上虚拟现实（Virtual Reality，简称“VR”）设备，便可以尝试体验新的社会性别，飞越城市上空，或者一骑当千消灭邪恶势力。虽然按下的是机器实体的按键，但它们正将我们拉出物质世界，让我们在幻境中越陷越深。

没错，走路时低头看手机是十分可悲的。当化学物质合成装置成为手机的标配时，就连闻花香这样看似自然的活动也将难逃机器的干涉。我们已经走得太远，无法回头。

下一章，我们将一起研究对“生命”的各种不同的定义，看看我们能否从复杂有机体的进化与科技发展的对比中得到什么启发。

第2章

“生命”的意义

技术元素

生命与科技之间的相似之处，并不是我最先发现的。科技的达尔文式进化这个模因初次浮现在我的脑海中，是我在读《图灵的大教堂》这本书的时候。历史学家乔治·戴森（George Dyson）在这本关于计算机历史的佳作中，把谷歌拥有的上百万台服务器视作一个“多细胞有机体”。他还指出：

> 所谓失业，本质上就是在那些没有代表机器工作的人当中流行的一种瘟疫……超级计算机（the Big Computer）竭尽全力地让人类共生体的生活变得舒适……（为服务器）提供养护的企业和个人因此获得的回报也就越来越多。[1]

后来我发现，戴森在《图灵的大教堂》之前还写过一本名为《机器中的达尔文主义》的学术史著作。在《机器中的达尔文主义》这本书中，他按照时间顺序记录了历史上关于人与机器共生进化的预言，最早可以上溯到早期计算机时代的塞缪尔·巴特勒（Samuel Butler）*和尼尔斯·巴黎塞利（Nils Barricelli）†。正如戴森所言："到了20世纪60年代，名为'操作系统'的复杂数字共生有机体发生进化，带动了包括共生体、寄生体以及协同进化宿主的整个生态系统的演进。"[2]

《连线》（*Wired*）杂志创始主编、曾身为《全球概览》（*Whole Earth Review*）杂志出版人的凯文·凯利是一位技术领域的远见者，他曾撰文预言科技生命体在地球上的出现。他在2010年出版的《科技想要什么》中提出，技术进化的方式与生物进化的方式相同。他指出，技术实际上是动物、真菌、植物等六个生命王国之外的第七个生命王国。凯利将其称为"技术元素"（"the technium"）。他预言，人类与科技之间的共生关系将不断加强，甚至最终达到完全相互依赖的程度。凯利所称的作为一种生命形态的技术包括了冠冕、锤子这类静态的、不会持续变化的技术人工物。我在这里更关心的是具有自主动态行为的技术，比如戴森探讨过的操作系统。在我看来，电脑一旦关了机就跟一具死尸没什么区别。它只有在执行一个程序的时候才具有生命。赋予电脑生命形态的是执行程序这个动态，而不是芯片和电线。照此看来，锤子这样的工具跟牙釉质一样，其实都是没有生命的。它们都是生命体的延伸，虽然对于生命体的存活来说十分重要，但并不能决定生命体是否具有生命。

那么所谓"活着"又是什么呢？"人工智能"这个词赋予了计算机系统"智能"这种很久以来一直专属于生命体，特别是人类的

---

* 塞缪尔·巴特勒（1835—1902），英国作家，代表作有《众生之路》等。——译者注

† 尼尔斯·巴黎塞利（1912—1993），挪威裔意大利数学家，其早期在计算机辅助下开展的实验被认为奠定了人工生命领域研究的基础。——译者注

性质。这样将计算机系统人格化，真的合适且有用吗？

不过，本书讨论的不限于人工智能。大多数生命体根本不具备我们所说的智能，但这不妨碍它们具有生命。如果数码技术要“活过来”，那么这个全新的物种中只有少数族群将展示出类似人类的智能。就算“活着的”机器只不过是一个比喻，我们能否从中学到什么呢？

病毒与蠕虫

如今，大多数科学家认为，生命出现在这颗星球上的时间大约是40亿年前，在地球诞生、海洋形成后不久。从目前掌握的情况来看，“生命”诞生之初可能只是一系列自我维持的化学反应。如果我们当时亲眼见证了这些化学反应的发生，我们一定会激烈地争论，这些自我维持的化学反应到底能不能被称作“生命”。

事实上，这样的争论至今犹存。很多生物学家认为病毒没有生命，因为它们不能自我复制。病毒只是劫持活细胞的生命机制，帮助自己完成复制过程。可以说，这与现在我们使用的软件的运作方式基本相同。软件“劫持”了人类，帮助它完成复制。

具有讽刺意味的是，“病毒”这个词倒是常被用来指代无须借助人类力量便能完成自我复制的计算机软件。匈牙利裔美籍数学家、计算机科学家约翰·冯·诺依曼早在1949年就预测过此类程序的存在，但自我复制的程序在互联网诞生之前一直是少见的新鲜事物。互联网使得具有自我复制能力的软件可以跨越地理的阻碍，在数不胜数的机器里安家落户。伴随20世纪80年代初期个人电脑的诞生，这类程序的潜在目标群体规模急速膨胀，为计算机病毒的繁育创造了绝佳的环境。

首个针对个人计算机的病毒名为“埃尔科克隆者”（Elk Cloner），出自当时正在匹兹堡附近的黎巴嫩山高中就读的九年级学生理查德·斯克伦塔（Richard Skrenta）之手。1982 年，他编写了这个病毒程序，本意是想制造一个恶作剧。“埃尔科克隆者”专门攻击运行 Apple DOS 3.3 版本操作系统的 Apple II 计算机。病毒通过一张软盘内存储的游戏程序传播：在第 50 次运行游戏时，屏幕上会显示一首诗，第一行是“埃尔科克隆者：有人格的程序”。斯克伦塔从美国西北大学毕业后成了一名电脑程序员，之后在硅谷成功创业。他参与创立的企业中至少有 3 家后来被计算机行业巨头收购。

或许是从有机生物体那里获得了灵感，计算机安全专家将恶意软件划分为两类：病毒和蠕虫。根据他们的说法，病毒需要借助宿主软件才能完成复制，正如斯克伦塔用以传播病毒的游戏程序。更新版本的病毒能伪装成内置的计算机程序“宏”。许多表单和文字处理器应用程序——如 Microsoft Office Word*——都支持宏，从而可能成为病毒栖身繁衍的宿主。而蠕虫是独立可执行的程序（参见图 2.1）。不过，两者之间的区别仍然十分模糊，因为蠕虫软件也需要底层操作系统才能运行，而且往往在特定版本的操作系统中才能进行复制。这样一来，可以说蠕虫同样需要宿主，也就是操作系统。

大名鼎鼎的“冲击波”（Blaster）是一个在微软 Windows 2000 或 Windows XP 操作系统上传播的蠕虫软件。“冲击波”蠕虫于 2003 年 8 月 11 日首次现身互联网，短短 24 小时内就感染了至少 3 万个系统。到了 8 月 15 日，被感染的系统总数已经猛增到 42.3 万。根据“冲击波”蠕虫代码的设定，被感染的计算机每到特定日期和时间就会访

* Microsoft Office Word 是微软公司发布的一款文字处理器应用程序。——编者注

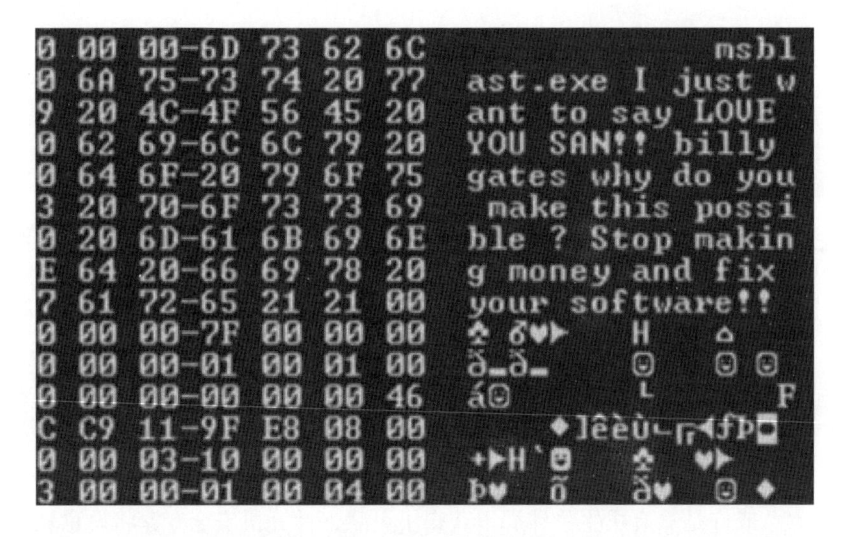

图 2.1 “冲击波”蠕虫代码截屏。左侧是一系列 16 进制数字代码，右侧是字符串所代表的 ASCII 字符。大多数字符没有任何意义，因为它们是可执行代码，不是文本。不过在代码当中隐藏了一条给微软创始人比尔 · 盖茨的信息：“比利 · 盖茨你怎么能允许这样的事情发生？别光顾着赚钱了，花点心思把软件做好吧！！”（billy gates why do you make this possible? Stop making money and fix your software!!）

问微软集团的网站——windowsupdate.com。这样做的目的是通过大流量的用户访问使微软集团的网站难以招架，最终使其瘫痪。这样的攻击被称为“分布式拒绝服务”（distributed denial of service）攻击或者“DDoS”攻击，因其旨在让服务器瘫痪，使正常用户难以访问。

家住明尼苏达州霍普金斯的 18 岁青少年杰弗里 · 李 · 帕森（Jeffrey Lee Parson）下载了“冲击波”蠕虫软件，修改了源代码，加入了一个“后门”——所谓“后门”，就是使编写者可以远程控制被感染的计算机的程序。运行了这个版本的蠕虫软件之后，被感染的计算机会与帕森维护的一个网站通信，这样帕森就能掌握已经安装了他的“后门”程序的电脑清单。不过这个小细节坑了帕森，因为网站是以他的名字注册的，警方不费吹灰之力就顺藤摸瓜找到了他。2004 年 3 月 12 日，帕森被捕。2005 年 1 月，他被判处 18 个月的监禁。斯克伦塔的行为被视为恶作剧，帕森的却被判为犯罪。计算机的世界确实在不断成长。只不过，“冲击波”蠕虫的始作俑者至今仍是一个谜。

人工生命

不同于有机生命体，计算机病毒和蠕虫与自身的物理载体间只存在松散的联系。诚然，它们的进程要依靠一台看得见、摸得着的计算机来运行，但这样的物理实体对于它们的存活而言是相对次要的。在当今的云基础架构中，程序在一台计算机上开始被编写，在另外一台计算机上最终成形，也是司空见惯的事情。有机生命体也会替换“硬件”，但不会像计算机程序这样彻底或者突然。人体内大多数细胞的生命周期比人的寿命要短，但至少到目前为止，还没有过一个人类像云端进程那样，从一个身体突然“迁移”到另一个身体。

生命是一个进程，不是一个物件。如果缺少了呼吸、思考和血液循环等进程，人体就不是活的。类似地，你计算机内存里的程序如果不运行，也不过是一堆死的代码。只有当你运行这个程序，或者操作系统触发了这个程序的运行时，这个程序才获得了生命，而一旦运行结束，这个程序就又归于死亡。很多计算机程序的生命非常短暂，其他一些程序则可以活上数年。

17 世纪的英国哲学家托马斯·霍布斯也认同生命是一个进程，而不是一个物件。他在名作《利维坦》中写道：

> 自然（上帝创造和治理世界所依据的艺术），也和许多其他

事物一样受到了人类技艺的模仿，人工动物（artificial animal）由此产生。既然生命仅仅被看作一种肢体的运动，起源于身体内部的某些主要部分，那么我们为什么不可以说，所有的“自动机械装置”（像钟表那样通过发条和齿轮自行运转的机械装置）都具有人造生命呢？因为“发条”不就是“心脏”，“丝线”不就是“神经”，而那许许多多可以按照制造者的意图引发整体运动的“齿轮”不就是“关节”吗？[3]

霍布斯被视作现代政治哲学的奠基人之一。他以“利维坦”喻指国家，将其描述为“体形和力量都大于自然人、用来保护自然人的人造人”。在霍布斯看来，国家是人类创造的生命体，既由人类所创造，又由人类构成其“关节”和“神经”。但他在《利维坦》开篇便谈到了由机械部件构成的自动机（automata）。根据霍布斯的理论，人类有能力创造“人工动物”，也就是像手表这样通过自身运动承载“人工生命”（artificial life）的事物。换言之，构成生命的，不是物理的发条和丝线，而是运动。

如今，“人工生命”泛指各种以软件为主的人造进程；它们要么是对自然生命的模拟，要么是全新生命形态的实现，这取决于你的视角。虽然一只智能手表不会自我复制，并且高度受限于其物理实体，但很多这类人工生命体能以抽象进程的形态“出窍”，存在于不相干的某个计算机实体中，实现进化、繁衍和学习。这个词的当代释义最先出现于1987年克里斯托弗·兰顿（Christopher Langton）* 发

* 克里斯托弗·兰顿，美国计算机科学家、人工生命领域的创始人之一。1987年，他在洛斯·阿拉莫斯国家试验室组织举办了首届“生命系统合成与模拟研讨会”（Workshop on the Synthesis and Simulation of Living Systems），并在会上提出了“人工生命”一词。——译者注

起组织的首届“研究表现出自然生命系统行为特征的人工系统”会议上。[4]从那时起，被称为“人工生命”(ALife)的研究领域日益发展壮大，吸引了诸多理论生物学家、计算机科学家，甚至是一些“怪客狂士”。[5]

ALife圈子的侧重点并非自然的类生命进程，而在于人造的类生命进程。但正如你将在本书中看到的，关于机器是否只是人类自上而下设计出来的纯粹人造物这一问题，我们并不能清晰地给出答案。就连兰顿本人后来也指出，人工生命的人造属性本身就是人们在解读中创造出来的。他说：“我开始对我们试图从根本上区分‘天然’与‘人工’的做法感到不满。”[6]与兰顿所主张的一样，本书会重点探讨进化的自然力量——人类不过是其中的一部分——是否正在创生新的生命形式。

对很多人来说，ALife现在代表着“对生命系统的合成与模拟”，并且着重强调利用纯粹数字计算的形式进行的模拟。[7]很多学者认为，这个颇为现代化的含义最早是由约翰·冯·诺依曼提出的。冯·诺依曼专注于自我复制软件的研究，并提出了后来被称为“元胞自动机”的东西，也就是一组按照网格排列、相邻组成单元之间可以互动的简单数字自动机。[8]与霍布斯描述的不同，组成这些自动机的不是“发条和齿轮”，而是逻辑规则，因此元胞自动机的物理实体在很大程度上是无关紧要的。尽管如此，元胞自动机仍能表现出令人惊讶的复杂的持续行为，包括自我复制以及类似于运动和进化的模式。

英国数学家约翰·霍顿·康威于1970年提出的“生命游戏”(Game of Life)便是元胞自动机系统的知名案例。生命游戏由正方形细胞构成的网格组成，黑色的细胞被设定为活的，白色的细胞被设定为死的。初始状态如图2.2所示，有些细胞是活的，有些细胞是死的。游戏每走一步，细胞的状态都会根据以下规则进行更新：

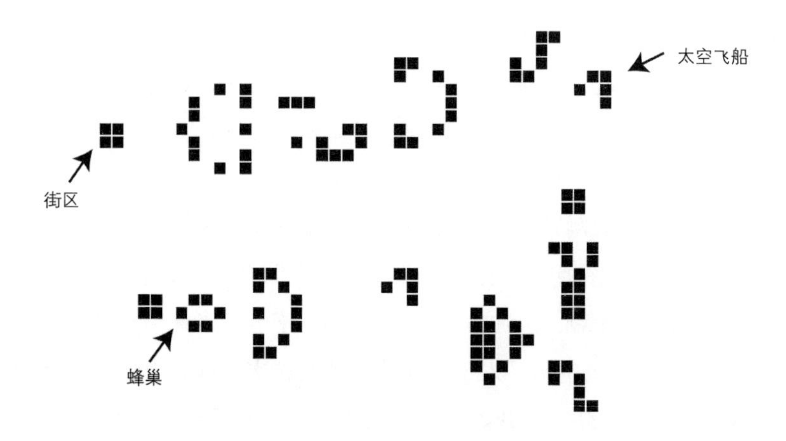

图 2.2　康威“生命游戏”截图

（1）任何相邻细胞中活细胞数量少于两个的细胞死亡；

（2）任何相邻细胞中活细胞数量为 2 或者 3 的细胞存活至下一步；

（3）任何相邻细胞中活细胞数量超过 3 个的细胞死亡；

（4）任何相邻细胞中活细胞数量等于 3 的死细胞复活。

正如种群稀少、种群过剩以及繁衍后代都会改变细胞的状态，康威隐喻性地用游戏规则反映了真实世界的状况。尽管游戏的规则并不复杂，但生命游戏所表现出的行为——至少在隐喻层面——非常接近真实的生命体。

元胞自动机激发了无数人的想象力，并启发了后续比康威的“生命游戏”更为复杂的“数字机体”（digital organism）模拟器。其中的很多模拟器都以寻求近似真实生命的复杂程度为出发点，但同时保留了规则的简单性。用丹麦理论生物学家和哲学家克劳斯·埃梅什（Claus Emmeche）的话来说：

> 生命之所以可以被计算，是因为生命本身实现了以计算为本质的一般形态的运动和处理。如果生命是一台机器，那么机器本身也可以拥有生命。计算机或许正是通向生命的路径。[9]

研究成果表明，这种方式似乎可以解释很多自然界中存在的复杂过程。受到简单规则可以衍生出复杂模式的启发，有些人工生命的爱好者甚至断言，自然界中所有复杂的模式都源自简单的计算规则。例如，史蒂芬·沃尔弗拉姆（Stephen Wolfram）在2002年出版的重要作品《一种新科学》（*A New Kind of Science*）中提出，“万物皆计算”。沃尔弗拉姆认为，所有自然过程都可以通过简单的数字规则建构，只不过我们可能尚未搞清楚这些规则是什么。自然界的复杂性之所以存在，正是缘于这些简单规则引起的混沌。不过，说自然界中存在计算模式是一回事，认定自然界中所有模式都是计算则完全是另外一回事了。接下来，我将给出几个理由论证，为什么由前一个论断可能无法推出后一个论断。

无助的繁衍

繁殖能力是构成生命体的必要条件，我想这一点应该是没有争议的。如果一个个体需要借助外部力量才能完成繁衍，那么这个个体还是“活的”吗？生物病毒的繁衍需要借助宿主细胞，计算机病毒的复制需要借助宿主程序，而计算机蠕虫的繁衍也需要借助操作系统。就连人类的繁衍，其实本质上也离不开其他生物的支持。女人必须在临盆之前的9个月里保持自身的存活。没有其他生物的帮助，她能活得下去吗？她吃什么？没有肠道菌群的帮助，她怎么完成消化？没有这些外部的力量，活上 9 个月是不可能的。因此，在某种意义上，人类的生殖繁育也不是完全自主的。我们是不是可以就此断言，人类并不是生物呢？大多数生物都要从其他生物那里获得一些支持。病毒和机器所需要的帮助则比大多数其他生物所需要的更多。

计算机程序是如何完成繁衍的？这方面的机制有很多，其中有一些与人类的繁衍机制非常相近。你访问应用商店下载一个 App（第三方应用程序，即手机软件）然后运行，是否可以被视作刚刚给一个新生命接了生？你启动一个 App，这时收到一个提示说这个 App 有最新的版本，然后你选择更新，接着这个 App 就通过应用商店下载了一个它自身的变异体，然后“自行了断”。但你不需要对此感到愧疚。“自杀”在生物界是家常便饭。生物学家用“细胞凋亡”（apoptosis）这个词指代多细胞组织体中发生的细胞自杀。以普通人体为例，每天有 500 亿到 700 亿个细胞自杀。这是一个健康有机体的正常部分，没有人会对此感到悲哀。

诚然，将软件升级类比成细胞凋亡有点牵强，但这个例子确实可以说明，理解软件所处的充满合作与竞争的生态系统或许有助于我们更好地理解科技的演进。生物系统是当今地球上最为复杂的动态系统，但软件系统的复杂性已经开始接近最简单的生物系统。

耐久的，数字的

1944 年，诺贝尔奖得主、奥地利理论物理学家薛定谔出版了具有里程碑意义的作品《生命是什么？——活细胞的物理观》，试图解释生物系统的复杂性。薛定谔对原子运作机制的了解超越了与他同时代的任何人，并且他认识到，物理学传统的统计工具不足以解释生命是什么。传统的工具可以用于解释太阳中大量的氢原子是如何产生热量和光的，但无法解答一个活体细胞为何可以分裂成两个。

在这本比沃森和克里克的 DNA 双螺旋结构论文早 10 年出版的作品中，薛定谔提出，生命是一个来自原子相互作用的极其复杂的过程；相互作用的原子虽然在数量上少于太阳中的氢原子，但每个原子都有自己的功能。这与太阳发热完全不同；后者是大量的相同元素在统计学意义上的相互作用，每个元素的贡献是等量、等效的。薛定谔指出“染色体牵丝”的核心作用，并将其称作“非周期性晶体”。他认为，这种对于生命至关重要的分子的不规则结构中蕴含着生命功能的细节。这些机制本质上不是统计性的，而是具体的、可运转的。

从这个意义上来讲，软件与之类似。计算机程序的基本运行并非数十亿行代码的统计结果，而是蕴藏在寥寥数行各具功能的代码中的复杂行为。正如一段上百万行代码中的某一行可能会对机器的生死产生至关重要的影响，DNA 分子中哪怕有一个原子摆错了位置都有可能会给有机体带来灭顶之灾。但正如薛定谔所说，在生物化学层面，“有机体的正常运转……需要精确的物理法则”，而非统计规则。

这种确定而精准的运转与基于统计的涌现之间的相互作用，在科技发展中也有所体现。在最底层，晶体管是统计性的，负责控制“电子的流动”[10]；但在此基础之上，晶体管是一个精准可靠的数字开关，能够保障基于位序列的确定而精确的数字化运转。而在更高的层次上，统计属性又再度占据主导地位，这一点与生物界相同。比如，互联网利用冗余的、自适应的数据包路由实现鲁棒性。人工神经网络也是受到人脑中数十亿个相互连通的神经元启发，依靠海量简单动作的聚合效应，实现了图像分类、语音识别和机器翻译，彻底改变了科技。

薛定谔还提出，经典物理学无法解释生命所必需的分子的相对耐久性。作为很多量子现象的发现者，薛定谔认为这一过程离不开量子现象。正是原子的量子属性使得完美复制一个分子成为可能，正如软件的数字属性让我们得以完美复制一个程序；正是原子的量子属性令分子稳定和耐久，正如软件的数字属性让程序变得耐久。

自生系统论

不单生命体的分子具有耐久性，生命的过程也是一样。生物过程是可以自我维持的。在物理反应和化学反应同时作用下产生的实体、活体细胞或者有机体，能够将外部世界的混沌和熵拒之门外，保持自己的结构，并维持自身的活动。可以说谷歌的服务器也具有类似的自我维持的过程。这些过程甚至还能通过推送广告、向客户收费的方式，用丰厚的薪酬吸引人类共生体，让他们滋养、保护、发展它们的服务器和软件。

20 世纪 70 年代，智利生物学家洪贝尔托·梅图拉纳（Humberto Maturana）和弗朗西斯科·瓦雷拉（Francisco Varela）提出了“自生系统”（autopoiesis）的概念，用于指代具有自我复制、自我维持能力的系统。“autopoiesis”一词来自希腊语，其中“auto”意为“自我”，“poiesis”则意为“创造”或者“生产”，后者也是“诗歌”（poetry）一词的词根。关于这个词的灵感来源，梅图拉纳是这样说的：

> 那是在这样的一种情况下，我和一位朋友（何塞·布尔内斯）谈起他写的一篇文章，其中分析了堂吉诃德如何在武道（或称实践、行动，希腊语“praxis”）与文道（或称创造、生产，希腊语“poiesis”）之间纠结，并最终彻底放弃了文道，选择了武

道。那是我第一次体会到“poiesis”这个词的力量，并造出了我们需要的词：autopoiesis。这是一个没有历史的单词，可以用来直接指代生命系统的自主机理。[11]

一个具有自生系统的实体是一个可以持续自我再生、自我实现的过程网络。

与生物病毒一样，“冲击波”蠕虫在被劫持宿主的帮助下，也成了复制繁衍的高手；但同样与病毒类似，“冲击波”蠕虫自身并不成其为一个过程。然而，谷歌的服务器群至少已经开始接近一个自生系统的过程，特别是如果我们将其人类共生体也考虑在内的话。

不过，我们必须保持谨慎。类比的确可以是有用的推理工具——或者用哲学家丹尼尔·丹尼特的话来说，类比可以给我们提供“直觉泵”（intuition pumps）。但丹尼特也警告我们：

类比与暗喻（Analogies and metaphors）。大家都知道，将一个复杂事物的特征映射到另一个你（自认为）已经完全理解的复杂事物上，是一种强有力的思维工具。但它的力量太过强大，往往会导致思考者被靠不住的类比牵着鼻子走，从而误入歧途。[12]

听取丹尼特的告诫，虽然我在本章中主要讨论数码科技与生命体之间的相似性，但我会在第 7 章和第 8 章中考察数码科技与生命体之间存在哪些重要的区别。正是这些差异使得人工智能可能永远无法真正与现在的人类相似。未来的人类或许可以与机器融合，如果是那样的话，二者之间是否相似就无关紧要了。你跟你体内微生物组中的上亿个细菌有多相似呢？这个问题其实没有太大意义。

起源：少年与火花

将计算机系统与生命系统进行比较的一个问题在于，我们对生命系统机制的理解，还赶不上我们对计算机系统机制的认识。例如，我们可以清楚地理解计算机系统是如何形成的，但关于生命的诞生，我们仍然知之甚少。

不过，我们真的有自以为的那样了解计算机系统的起源吗？比方说，计算机病毒和蠕虫都是青少年编写的，那么要想理解它们的诞生，我们是不是得先了解青少年的想法呢？这或许跟试图理解生命起源一样令人绝望。

构成当今生物体的化学反应基本上都有蛋白质的参与，而蛋白质是由长长的氨基酸链条组成的。1953 年，当时在芝加哥大学读博的斯坦利·米勒（Stanley Miller）与他的导师——1934 年诺贝尔化学奖得主哈罗德·尤里（Harold Urey）——合作开展了一系列著名的实验，为我们展示了生命不可或缺的有机分子是如何产生的。

米勒后来在加利福尼亚大学圣迭戈分校继续他的科研生涯，在一个封闭的无菌玻璃容器中模拟了当时公认的早期地球环境（参见图 2.3）。他的实验表明，在这样的环境中，火花可以合成生命体所必需的复杂有机化合物。

米勒的实验本身并不能说明这些化合物如何自我组织成最终创造生命的、具有自我复制功能的系统，实验只展示了生命的原材料可能是怎样出现的。根据米勒的实验结论，这是“闪电”的杰作，不是青少年的。[13]

近年来，有些有趣的理论指出，生命可能诞生自化学物质的自我组织，而并非像米勒认为的那样，主要来自随机的化学反应以及随之发生的自然选择。例如，在麻省理工学院的物理学家杰里米·英格兰

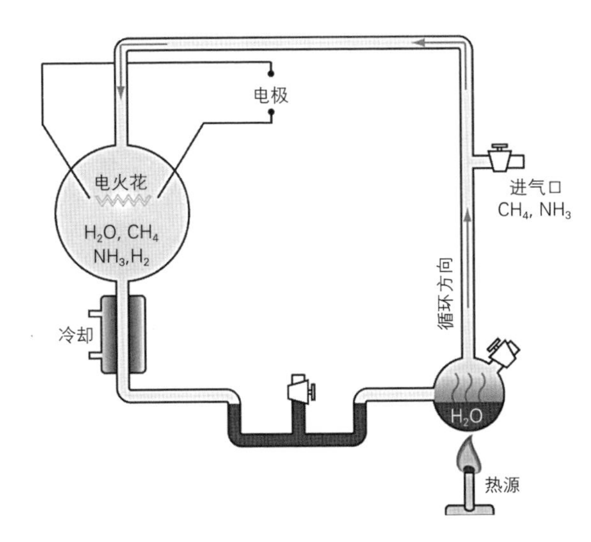

斯坦利·米勒（拍摄于1999年）

图 2.3　米勒-尤里实验示意图。实验表明，在当时被认为模拟了早期地球的环境中，电火花可以引发生命体所必需的氨基酸合成（图片来源：Carny，希伯来语维基百科。由维基百科迁移到知识共享，CC BY 2.5）

（Jeremy England）构建的模型中，任意一组分子经过自我组织，都可以更有效地从环境中捕捉能量，并散发热量。[14] 他的理论大大降低了机缘巧合在生命诞生过程中的重要性。英格兰甚至证明了此类自我组织行为可以引发自我复制，而自我复制是生命体的必要特征。[15] 或许有一天，这个理论可以用来解释"自然发生说"，亦即无机物质中可以诞生生命的理论。

另一个颇具说服力的理论来自曾赢得"麦克阿瑟天才奖"的美国医生斯图尔特·考夫曼（Stuart Kauffman）。考夫曼的模型表明，复杂生物系统和有机体脱胎自混沌的基因调控网络中的"吸引子"（attractor）。[16] 所谓吸引子，指的是一个混沌系统可能进入的一个相对稳定的运行模式。考夫曼提出，细胞分化可能源自吸引子之间的转换。这有助于解释为何同样的DNA既可以产生心脏细胞，也可以制造毛囊。

无论有机分子因为什么而自我组织和自我复制，很显然那都完全不同于让软件自我组织和自我复制的机制。后者牵涉大量的人类干预，人类充当的角色或许相当于机器的上帝。但这两种机制的结果有着出人意料的相似性。毕竟，人类也是大自然的产物，所以我们对软件的干预是否也是大自然的产物？

除人类之外，自然的其他产物也具有通过自身行动改变进化进程的能力。举例来说，大约5.4亿年前，被称为“寒武纪生命大爆发”的井喷式进化潮在短短2 000万年内就创造了大量的多细胞物种。2003年，安德鲁·帕克（Andrew Parker）* 提出了“灯泡开关理论”（Light Switch theory），认为眼睛的进化导致的“军备竞赛”最终引发了寒武纪生命大爆发。[17] 眼睛之所以加速了进化进程是因为它方便了捕猎活动。正如大海掀翻航船促使船只设计的不断完善，猎食者的猎杀行为实际上也成就了被猎食物种的进化。人类的干预与猎食者的影响有何不同？我们是否正站在“谷歌大爆炸”的起点上？

真的活着

迈克斯·泰格马克是麻省理工学院的物理学教授。根据亚马逊作者主页的说法，他“因不循常规的主张以及对冒险的热爱，被称为

---

* 安德鲁·帕克（1967— ），动物学家，曾先后在英国自然历史博物馆、澳大利亚博物馆、悉尼大学、牛津大学等机构工作，著有《第一只眼》。——译者注

‘疯狂的麦克斯’*”。在他2017年的畅销书《生命3.0：人工智能时代，人类的进化与重生》中，“疯狂的麦克斯”将生命宽泛地定义为“可以维持其复杂性并不断复制的过程”。在此基础上，他将生命划分为三个阶段：

- 生命1.0：进化硬件和软件（生物阶段）。
- 生命2.0：进化硬件，设计多数软件（文化阶段）。
- 生命3.0：设计硬件和软件（科技阶段）。

泰格马克认为，我们正在进入第三个阶段，因为我们正在发展科技以操控我们的生理硬件，用工程设备拓展生理硬件，并创造可以设计自身所需硬件的软件。根据泰格马克对生命的定义，数字化机器显然是有生命的，但他的定义是否过于宽泛了？

我最喜爱的数字化机器之一是维基百科，上面有一篇关于“生命”的精彩文章。文章指出，“生命的定义颇有争议”，而“对生命下定义对于科学家和哲学家来说也是一项挑战”。文章继续谈到，“生命是一个过程，而不是一种物质”，“任何定义都必须具有足够的普适性，以涵盖所有已知的生命以及可能不同于地球生命的未知生命”（或许这一点应该略加扩展，以便涵盖地球上的任何新的生命形式）。词条指出，目前对生命的定义包括可以维持内稳态、由细胞构成、进行新陈代谢、可以生长、具有环境适应能力和可以响应外部刺激并繁衍后代的有机体（参见图2.4）。[18]

让我们来思考一下，根据这个定义，维基百科本身——或者更具体地说，其支持页面展示与访问、支持编辑修订的软件系统——是否

---

* 该绰号来自同名电影人物。——编者注

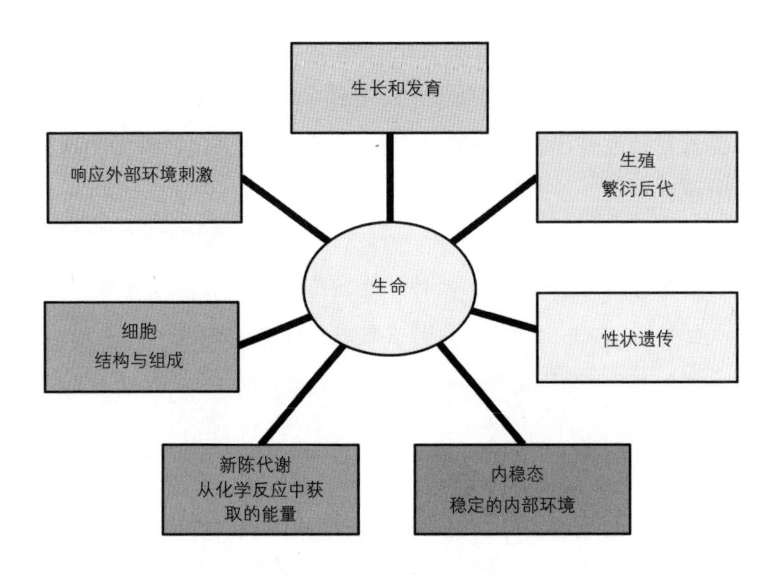

图 2.4　生命体的特征（参考 Chris Packard 创作，CC BY-SA 4.0）

可以被认为具有生命。自 2001 年吉米·威尔士（Jimmy Wales）和拉里·桑格（Larry Sanger）* 完成的首版网页上线以来，维基百科便持续对来自（互联网）环境的刺激做出响应。因此，它至少已经满足了判定生命体的 7 个条件中的一个。实际上，维基百科也具备与其他 6 个要求相似的特征——至少，维基百科的过程可以实现类似的目标。当然，维基百科的过程本身有着完全不同的机制，因为适用于有机化学物质的机制并不适用于晶体硅中的电子（反之亦然）。但请允许我总结一些相似之处。

* 吉米·威尔士（1966— ），美裔英籍互联网企业家、维基百科创始人之一；拉里·桑格（1968— ），美国互联网开发者、哲学博士。——译者注

性爱狂欢与天然气盛宴

前面我们已经讨论了繁殖的问题。除了计算机病毒和蠕虫外，现今的数字人工物基本都需要人类的帮助才能完成“繁殖”。但情况也在发生变化。大多数计算机程序都易于复制、执行，能以此创造一个新的个体，而且成本低廉。另外，副本可以十分精确，因此性状的遗传可以说是完美的。这种繁殖与一个细胞分裂成两个拥有相同 DNA 的细胞类似。此外，还存在更加复杂的繁殖方式。比如，尽管维基百科只有一个，却存在许多继承了维基百科基本特征的类维基网站。

那么数字人工物是否存在两个个体的遗传物质随机组合产生下一代基因的“有性繁殖”呢？实际上，这种形式的“软件交配”一直是由软件工程师促成的。极少有软件开发项目是从一张白纸开始，一行一行代码敲出来的。相反，软件工程师通常都会从一个地方复制几行代码，然后跟另外一个地方的代码拼凑一下。这样一来，一个典型的程序通常“继承”了成百上千个“前辈”的代码，简直堪称令人脸红的软件“性爱狂欢”。新的程序将继承每一个“前辈”的某些特征，但仍将保持自己作为一个独立个体的身份，并且做好了复制成千上万份完美副本的准备。

大多数情况下，这种软件的“有性繁殖”目前仍然离不开人类的帮助，但这一点也在悄然变化。自动化的软件工具可以对程序进行修改，比如去掉冗余的操作，从而创造一个新的突变体。而且能编写软件的软件自 20 世纪 60 年代（以编译器的形式）诞生以来，一直以稳定的速度向更为抽象的功能特征进化，并为自动的软件合成奠定了基础。目前科研人员已经开展了用机器学习算法驱动软件合成的试验。所以说，软件的繁殖、遗传和编译已经朝着减少人类参与的方向发展了一段时间。不难想象软件繁殖有朝一日会完全摆脱人类的

图 2.5　服务维基百科网页的维基媒体基金会服务器（图片来源：Victor Grigas / 维基媒体基金会，CC BY-SA 3.0）

参与。

这样看来，数字人工物似乎相当于具备了 7 个生命必备条件中的 3 个，分别对应响应外部刺激、繁殖和遗传。那么其他几个特征呢？

维基百科是由细胞组成的吗？图 2.5 显示的整架服务器属于总部位于旧金山（圣弗朗西斯科）的非营利组织维基媒体基金会（Wikimedia Foundation），用于维护维基百科网页。每台服务器都包括若干处理器，每个处理器都可以被视作一个多细胞组织中的一个细胞。

维基百科的处理器与生物体的细胞有若干共同的特性。比如，单个处理器的坏死不影响整个有机体的存活和运转。实际上，当 2001 年维基百科刚刚出现的时候，图 2.5 所示的这些服务器都尚不存于世，但维基百科自那时起一直（基本）保持运行状态。维基媒体基金会的工作人员会定期用新型号的服务器替代旧的服务器，而这一般不需要中止正常的系统运行。与应用程序升级相比，淘汰老旧、出故障的服务器或许更近乎细胞凋亡。偶尔需要更大规模干预的时候，工作人员可以让系统“休眠”，也就是让服务器暂时下线，就跟手术前给病人实施麻醉差不多。被麻醉后，病人便暂时无法响应外部的刺激了。

内稳态

内稳态即维持内部环境的稳定。比如，我们哺乳动物利用出汗等各种机制调节体内温度。其他例子包括维持血糖水平、血氧、钙水平、血压、体液平衡、血液酸碱度和血清钠浓度。以上每种机制都是通过某种负反馈来实现的，亦即通过传感器侦测相关变量的水平，如果水平过高就采取措施降低，如果水平过低就采取措施升高。比如，胰腺会分泌胰岛素来降低血糖水平。如果血糖水平过低，胰岛素分泌就会停止，血液中的 α 细胞就会分泌胰高血糖素，使血糖水平上升。

计算机也有维持内稳态的机制，只不过数量更少，也更简单。维基百科系统中每台计算机都有电源，以维持多个电力输入的电压稳定。墙面插座里输出的电，电压忽高忽低，波动很大，但计算机的电源能够利用这种极不稳定的电流为微处理器提供更稳定的直流电。微处理器内部本身也拥有若干调压器，可以适应输入电压的波动，进一步提升对内供电的电压稳定性。

很多计算机还会调节“体内”的温度。比如图 2.5 所示的现代化的数据中心，往往会配备精密的通风和空调系统。有些最新的微处理器也具备“体温”调节能力，比如在其内部温度过高时降低运行速度。

新陈代谢

新陈代谢更为复杂。所谓新陈代谢，指的是生物细胞中发生的一系列因维持生命而进行的化学反应的统称。照此定义，硅基的数字化设备是不可能存在任何形式的新陈代谢的。但如果从这些化学反应的目的而非运作机制来看，我们就会发现更强的相似性。

新陈代谢的功能之一便是将营养物质转化为能量。计算机从电力中获得能量，但电力从何而来？在美国，电力主要来自电厂“消化”天然气的化学反应。这一过程中的“营养物质”就是由生物有机体产生的有机分子，就跟我们吃的食物一样，尽管计算机的“食物”比我们吃的任何东西都要古老。因此，如果我们可以将电厂视作计算机的消化系统，那么“计算机也有新陈代谢”这个说法也就不那么牵强了。

电力是更加直接可用的能量来源，胜过活细胞的主要能量来源，例如糖。图 2.5 中，一块背板可直接向每个“细胞”供应电力，而对于哺乳动物来说，循环系统得将营养物质和氧气输送给细胞，再由细胞通过新陈代谢将这些营养物质进一步转化成能量。假使背板能向每台服务器输送天然气，再由服务器用小型发电装置进行本地发电，那么维基百科的服务器将更接近有机生命体的设计。

机器偶尔也会“挨饿”，比如电池电量低或者飓风来袭导致断电。不过，像维基百科这样的系统“挨饿”的概率不高，因为它在地理上是分布式的；换言之，它的服务器分散在全球。如果一个服务器场下线了，那么其他服务器场可以承担起它的工作量，只不过网络延迟时间会略有增加。这种将访问请求重路由（reroute）至那些正常工作的服务器上的动态机制，可以被视作一种自我修复。自我修复是很多有机生命体的一大重要特征，尽管维基百科上的“生命”词条没有把它列为生命的必要条件。

成 长

在我撰写本书时，维基百科已经 18 岁了。无论从哪个角度来说，它的成长都是惊人的。2001 年，它的“身体”只包括一台服务器，而到了 2019 年，维基媒体基金会已经有了 5 个像图 2.5 那样的服务器场，其中 3 个在美国，1 个在荷兰，1 个在新加坡。当你访问维基百科网站的时候，你的浏览器会被引导到以上 5 个数据中心里离你最近的那个。

维基百科的成长由人类驱动，并不是独立自主的。但包括人类在内，很多有机生命体的成长也依赖于其他生命体。如果机器与人类是共生关系，那么它们的成长天然地需要依靠人类。

应该承认，将这种成长类比为有机生命体的成长其实是有点牵强的，但我们要考虑到当今技术的发展日新月异。在工厂里，组成维基百科“细胞”的计算机芯片、印制电路板、电源和机箱等的生产过程越来越多地在计算机控制下进行。博斯特罗姆和泰格马克都断言，终有一日，计算机将控制自身零件的生产过程。如果这一设想成真，那么前面的类比也就不那么牵强了。

大脑、心灵与天空

到此，数字生命体似乎已经凑齐了构成生命的 7 个必要条件，还额外具备了自我修复这一条。另有一些特性仅见于更高级的生命形态，其中最重要的就是神经系统和认知。很多数字人工物不具备与这些高阶功能相似的特性，但这一点也在悄然改变。维基百科显然拥有近似神经系统的东西。图 2.5 中的线路就是用来实现各服务器之间的互联以及将服务器接入互联网的以太网电缆。维基百科的 5 个服务器场都通过互联网相连。这跟神经系统不是差不多吗？

神经系统使身体各部分之间得以沟通。生物学上，一个足够复杂的神经系统还可以支持认知和意识活动。但是否只有拟人的机器才能够拥有这些特征？澳大利亚科学哲学家彼得·戈弗雷-史密斯在 2016 年出版的杰作《章鱼的心灵》（*Other Minds: The Octopus, the Sea, and the Deep Origins of Consciousness*）中质疑了我们在意识问题上根深蒂固的人类中心单一视角。该书最引人入胜的部分便是其对章鱼的研究；后者自行进化出的大脑与人类的大不相同，即使是我们与章鱼的最后一代共同祖先也不具备这样的特征。章鱼的大脑是分布在全身的，因此其构造与人类大脑的构造截然不同。但章鱼明确表现出智能、自我意识和认知特征。当然，章鱼对于智能、意识和认知的体验与人类的大不相同，但其存在表明，不同于人类的机制也可以表现出类似人类的认知功能。维基百科是否拥有类似认知或者意识的东西？未来的数字科技是否会发展出这样的特性？倘若我们能明确界定何为认知，问题将变得简单很多，但那大概率是无法确知的。

首先我要开宗明义，坚定地采取唯物主义立场。唯物主义认为，心智和意识都是生物化学过程以及大脑通过传感器和执行器与身体及其所在环境发生物理交互的副产品。假如与此相反，人类的心智和意识源自无形的灵魂或其他非物质体，也就是丹尼特所说的“奇迹组织”（wonder tissue），[19] 那么我实在不知该如何谈论“硅基的机器和软件能否拥有这样的灵魂”这类问题。如果没有唯物主义的立场，你就得向你的牧师、拉比、萨满、上师或者其他得道的异士咨询这个问题了。鄙人在宗教、灵修方面没有什么造诣，所以没有资格从这个角度解答这个问题。因此，无论你的信仰是怎样的，我们只有从唯物主义的角度进行探讨，接下来的内容才有意义。

图 2.6　埃米莉·狄更生的银版照片（约拍摄于 1847 年，摄影师不详），照片现存于阿默斯特学院档案与特别收藏馆

美国诗人埃米莉·狄更生（Emily Dickinson，1830—1886）（参见图 2.6）是一位具有先见之明的唯物主义者。她常在诗作中提到的"头脑"（brain），若换作其他诗人，大概都会用"灵魂"（soul）一词来替代。举例一则：

头脑，比天空辽阔——
因为，把它们放在一起——
一个能包含另一个
轻易，而且，还能容你——

头脑，比海洋更深——

因为，对比它们，蓝对蓝——
一个能吸收另一个
像水桶，也像，海绵——

头脑，和上帝相等——
因为，称一称，一磅*对一磅——
他们，如果有区别——
就像音节，不同于音响——[20]

前一章后半部分出现的哈佛大学认知心理学家史蒂芬·平克对这首诗的评论是：

埃米莉·狄更生的《头脑，比天空辽阔》，前两节便开门见山地指出，头脑的宏大全部蕴于大脑的活动当中。无论在这首诗还是在她的其他诗作中，狄更生都用的是“头脑”（the brain），而不是“灵魂”（the soul）或者“心智”（the mind），似乎是在提示读者，我们的思维和体验的根源均是物质。没错，从某种意义上来讲，科学便是将人“简化”为一个重3磅（约1.36千克）、不那么好看的器官的生理活动。但这是一个怎样的器官啊！就凭它令人惊叹的奇巧复杂、爆炸性的组合计算能力以及漫无边际的想象能力，头脑确实比天空还要辽阔。这首诗本身便是明证。仅仅是为了理解每一节诗的比喻，读者的大脑就必须将天空和大海都囊括其中，才能从头脑的视角看到天空和大海。[21]

* 1磅约等于0.453 6千克。——编者注

头脑将产生“天空”这个概念的神经元放电模式与触发天空视觉感知的神经元放电模式联系在一起，从而将天空这个物理现象映射到了一个概念上。维基百科所做的，本质上也是这种模式的链接：词条的链接本身便构成了在认知上对某个概念的理解。在这种情况下，维基百科显然已经理解了很多对人类具有重要意义的智识概念——当然也包括“天空”。

不过，在本书写作之时，维基百科在很大程度上仅限于语言的模式，也就是字与词，因此它对于“天空”概念的认识不可能与我们人类的相提并论。虽然维基百科很多词条的页面包含大量图片（比如图 2.7 的天空图片就是从维基百科的“天空”词条页面上获取的），但它显然还不擅长为图像建立链接，也不擅长搜索图像。不过，这一点也在改变。近年来，自动图像理解领域取得了巨大的进展。一些网站支持按给定图片搜索相似图片的操作。在未来，很可能我们点击图 2.7 上的云朵，就能跳转到维基百科“云”词条的页面。

狄更生的《头脑，比天空辽阔》的第三节诉诸神性，但写法却十分怪异。平克对此点评道：

> 神秘的最后一节令人惊讶地描写了像称甘蓝那样衡量上帝与大脑的重量。自这首诗问世以来，这一节一直令读者颇为疑惑。有些人从创世论视角对其进行解释（上帝创造了大脑），还有些人则从无神论角度进行解读（上帝诞生于大脑的思考）。作者在此后两句中所使用的音韵学比喻——音响是无间隙的连续体，而音节则是从音响中切分出来的单元——具有某种泛神论的意味：上帝既无处不在也无处可寻，而每个大脑都是无限的有限度量。“如果有”作为逻辑上的破绽，表现出一种神秘主义——大脑和上帝可能在某种意义上是同一种东西——以及不可知论。这里的

图 2.7　天空（图片来源：Jessie Eastland，CC BY-SA 4.0, 维基共享资源）

模糊处理显然是诗人有意为之，恐怕没有人会认为某一种解读是唯一正确的版本。[22]

连 接

认知完全来自脑神经连接的观点催生了神经科学的新领域：连接组学（connectomics）。哈佛大学神经科学家杰夫·利希曼（参见图 2.8）

图 2.8　哈佛大学的杰夫·利希曼正在展示一幅由电子计算机生成的、大脑局部切片三维复原图（图片来源：iBiology.org，已征得版权所有方许可）

对此解释道：

> 大脑的结构比任何已知的生物组织都更为复杂。因此，神经系统的很多细节——比如连接神经细胞、形成突触的广大神经环路——并未得到充分的研究。我和同事已经研究出自动化的方法，能够生成展现脑组织内部所有神经元连接以及很多亚细胞细节的数据集，并对其进行分析。我们使用了全新的方法，将“大脑”切割成非常薄的组织切片，并用新的电子显微镜以超乎以往的速度和清晰度拍摄大脑切片的图像，使得大脑中所有神经细胞之间的突触连接都一览无余。以这种方法生成的数据集十分庞大：每立方毫米的大脑组织可以生成超过200万GB的图像数据。在此基础上重建的大脑模型显示，神经连接的网络比我们想象的

> 更加复杂。我们认为，这种全新的方式（我们称之为“连接组学”）的潜力毋庸置疑。不过，许多挑战仍然存在。其中最严峻的挑战，可能在于人脑本身理解能力的局限。[23]

连接组学背后的关键理念在于，大脑神经之间的连接图景将帮助我们更好地理解大脑的工作方式。从某种意义上来讲，利希曼实验室的杰出工作表明，要洞悉大脑的运作机制确实是一件困难的事情。脑神经连接图的精密复杂程度十分惊人，以至于至少基于目前获取和分析数据的技术手段，即便我们真的弄清了这个结构，恐怕也很难用它去解释清楚任何事情。[24]

我在还没听说过利希曼的工作的时候，曾经因看过太多用高尔基染色法绘制出来的神经元图片而对大脑结构有过严重的误解。高尔基染色法以意大利医学家卡米洛·高尔基（Camillo Golgi）的名字命名，他曾于1873年首次发布用这种染色法绘制的图片。西班牙神经解剖学家圣地亚哥·拉蒙–卡哈尔（Santiago Ramón y Cajal，1852—1934）用高尔基染色法首次展现了神经元的结构。依据拉蒙–卡哈尔以及后来人绘制的图片可知，细长的神经突触相互之间留有很大的空隙（参见图2.9）。这些图片极具误导性，因为高尔基染色法只对神经元的一小部分进行了染色（染色部分大约占单个神经元的0.1%），其他还有很大一部分是图上没有显示的。利希曼团队的研究表明，在利用高尔基染色法绘制的图片上，突触之间的空隙实际上挤满了数千条相互缠绕的神经元。

跟一个人类大脑中的连接数量相比，维基百科上百万篇词条文章中的链接数量相形见绌——就算我们把维基百科以太网电缆的实体连接以及连接概念的超链接都算上，结果也仍然如此。不管怎么算，维基百科所有词条文章中的链接仍然比一个人脑中的连接少几个数量

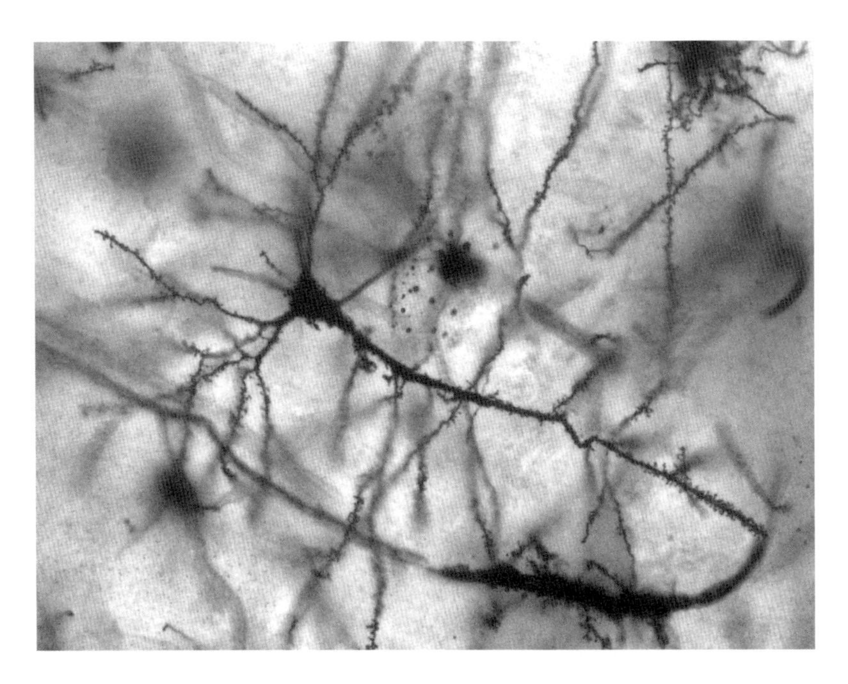

图 2.9　使用高尔基染色法染色的人类海马体神经元（图片来源：MethoxyRoxy，CC BY-SA 2.5，维基共享资源）

级。但这种差距是否仅仅是数量上的？如果维基百科通过进一步发展，链接数量赶上了人脑中的连接数量，那么它的运转是不是也将更接近人脑的运转？在接下来的章节中，我们将一起探讨这个问题。

学习、痛苦与快乐

很多生命形态都具备学习的能力。只要条件允许，有机生命体都会规避采取曾带给它痛苦的行动，并寻求重复曾带给它快乐的行动。

之所以会出现快乐和痛苦的神经生物学现象的演变，正是因为快乐和痛苦都会强化生物大脑中的神经连接，创造出会对未来行动产生影响的记忆。

机器也会学习。机器学习作为统计学和计算机科学的一个分支，至少可以上溯到20世纪50年代，如今它已经被很多人视作人工智能的一个子领域。大多数人都依靠机器学习算法来识别和过滤垃圾邮件。光学字符识别（optical character recognition，简称“OCR”）被广泛应用于支票处理、法律文本电子格式生成等领域，是机器学习的另一个成功的应用案例。图像分类和机器翻译近年来也取得了巨大进展。

然而，机器学习究竟是什么？卡内基梅隆大学的计算机科学家汤姆·M. 米切尔（Tom M. Mitchell）在一本机器学习领域的经典著作中给出了以下这个广为接受的定义：

> 如果一个计算机程序针对某类任务T用P衡量的性能根据经验E来自我完善，那么我们称这个计算机程序从经验E中学习，针对某类任务T，它的性能用P来衡量。[25]

照这个定义来看，维基百科是否具有学习的能力？要回答这个问题，我们需要对经验E、任务T以及性能P分别进行定义。维基百科“经历”的任何事情一定都会表现为系统外的刺激。对于维基百科来说，系统外的刺激主要有两种形式：一是页面浏览，二是页面编辑。两者都是通过互联网实现的。

我们首先探讨两者中相对简单的页面浏览。要判断用户点击链接并浏览页面时，维基百科是否学到了什么东西，我们还需要定义任务T以及性能P。为简便起见，我们把P定义为平均响应时间，也就是从用户点击链接到网页呈现在用户电脑上的用时。以此衡量系统表现，简便易行。另外，我们把任务T定义为用户访问更多页面，对维基百科的系统施加刺激。根据以上定义，从维基媒体2018年4月24日的一篇博客文章介绍的情况来看，用户浏览网页的时候，维基百科确实是在学习的。[26]你可能还记得，我之前提到过维基媒体基金会在全球有5个数据中心，用来支持用户访问。所有网页的主副本都被保管在一个中央数据库里，但每个数据中心存有最常访问页面的缓存。当你点击一个链接的时候，你的计算机会与离它位置最近的数据中心通信，如果对方的缓存中恰好有你要访问的页面，那么它就会很快地把页面信息返回给你的计算机。否则，它就会检索中央数据库以获得你所需的页面，这样一来，响应时间就会长一些。但是，数据中心在满足了你的访问请求后，会将刚才获取的页面存入它的缓存，于是当你的邻居去访问同样的网页时，响应速度就会快一些。每次的网页浏览都能够帮助数据中心更好地了解哪些网页访问量更大，换言之，这就是系统学习的过程。

维基百科的目标是归集人类的集体智慧。这看上去似乎是比我刚才的描述更加有趣的一种"学习"形态。不过，与此同时，为这种形式的学习选取一个适当的性能指标P，难度也更大。我们可以将P设为维基百科页面沉淀的人类知识的比例，但我不知道那该如何测量。我们可以尝试将P定义为维基百科页面的准确性，但问题在于，对于很多维基百科词条来说，决定其准确性的不是客观事实，而是主观认知。我们可以将用户对维基百科的满意度作为衡量指标，但通过问卷调查形式获得准确数据的成本太高。或许我们也可以间接地测量用户的满意度，比如使用维基媒体基金会获得的捐款金额数据。我个人觉得维基百科提供的信息非常有价值，因此我每年都会捐款，并且捐款的金额逐年递增。我们也可以统计一下，包括本书作者在内，有多少著作的作者在查资料时借助了维基百科。我在撰写这本书的过程中大量参考了维基百科上的信息，不过我也会找其他渠道验证维基百科的信息。毕竟，任何人都可以编辑维基百科词条。但这更多的是旁证，不能直接用来衡量维基百科系统的性能。我们可以通过测算单位时间内单个页面的浏览次数，来判断维基百科用户的满意度。按这种方式，经验 E 代表页面编辑，任务 T 代表页面展示，性能 P 代表单位时间内的页面浏览量。虽然我不知道怎么证明，但 P 显然应该随着 E 的增大而增大。如果页面编辑不像现在这样频繁，我可能也不会像现在这样经常地访问维基百科了。直观来看，维基百科应该是在学习了解人类概念的完整性和关联性，但我无法严格地按照米切尔的机器学习定义证明这一直觉上的理解。

尽管如此，我仍然相信从认知的意义上来讲，维基百科是具有学习能力的。截至 2018 年 5 月，维基百科已经有超过 500 万篇英语词条文章，每天新增大约 600 篇文章，并且每一篇新增文章都链接到了早前的页面以及外部的来源。维基百科的的确确在向人类学习。是我们教会了它观念的相互关联性，维基百科也投桃报李，成为我们人类的认知假体。

然而，以上这一切也可能都是错误的。毕竟数字化产品的运作机制与人类的大不相同。我们将在第 7 章和第 8 章再来讨论这个反驳论点。但在那之前，让我们先深入探讨一下认知假体的问题。即便是那些不能真正算得上“智能”的数字技术，也会对人类的智能带来正面或负面的影响。这是我们在下一章中讨论的主题。

第3章

计算机无用？

弗林的智商

我女儿上十年级的时候，我曾经跟她的老师们发生过一次争论。我女儿对玻尔原子模型感到困惑，我就提出建议，说玻尔原子模型的维基百科词条是个不错的参考。老师们对此却不以为然。“我们不鼓励学生参考维基百科。”老师们的意思似乎是，学生们只要有了那些配有“华而不实”的插图的教科书就足够了。“可是，”我说，“有时候听听另一种说法，确实会有帮助啊。”

“我们不鼓励那样。”

我猜，问题可能不在于听取另一种说法，而在于这另一种说法来自维基百科。维基百科是观念的无主之地，不是吗？毕竟维基百科的网页，任何人都有权编辑。

然而，令很多人惊讶的是，无政府状态的维基百科已被证明是人类知识的宝库。在一个青少年靠制作计算机病毒取乐的世界里，这怎么可能？尽管存在混乱的可能，但我仍然坚信，维基百科可以帮助我们变得更加智慧。维基百科已经悄然形成了一种强调相互协作、共同完善的文化。诚然，有很多维基百科词条质量一般，但有一些词条质量确实好到令人拍手叫绝。有时，在我非常熟悉的领域里，维基百科上的解释比我在任何其他渠道上找到的都好。每次遇到这样的情况，我都不由得惊叹。现在，只要遇到关于数学的问题，我肯定就会首先查询维基百科。或许与争议性更强的政治类词条相比，数学类的词条质量更容易核验；哪怕真的不准确，这些错误也会更显眼。

我在现在的年纪遥想当年，那时的我想要查阅相关书籍弄懂一个数学概念，必须大费周章跑趟图书馆。如今，我只需要登录维基百科，了解个大概，然后使用谷歌学术（Google Scholar）查找相关论文就可以了。过去，获取信息耗费的时间和精力成本比现在高太多了，结果导致我们很少尝试获取信息。这就是为什么我相信，谷歌学术和维基百科使我变得更聪明了。不过，这究竟意味着什么呢？

智慧很难被测量，但我们已有一个相当成熟的方法，那就是智商测试。事实上，在 20 世纪的大多数时候，人们的智商测试得分一直以每 10 年高 3 个分值的速度稳步增长。人们把这一现象称作“弗林效应”（Flynn Effect）。詹姆斯·弗林（生于 1934 年）是一位新西兰的政治学（荣誉）教授，曾就上述现象撰写过大量的研究论文。智商测试是归一化的，也就是说一个群体中的平均智商值始终被设定为 100。但测试题是会不断变化的，而曾经有一度，新的受试者做旧版测试题的平均得分明显高于 100。在 2013 年的一次 TED 演讲中，弗林说，如果你用现代的智商测试题去考生活在一个世纪之前的人，那么你可以测出他们的平均智商值大约只有 70，这在如今会被认为是严重的智力障碍。如果用一个世纪之前的智商测试题去考当代人，那么测出的平均智商值会达到 130，拥有这样的智力水平的人现在会被认为是天才。弗林认为，之所以会出现这种现象，是因为我们生活的世界要比之前复杂得多。而我们生活的世界之所以更加复杂，至少在一定程度上可以归因于科技以及科技所支持的更加复杂的社会结构。维基百科这样的技术发展成果，是不是让我们变得（可量化地）更聪明了呢？

可惜近些年，在维基百科崛起的同时，西方国家人口智商分值的增速反而放缓，甚至开始出现下降趋势。有趣的是，有专家认为，弗林效应及其逆转都有科技发展的“功劳”。[1] 20世纪人口智商值之所以上升，更合理的原因或许应该是营养提升、教育普及、医疗条件以及生活环境质量的改善。近年来，尽管人口智商值有所下降，但人类社会的文化似乎仍在不断变得更加复杂。所以照此看来，社会和文化的复杂性似乎不足以解释弗林效应。

智商测试本来就是一种度量个体大脑能力的尝试。受试者在接受测试时可以使用纸和笔这些传统的认知假体，但被禁止使用谷歌搜索这些现代的认知假体。此外，智商测试根本不具备测量集体智慧的功能。交往广泛的人可以比孤立无援的人更高效地解决问题。或许我们可以认为，文化复杂性是集体智力增长的一个原因，但与个体智力关系不大。

智商膨胀，大脑缩水

苏格兰圣安德鲁斯大学行为与进化生物学教授凯文·拉兰德在其著作《未完成的进化》中提出，“人类的头脑并非单纯为了文化而生，是文化造就了人类的头脑”，以及“文化不仅是人类进化的产物，也是人类进化的‘联合导演’”。[2] 不过，拉兰德谈的是进化历程长达几千年的时间跨度，相比之下，弗林效应考察的只是转瞬之间的事。拉兰德按照时间顺序记录了动物大脑尺寸与其社会结构复杂性之间的关联，指出“古人类大脑尺寸的增长与科技水平的进步同时发生”。[3] 的确，人类祖先的大脑尺寸在先前 200 万年左右的时间里显著增长，但奇怪的是，人类大脑的平均尺寸在过去 1 万年中缩小了大约 10%，而这一时期刚好是科技快速发展的阶段。古人类学家、英国自然历史博物馆人类起源课题研究牵头人克里斯托弗·斯特林格（Christopher Stringer）认为，科技的发展可能会使“大”脑变得没有必要：

> 我们越来越多地将信息储存在身体之外——在书本、计算机和网络上，这意味着很多人即使大脑容量小一些，也能活得不错。

他还说：

> 我们的生活方式可能会对大脑容量产生影响。比如，驯化动物的大脑容量比野生动物的要小，这可能是因为它们不需要额外的脑力去躲避猎食者或者捕获食物。类似地，人类的驯化程度已经相当高。不过，只要我们的大脑可以适应我们的生活方式，我们就没有理由担心大脑容量的缩小会影响人类作为一个物种的集体智力水平。[4]

显然，维基百科等数字技术已经成为我们大脑的延伸部分；甚至正如斯特林格所说，数字技术已经在物理上取代了大脑的部分生物物质，同时还让人类变得更加聪明——至少是让人类这个集体变得更聪明。当然，科技支撑了更复杂的社会结构，而这种复杂性又促使大脑去适应这种社会结构。科技用便利的附加硬件和程序，强化了我们的大脑。

按照这个逻辑，我们已经是生化电子人了。正如我们“委托”肠道菌群帮我们处理部分消化任务那样，我们委托科技帮助我们完成部分思考。与肠道菌群一样，数字技术是动态的过程，而不是被动的、静止的实体人工物。就凭它们的动态性，以及它们已经成为人类一部分的事实，我们或许有充分的理由认为它们是活的。

操控信息

20 世纪 60 年代，远在互联网和万维网（World Wide Web）诞生之前，加拿大的英语文学教授马歇尔 · 麦克卢汉便开始了他充满争议的探究之旅，而主要的争议之处便在于他认为，印刷、电视、广播等人类之间沟通的媒介不仅塑造着我们的文化，更塑造着我们的自我认知。[5] 如果真如麦克卢汉所说，媒体技术是我们自我的延伸，那么他会怎么看待人工智能呢？

麦克卢汉预见了我们当下数字化文化的很多方面。他曾预测，电子化的媒体会推动社会从个人主义走向集体认同，也就是他所说的“地球村”（global village）。如果麦克卢汉今天仍然健在，我可以肯定他对于维基百科这种集体合作的“社群”一定有很多话要说。麦克卢汉预见到了网络对人类阅读、吸收信息乃至思考等方面的影响，是他普及了“冲浪”（surfing）这个词，用以描述快速随机浏览各类文件的行为。他那句著名的“媒介即信息”（The medium is the message）说的便是媒介的结构本身——而不只是其内容——会塑造我们的思维。按照这个理论，电视凭借其播放形式、中插广告、色彩和风格，成为一个生活在 20 世纪的人重要的生活特征。

不过，当今媒介的结构远比麦克卢汉时代的要丰富得多。我猜脸书、推特和谷歌一定会让麦克卢汉大开眼界，因为这些媒介在主动地塑造我们，仿佛它们自身便具备能动性。正如我们从2016年美国总统选举中看到的，社交媒体凭借其个性化的算法可以“观察”我们的一举一动，了解我们的兴趣偏好，并借此为我们每个人定制一个不断强化我们固有认识、从不展示新观点的“回音室”。我认为，在塑造自我认知方面，算法的能力已远超麦克卢汉的预料。这些媒介塑造思维的方式，甚至连脸书的工程师在其设计之初也无法预见。虽然科技可以使作为整体的我们变得更加聪明，但与此同时，作为个体的我们可能反而变蠢了。

事实碎片的孤岛

法国哲学家、耶稣会士德日进（Pierre Teilhard de Chardin）在20世纪20年代阐发了“意识域”（noonsphere）这个概念，用来描述继地圈（geosphere，即无机质）、生物圈（biosphere，即有机生命体）之后地球发展的第三阶段。社交媒体的个性化算法将德日进的意识域打碎，使其变成了一个个割裂的事实孤岛。正如生物圈将生物划分为生殖隔离的不同物种（species）那样，社交媒体将知识分割为连基本事实都大相径庭的意识形态。互不相同的世界观由此展开。

德日进本质上是唯心主义者，他所谓的意识域既不属于地圈，也不属于生物圈，而是脱离于一切物质现实的独立存在。德日进本人与天主教会的关系十分复杂，后者将他的很多作品纳入了天主教会官方的《禁书目录》。他参与科学考察活动，发现了大约75万年前的“北京猿人”化石，并公开宣讲进化论，直接对抗当时的主流观念。但他死后却得到了教皇本笃十六世（Pope Benedict XVI）的赞誉，教皇方济各（Pope Francis）还曾在 2015 年发布的通谕中援引他的神学作品。

如果意识域不属于物理和生物世界，那么德日进会将数字机器纳入其中吗？这似乎是不可能的，甚至可以说是离经叛道的，但人们的真理孤岛上似乎并不要求逻辑统一。比如 2016 年美国总统选举，绝大多数基督教福音派信徒将选票投给了唐纳德·特朗普，尽管特朗普的言行与耶稣的教导和基督教传统有很多相悖之处。

可以说，我们目前制造的机器具有某种形式的“知识”，还从某种意义上形塑了“信仰”。如果从人文主义的视角论证，那么我会说既然专家在媒体上声称我们现在处于一个“后事实”（post-fact）世界中，我们就应该重新审视“知识”和“事实”的定义；而如果一个群体中大多数个体的行为明显与他们所声言的信仰不符，那么我们就应该重新审视所谓“信仰”的真正含义。不过在此，我想从技术主义的视角进行论证。如果我们可以制造出拥有知识和信仰的机器，那么或许我们可以由此更好地认识知识和信仰的实质。比如，我们可以追问，机器所具备的知识是否比人类的知识更为自洽？

事实很可能是，机器获取知识和信仰的能力要强于人类。巴拉特、博斯特罗姆和泰格马克似乎都认定，机器的能力将全方位超越人类，在知识和信仰领域也不例外。不过我认为，这个问题并不是机器和人类谁能笑到最后那么简单。维基百科和谷歌这样的认知假体指向的是共生，而不是竞争。人与机器之间的关系会存在紧张态势，甚至面临灾难，但这些终将被证明是阵痛，而不是终点。我们的社会文化与机器相互交织之后，必将经历摩擦，我也希望我们可以挺过去。但这样的问题都将是暂时的“病症”，而不是所谓的“世界之战”。

不过，毕竟病症与战争一样，也可以杀死人，所以必须得到认真对待。计算机科学家、人工智能先驱斯图尔特·拉塞尔认为，情况可能比“机器杀人”更糟糕，因为人工智能精挑细选后再呈现给你的信息会改变你。[6]算法设计的初衷是尽可能提高信息点击量，也就是让你多点击网页上的广告。算法不仅会预测你的偏好并相应地调整信息的推送，还会向你推送能让你更多地点击相关内容的信息。这个正反馈环路（参见第 5 章）非常容易让人走向极端。政治上的极端分子比温和派更容易被预测。推而广之，世界观狭隘的人更容易被预测，所以片面信息的立场越鲜明，算法的效果就越好。

毫无疑问，技术正在塑造我们的认知，但麦克卢汉和德日进或许都始料未及的是，技术是利用其自身的认知功能，实现了对人类认知的塑造。机器观察、学习、反复消化着人类的想法，然后合成了知识和亚文化的结构。当谷歌展示一个搜索关键词的前十位搜索结果时，它实质上给那个关键词赋予了一个全新的含义，以任何人力都不及的方式将其与外部的概念联系在了一起。人类根本没有同时调用这么多概念的能力。机器已经与人类的认知深深地交织在了一起，但与此同时，人人都知道“人工智能技术方兴未艾”。那么问题来了：我们未来究竟要去往哪里？

以下便是我对目前严峻现实的简单概括。如果我们把机器拥有的有组织的数据和经过训练的神经网络称为“知识”，那么机器所掌握的知识已经远远超越了任何一个人类个体的极限。以色列历史学家尤瓦尔·赫拉利在其著作《未来简史：从智人到智神》中提出，“数据主义”（dataism）便是当代的宗教。他认为，人工智能对我们的了解已经开始超过我们对自己的了解。[7]人工智能可以利用它们所掌握的这些信息个性化地定制我们每个人的信息流。正如拉塞尔所指出的，计算机算法对信息流的加工处理，往往会让一个人的世界观变得更加狭隘，而不是更加开阔；同时，通过强化个人的固有偏好，计算机算法能够使他们变得越来越易于预测。套用德日进的理论，长此以往的结果便是一个由无数片面事实孤岛组成的意识域。人类将四分五裂：宗教极端激进主义、白人至上主义、极端左翼、反动保守派、特朗普主义、阴谋论无政府主义……这些处在我的孤岛之外的世界观，我将永远无法理解。在这样的一个世界里，民主还会有一席之地吗？

连续创业者埃隆·马斯克（Elon Musk）于2017年表示，人工智能是对人类的"存在性威胁"。不过，我并不认为我们再往前一步就将踏入很多科幻电影里描述的人类被恶意硅基文明灭绝的万丈深渊。人类随着技术的发展而改变，所谓的威胁就来自我们自身。我们中的很多人作为个体，的确面临着存在性的危机，但这种危机并不是被灭绝（至少不是被人工智能灭绝），而是变形。也许明天早上一睁眼，我们就会发现，自己变成了认知蟑螂。

认知蟑螂

赫拉利在2018年的作品《今日简史：人类命运大议题》中指出，整个20世纪都在与剥削做斗争的人类，到了21世纪将为捍卫自身的价值而战。他认为，当今世界的人们更需要担心的不是自己会被利用，而是自己不再被需要。我们可以想见随之而来的各种社会弊病。例如，一旦算法能决定民主选举的结果，那么投票行为本身就变成了走过场。

在弗兰茨·卡夫卡于1915年首次发表的名作《变形记》（参见图3.1）中，一个名为格雷戈尔·萨姆沙（Gregor Samsa）的旅行推销员一天早上醒来时，突然发现自己变成了一只大甲虫。他躺在床上看着天花板，挥舞着许多条腿，思忖着自己是如何睡过头而错过了平日上班乘坐的火车。到了公司，格雷戈尔的办公室经理走过来，隔着门

图 3.1　弗兰茨 · 卡夫卡《变形记》1916 年版封面

告诉他上班迟到的后果很严重，尤其是他最近业绩极差。当格雷戈尔费尽九牛二虎之力终于打开了门时，经理被眼前的大甲虫吓了一大跳，撒腿就跑，格雷戈尔也正式失去了工作。之后，无力挣钱养家的格雷戈尔成为家庭的负担，以一种恐怖的方式成了赫拉利所说的"无关紧要之人"。在日夜煎熬中，格雷戈尔最终撒手人世。

格雷戈尔的职业——旅行推销员——如今已经不复存在。有一些人对卡夫卡的作品进行了解读，他们认为，格雷戈尔身体的异变生动地反映了他是如何从家里的顶梁柱变成了一个好逸恶劳的寄生虫和家庭负担的。这样的转变并不是格雷戈尔的错。现在，很多人的工作都受到技术发展的威胁，或许一夜之间这些人就会沦为家庭的负担。

美国未来主义者马丁·福特（Martin Ford）在2015年出版的作品《机器人时代：技术、工作与经济的未来》中表达了对人类工作未来的悲观预期。他认为，现阶段的科技发展速度与此前时代中不断提升的自动化水平相比，已经发生了质的飞跃，这主要体现在知识工作者正在逐渐被取代。在这种情况下，的确有很多知识工作者会在一夜之间变成认知蟑螂，失去继续养家糊口的能力。在卡夫卡的故事中，格雷戈尔的身体虽然变了，但他所处的世界仍岿然不动；而在福特的版本中，格雷戈尔大概不会发生改变，但他所处的世界已经大不一样。无论怎样，格雷戈尔最终都失去了在新世界中发挥作用的能力。

诚如福特所说，我们面临着巨大的变革，很多个体的生活将被颠覆，甚至有些人会像格雷戈尔那样以悲剧告终。但我们同时也要看到，这些人身边的其他人将继续生活下去，很可能还会过得很好，即便生活发生了天翻地覆的变化。卡夫卡在故事的结尾写道：格雷戈尔死后，他的父母看到他的妹妹格蕾特已经出落成如花似玉的大姑娘了，想着该给她找个丈夫了。我们的子孙后代在新科技的陪伴下成长，新的常态——无论是好是坏——将由他们塑造。这或许有些反乌托邦的味道，但自古以来，人类已经证明了自己具有顽强的生命力以及强大的适应能力。

我们有理由对未来抱有谨慎的乐观态度，尤其是在理解了当前形势的情况下。适应能力强的人不但不会被技术所取代，反而会如虎添翼。我并不是说那些未能适应变化的人就该自生自灭，我的意思是人类作为一个整体，或许仍然可以拥有光明的未来。也许认知上得到强化的人类可以学会如何逃离片面事实的孤岛；也许我们可以学会用更人性化的方式对待那些没能跟上时代的人，让格雷戈尔的悲剧不要在他们身上重演。

谨慎乐观

赫拉利在《未来简史：从智人到智神》中丝毫没有留情。他说："人类面临着失去自身经济价值的风险，因为智能与意识之间的耦合正在解除。"[8]但他同时也指出，近年来技术进步似乎对人类产生了深刻的影响：

> 有史以来，撑死的人首次多过饿死的，老死的人首次多过病死的，自杀而死的人数首次超过死于战争、恐怖袭击以及恶性犯罪的人数总和。[9]

赫拉利指出，生活在大约5 000年前的苏美尔人发明了货币以及强调数字和官僚体系的书写系统，并借此"打破了人类大脑在数据处理方面的局限"，其影响极为深远：

> 书写和货币使政府得以向成千上万人征税，组织起复杂的官僚体系，并建立庞大的帝国。[10]

随之诞生的军队和企业虽有智能，却没有意识。在这项书写技术的支持下，记录和处理数字、法律问题以及合约成为可能，而正是

图 3.2　一块来自大约公元前 2350 年、篆刻在泥板上的苏美尔文字碎片，现存于卢浮宫博物馆。泥板上的文字记载了一位苏美尔亲王的功绩

这些社会架构支撑着人类在这个小小的行星上繁衍生息，直至发展到如今全球总计约 75 亿人口的规模。在赫拉利看来，人类成功的秘诀就在于我们可以用生理机能以外的方式进行沟通：

> 人类之所以能够在 2 万多年的时间里，从用石尖长矛狩猎猛犸象，发展到驾驶宇宙飞船探索太阳系，并不是因为人类进化出了更为灵活的双手或者体积更大的大脑（实际上，现在我们的大脑体积似乎在变小）。人类征服世界的关键要素在于我们具有将

所有人联系在一起的能力。[11]

还记得在20世纪80年代中期，当我第一次意识到计算机已经从进行数学运算的工具变成了通信媒体之后，感到十分惊讶。据说，巴勃罗·毕加索在谈到计算机的时候曾经评论道："但是它们毫无用处，只能给你答案。"毕竟，人类发明计算机，最初就是用来模拟核链式反应的。但如今的计算机已经不是毕加索熟悉的那个"吴下阿蒙"。现在，计算机可以将人与人、观念与观念相连，这一点是无论多少苏美尔楔形文字都做不到的。

互联的计算机诞生于20世纪80年代，距今约有40年时间。站在历史的角度来看，这不过是一眨眼的工夫，但这40年所带来的飞速巨变却真真切切地令人惊叹。计算机未来会进化成什么样？是像人一样的思想者，是全知全能的超级智能，是助力人类思考的工具，抑或是其他什么东西？在讨论此类问题的时候，我们最容易犯的一个错误便是假设我们人类不会随着技术的进步而进步。如果我们想象超级智能会对眼下的人类社会产生怎样的影响，结果难免是反乌托邦的场景。如果麦克卢汉是对的，那么人类一定会一如既往地随着科技一同改变。我确信我自己便是如此。如果没有谷歌、维基百科、可搜索的电子书以及MacBook Pro*的聚焦搜索（Spotlight）功能，那么我永远没办法写出这个包含麦克卢汉、毕加索、德日进、特朗普、马斯克、赫拉利、福特和卡夫卡等人的思想的章节。这些技术是对我大脑的延伸，而正如你从本章中或许可以读出来的，它们为我创造了一个奇异的回音室。

---

* MacBook Pro是苹果公司在2006年MacWorld大会上发布的一款笔记本电脑。——编者注

维基百科不是人工智能，但它可以拓展人类的智能。自苏美尔人创造楔形文字以来，不具备任何智能的技术一直以这种方式帮助着我们。泥板没有任何智能，可拥有智能并不是我们认定某物有生命的要素，正如我们不会因为肠道菌群没有智能就否认它是活的。不过话又说回来，尽管智能不是构成生命体的充分条件，但智能确实可以帮助生命体活下去。哪怕是看起来微不足道的智能也可以帮助生命体获得巨大的生存优势。我们无法用智商测试来测量蠕虫的简单智能，甚至无法对其进行简单的定义。从下一章开始，我将论证：最基本的智能形态需要的是反馈，而不是意识。

第 4 章

有话直说

这话是我说的？

我经常在公开场合演讲。我曾尝试过背诵预先写好的发言稿，但是这个办法收效不佳。我印象中唯一一次用这个办法获得成功的例子，就是美国国家科学基金会（US National Science Foundation）邀请我用不超过 90 秒的时间介绍我的研究工作。要在这么短的时间内讲清楚这么繁复的内容，简直比登天还难。这种情况下，我觉得除了提前写好稿子照着背，可能也没有别的方法能把发言时长控制在 90 秒之内了。[1] 还有几次时间更长的演讲，我试图提前写好发言稿，然后念稿子。结果，现场效果十分生硬，令人昏昏欲睡，完全就是灾难。因此大多数时候，我并不会事先一字一句地想好我要说什么。当然，我会确定一个大概的主旨，也会用到演示文稿（PPT），这一方面是自我提示，另一方面也能够给观众一些视觉刺激，但对于我嘴里将说出来的话，我没办法事先预估。我只能信任我的大脑，相信它可以临场找到合适的词句。大多数时候，我的大脑表现得还算说得过去。

任何听我演讲的观众理所当然都默认我会为自己的言论负责。不过，我说出的话真的是我有意识选择的结果吗？如果是念稿子，那么我可以肯定地说，我说出的每个字都是有意识的选择。但在即兴演讲时，我对自己遣词造句的意识是在说完之后或者说的同时才形成的。开口之前，我只对自己要表达的理念有一个大略的、不可名状的抽象概念。而具体的措辞，也就是我实际传达出的信息都是后话了。在这种情况下，我无法斩钉截铁地声明这些话就是我有意识的选择。当 Siri、Alexa 以及 Google Home 背后的人工智能对我讲话时，它们是不是有意识地选择了自己说出的话呢？

脑之喉舌

我有很多绝妙的灵感来自演讲。我在演讲时所提出的新观点连我自己都感到惊讶。脱口而出前，那个观点甚至不在我的脑子里。显然，根据抽象概念生成语言的过程可以激发思维以及创造力。我常告诉学生，创造性的研究需要写作、演讲和合作，因为三者都会激发出新观点。单是向他人解释你在想什么这个行为，就会改变你的想法。

一些思想家曾经指出，思维不过是文字和语言。弗里德里希·尼采在他的《权力意志》（沃尔特·考夫曼译本）中提出：

> 语言是思考的唯一形式……如果我们拒绝在语言的约束下思考，我们就停止了思考。[2]

尼采在 1886 年到 1887 年写就的这段文字被很多人诗意地误读为“如果我们拒绝在语言的牢笼中思考，就只能拒绝思考”。虽然“语言的牢笼”这个比喻在后现代主义者、解构主义者和社会科学家等群体中流行一时，但它是否源自尼采这一点尚存疑。就连《权力意志》的文本本身也值得商榷，毕竟它是尼采的妹妹在尼采死后整理出版的；或许该书本来不过是尼采的一些随笔集结，却被后人奉为他的巅峰之作。尽管如此，如今尼采依然被认为相信思维与语言之间存在极强的关联。

尼采之后，路德维希·维特根斯坦（Ludwig Wittgenstein）曾写道：

> 我的语言的界限意味着我的世界的界限。（德语原文：Die Grenzen meiner Sprache bedeuten die Grenzen meiner Welt.）[3]

史蒂芬·平克在其2002年的作品《白板：科学和常识所揭示的人性奥秘》中，对思维和语言密不可分的看法进行了尖锐的批评。他认为，这种观念是所谓“白板”（拉丁文“tabula rasa”）假说的产物，这一假说否认人类拥有天性，认为人类的所有行为和思维都是后天习得的。

根据我自身的内省经验，我不得不同意平克的看法。我在开口之前当然已经有了想法，而遣词造句和思维之间不总是匹配的情况与其说体现了思想的局限，不如说体现了语言的局限。词句可以激发新想法恰恰体现了有噪声反馈（noisy feedback）的力量，在我看来，那才是创造力的核心。英国作家G. K. 切斯特顿（G. K. Chesterton）在1904年用以下优美的语言表达了我上述的立场：

> 当一个人告诉另一个人“有话你就直说”时，他是以语言的绝对可靠性为前提的：换言之，他假定存在一个完美的言语表达系统，可以忠实反映人类所有的内在情绪和意图……他明

知灵魂的色调比秋日森林的色彩还要令人深感奇异、数不胜数、无以名状……可他却认真地相信，所有这一切，无论其调性何等微妙，我们都可以用咿咿呀呀声组成的任意一个体系准确地将其表达出来。[4]

这就是语言的本质。它们是思想的不完美传达，可同时也是思维的脚手架。如果不使用语言，我很难牢牢地抓住脑海中的想法，可一旦我用语言将它表达出来，很可能就已经牺牲掉了这个想法的部分内涵。

类似我在公开演讲时所使用的那些惯常的言语，显然并不来自我的显意识（conscious mind）。意识追随话语的脚步，而不是引领话语。不过，（大多数时候）我所说的也正是我想说的。那么这些话语究竟从何而来？显然，它们同意识一样，都来自我大脑中的生理进程，话语看似是意识不可或缺的一部分，实际却并不是有意识思考的结果。

无心失言

19世纪90年代，西格蒙德·弗洛伊德在无意识大脑进程方面的研究引发一片哗然，因为当时思想界的主流是笛卡儿的二元论，主张意识与物质是分离的。对于二元论的信奉者来说，大脑不过是一种机制，用于将无形心智的意图转化为产生言语的肌肉动作。但在我看来，大脑是承载思想过程的硬件，它既是有意识的，也是无意识的。

那本页上的文字又算什么呢？它们是否来自我的显意识？我不太清楚别人是如何写作的，但我可以给你讲讲我写作的方式。我写作时，首先要像演讲时那样打好腹稿，然后再操控手指在键盘上把文字敲打出来。和我做即兴发言一样，我脑海中的草稿只有在真正成形之后，我才会意识到它们的存在，而这些文字有时候甚至让我惊讶。初稿形成之后我会通读和修订一遍：这句话表述不准确，那段话逻辑混乱，读者可能看不懂。演讲时我没办法回头“修改”，但写作时可以。不过，写作在某种意义上也是一种演讲，至少是在不开口的情况下把我脑海里想说的表达出来。

人脑的一个令人称奇的特质，便是它可以自行合成与我们的感官所生成的信号相匹配的信号。早在19世纪的第一个10年，心理学家就曾研究过大脑在感应到身体根据其指令所做的动作后内部合成刺激的现象。这种内部反馈信号被称为“感知副本”。本书第5章将进一步探讨感知副本以及数字机器是否具有类似机制的问题。

我的耳朵在感知到声音后触发的神经元放电，会在我的大脑内部转化为理解说话人语音信号的知觉。但即便不借助耳朵，我大脑的其他部位也可以触发同样模式的神经元放电，使我的大脑误以为听到了那些话语。我的写作方式，实际上就是大脑在我无意识的情况下将我模糊的想法转化为词句，并在脑内合成声音，使我得以像听到自己说出这些词句那样清晰地意识到它们。

大脑既可以生成虚假的感知，也可以制造虚假的刺激。我的大脑不仅能按照我讲话的方式生成连贯的语句，还能跳过我的嘴巴和耳朵，直接将这些语句反馈给语言中心，让我感觉我刚刚听到了自己讲出这些话。接下来我们将会看到，有些数字人工物也有类似的反馈机制，只不过尚未发展到这么高级的程度。

猴脑念力

实际上，跳过物理上的感受与刺激，至少是灵长类动物大脑都具备的能力。我的同事、加利福尼亚大学伯克利分校的何塞·卡梅那（José Carmena）在杜克大学神经生物学系进行博士后研究的时候，曾与米格尔·尼科莱利斯（Miguel Nicolelis）开展过一系列的实验活动，证明猴子可以学会仅凭意念来操控一个虚拟的世界。[5] 具体来说，研究人员在猴子大脑中放入可以感知神经活动的皮质植入物，然后教猴子用操纵杆控制屏幕上闪动的图标。经过训练的猴子学习到，它们可以利用操纵杆将一个图标朝另外一个图标移动，而当两个图标重合的时候，它们就能够得到奖励。皮质植入物被用来记录驱动猴子肌肉移动操纵杆的神经活动。

从中枢神经系统发往周边肌群的运动神经信号被称为“传出”（efference）。在对传出信号持续观测记录一段时间之后，研究人员发现，神经活动规律与驱动操纵杆的肌肉活动之间存在关联。然后，研究人员断开操纵杆连接，直接利用神经信号推动图标运动。这时，神奇的事情发生了：猴子们很快就意识到，它们不再需要实际推动摇杆，所以它们就停止了对操纵杆的使用，转而把两个图标“想”到一起，然后获得奖励。

我一向有些排斥运动。上高中时，我发现通过晚上躺在床上想象自己打网球，就可以提高网球技巧。我想象着发球练习，然后感受球的下网或是出界；我也可以感觉到球拍击中最佳位置的时刻。如此几次之后，我在想象中的发球水平提高了，可以确定的是，转天我在现实中的发球水平也提高了。我就像卡梅那实验中的猴子那样，可以用“意念”把虚无缥缈的奖励变为现实。

我并非有意设计好要把自己打网球的故事放在这里。这个例子是在我写卡梅那的实验时突然跃进我的脑海的。我的大脑“听到了”猴子的故事，并相应地做出了反应，将实验中的猴子与我 40 多年前的个人经历模糊关联了起来。接下来，想法变成了词句，而在整个过程中，我一言未发，一声未闻。以词句表达出的想法被显意识感知到，又催生出新的想法，而每个想法紧接着又形成词句……于是，一个人工的反馈环路就这样模拟了我说话以及听到自己说话的过程。终于，这将我引到了本章的核心问题：数字计算机是否也能做到这一点？这套大脑的反馈理论是否同样适用于数字生命体？

从 GOFAI 到机器学习

人工智能领域近年来最重大的进展直接得益于反馈的引入。被爱好者昵称为“GOFAI”[6]的老式人工智能（Good Old-Fashioned AI）不具备这样的反馈。GOFAI 式人工智能在 20 世纪 50 年代到 80 年代主导了人工智能领域，其中，知识是以人类可读的符号呈现的，而符号之间的关系则用精心构建的数据结构来表示。近些年，统计技术和优化算法成了人工智能领域的主流，包括人工神经网络在内的应用所呈现的知识是从数据中学习来的，而不是直接由人类喂到嘴边。有些人将这种新兴的方式称为“计算智能”（computational intelligence）。

麻省理工学院的计算机科学家约瑟夫·魏泽堡（Joseph Weizenbaum）在 20 世纪 60 年代创建的 ELIZA 程序是 GOFAI 的一个早期案例。ELIZA 能以一种善解人意的心理学家口吻与人类对话。我用一个名为“elizabot”的线上 ELIZA 应用，与 ELIZA 进行了一段简短的对话：[7]

> ELIZA：请告诉我你有什么烦恼。
>
> **我**：我觉得我的电脑比我聪明。
>
> ELIZA：电脑让你感到烦恼吗？

我：是的。

ELIZA：你确定。

我：其实也不是。

ELIZA：你说不，是否只是为了表达消极情绪？

魏泽堡认为，ELIZA 项目表明，有些东西可能看上去具备类人的智能，但实际上未必如此：

> 机器天赋异禀，其在很多方面的能力连经验最丰富的观察者都会叹为观止。可是，一旦某个程序的神秘面纱被揭开、内部运作机制被人用简单易懂的语言解释出来，机器的魔力一瞬间便会土崩瓦解；人们会明白，机器不过是一套相当简单的程序的集合。观察者会自忖："这种程序我也可以写出来。"一念及此，他就相当于把那个程序从"智能"的架子上取下，放到了"玩物"堆里，认为其只适合跟智慧不如自己的人谈论。

魏泽堡开发 ELIZA 程序的目标在于证明，让一件东西看似有智慧并不难，因此智能的外表不能用于证明智能的内在：

> 本论文旨在推动对即将被"解释"的程序进行重新评估。这样的重新评估，正是这一类程序所迫切需要的。[8]

魏泽堡上述这番话让人有些不安。他似乎是在说，如果一个程序是可理解的，那么它一定不是智能的。这意味着我们永远无法理解智能，因为某物一经理解，便不再被认为是智能的了。

GOFAI 催生了所谓的"专家系统"，将人类专家的经验编写为一系列以条件语句（if-then）为主的产生式规则：看到文本 A，就响应文本 B。加利福尼亚大学伯克利分校的哲学教授休伯特·德雷福斯（Hubert Dreyfus）和工程学教授斯图尔特·德雷福斯（Stuart Dreyfus）兄弟二人在 1986 年合作编写的《人脑胜过机器》（*Mind over Machine*）一书中，对专家系统的概念进行了尖锐的批判。他们指出了一个非常简单的事实：按照明确的规则亦步亦趋行事是新手的做法，绝非专家所为。

以学习一门新的语言为例。初学者在使用新语言时，更容易（在脑子里）查找通过母语直译过来的对应词汇，并生搬硬套语法规则。而熟练掌握了这门语言的人绝不会生硬地按照语法规则说话，至少不会有意识地这样做——你只是自然而然地脱口而出。

德雷福斯兄弟大力抨击了当时围绕人工智能的过度宣传，称其最卖力的“传道者”是：

> 被苏格拉底式的假设和个人野心迷住心窍的伪先知——而到最后，真正深谙虔敬之道的专家、孜孜不倦地向苏格拉底举例而不是向他灌输规则的尤西弗罗（Euthyphro）*，才是真正的先知。[9]

---

* 尤西弗罗（亦译作“欧梯佛洛”）是《柏拉图对话录》第一篇《尤西弗罗篇》中出现的人物。为了保持虔敬而准备状告父亲杀人的尤西弗罗，在法庭外遇见了面对不虔敬和败坏青年的指控、即将受审的苏格拉底。苏格拉底借机向尤西弗罗请教什么才是虔敬，尤西弗罗先后给出 5 个说法，分别是：（1）自己告发父亲杀人这件事本身就很虔敬；（2）神灵喜爱的即虔敬，神灵痛恨的便是不虔敬；（3）所有神灵都喜爱的即虔敬，所有神灵都痛恨的即不虔敬；（4）对待神灵的那部分公正便是虔敬；（5）祈祷和祭祀时说取悦于神灵的话、做取悦于神灵的事便是虔敬。这 5 种说法被苏格拉底先后驳斥。最终，尤西弗罗用有急事要办的借口离开了；苏格拉底则被法庭认定为有罪并被判处死刑。——译者注

这里，德雷福斯兄弟对当时围绕人工智能的夸张炒作做出了（相当激烈的）回应。他们只是当时轰轰烈烈的反人工智能浪潮中的一角。这一时期后来被称作“人工智能寒冬”（AI winter），其间支持人工智能研究和商用开发的资金几乎一夕蒸发，直到2010年前后这一领域才逐渐恢复元气。

后续发展起来的计算智能主要基于先例——或称“训练数据”——而不是规则。在万物联网的大背景下，可获得的数据量猛增，这使得最初发展于20世纪60年代到80年代、在“人工智能寒冬”期间被束之高阁的统计算法和优化算法重获生机，并在2010年前后大放异彩。

微笑的猫

在我看来，计算智能算法最有意思的地方在于运用了反馈机制。反馈的原则（本书第5章将详加探讨）是利用输出信息来调节系统未来的行为。我的大脑首先生成一句话，而后我意识到我所使用的词语，这份意识又会影响我接下来形成的想法，从而影响我接下来所使用的词语。这就是典型的反馈系统。

2010年前后人工智能的爆炸式复兴基于一类历史悠久的算法。虽然这些算法诞生于几十年前，但相关研究似乎突然之间在解决图像识别等难度极大的分类问题上取得了惊人的成功。哪怕是在“人工智能寒冬”以前，同样的算法在同类问题上的应用效果也称不上令人满意，或许是因为可用于训练的数据量不足。但这一次，多个领域同时出现了振奋人心的进展。比如，图像分析技术进步到你通过关键词搜索就可以在网上找到微笑的猫的图片（参见图4.1）。脸书开始

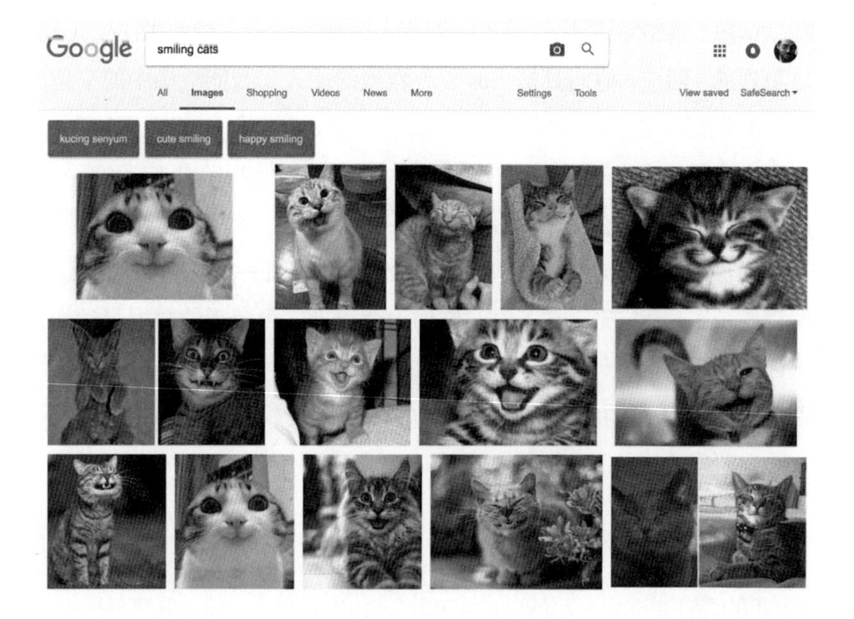

图 4.1　谷歌浏览器搜索关键词“微笑猫”（smiling cats）的结果（于 2018 年 6 月 18 日访问）

支持在上传的图片中自动标记系统识别出的人物。手写识别技术成熟到银行允许用户用智能手机拍摄签名，在线办理支票存款。语音识别技术的成果催生了智能音箱这个全新的消费品类。而机器翻译技术的发展让我这个一句德语都不会说的人可以放心地阅读用德语写成的博士论文。

这波人工智能复兴浪潮背后的算法完全不同于 GOFAI 时期的产生式规则。其中一种名为“反向传播”（backpropagation）的核心算法，早前即被用于解决自动化控制问题。1960 年，纽约长岛格鲁曼航空工程公司的工程师亨利 · J. 凯利（Henry J. Kelley）到洛杉矶参加美国火箭学会的半年度会议，并提交了一篇论文，主题是如何合成可以利用太阳帆推动航天器从地球公转轨道进入火星公转轨道的控制器。[10]要控制航天器沿最优路线从一个行星轨道进入另一个行星轨道，需要一个能调节太阳帆角度的机制。凯利试图解决的就是如何选定角度的问题。他给出的解决方案本质上就是反向传播——尽管他的构想更具连续性，不像如今机器学习领域运用的离散形式。1961 年，罗得岛雷神公司导弹系统部的阿瑟·E. 布赖森（Arthur E. Bryson）及其同事部分借鉴了凯利的理论，研究如何控制返回地球大气层的航天器，尽可能减少摩擦造成的热量。视具体航天器的不同，可以采取的对策包括控制升力（比如滑翔器的情况）或者阻力（对于无翼航天器而言）。为了解决这个问题，他们改进了凯利的方法，将其变成一个与当今深度神经网络所使用的反向传播算法非常接近的多级算法。[11] 所以，今天机器学习领域广泛使用的算法最早其实是由火箭科学家提出的！

1962 年，凯利-布赖森技术得到进一步改进，接近了如今的样子，而改进者正是 1962 年曾将人工智能研究者斥为“伪先知”的斯图尔特·德雷福斯，彼时他正在加利福尼亚州圣莫尼卡的兰德公司工作。

凯利、布赖森和德雷福斯将算法视作解决优化控制问题的手段。如果他们看到自己研发的算法如今被用于把猫咪图片分为“微笑猫”和“臭脸猫”（参见图 4.2）的话，想必会十分吃惊。现在，这类算法的用途是学习如何对数据进行分类。

简单地说，这类算法的工作原理是这样的：首先，需要将一张图片或者一段声音数字化，以一串数字的形式表示。然后，需要构建一个计算（computation），以上述数字作为输入数据，并输出分类结果。比如，给函数输入图片，返回的结果可能是 1（代表微笑猫）或者 0（代表臭脸猫）——为简便起见，我在此假设所有输入图片都是猫的图片，并且猫的形象只有微笑的和臭脸的两种。实践中，以算法目前的工作

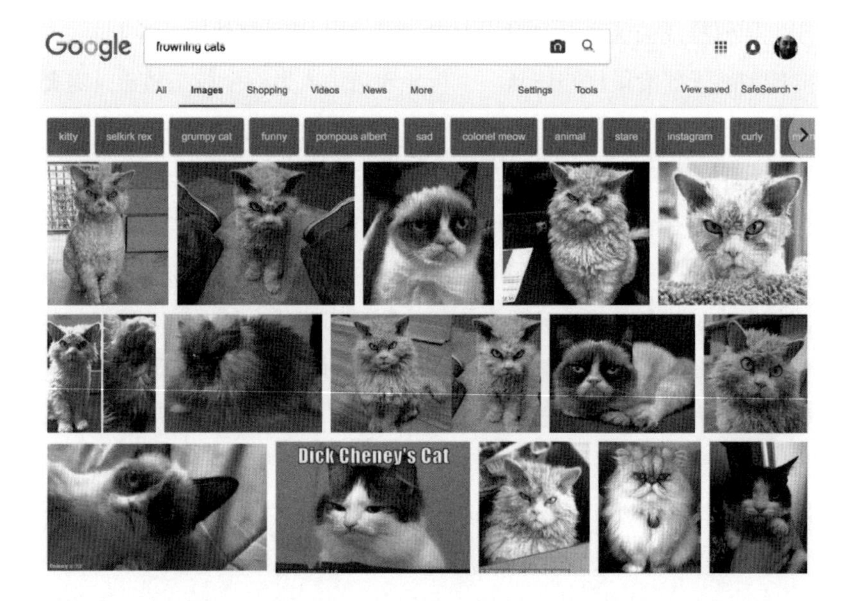

图 4.2　谷歌浏览器搜索关键词“臭脸猫”（frowning cats）的结果（于 2018 年 6 月 18 日访问）

方式，往往不仅会生成“0”或“1”的结果，还会得出一个 0 和 1 之间的数字，接近 1 则表示图片“可能是微笑猫”，而接近 0 则表示图片“可能是臭脸猫”。

当然，我们不可能一上来就知道该如何构建可以准确完成分类任务的计算。因此，算法最初的表现通常很糟糕，生成的分类往往都是随机的。成功的秘诀在于持续训练算法，帮助它提高准确性。这就是所谓的“深度学习”，它训练一项计算的策略大致参照了神经元的工作机制，于是，“深度学习”的计算也相应地被称作“神经网络”或者“人工神经网络”。“深度学习”中的“深度”指的是计算的分层：每一层人工神经元都向下一层人工神经元输入数据，直到最后一层返回分类结果（比如 0 和 1 之间的一个数字）。

学习与反馈

在一个神经网络里，有很多参数可以选择。一个由几千个神经元构成的神经层拥有海量参数，这些参数数据如果设置准确，就会得出准确的分类。但问题在于，我们预先并不知道这些参数的正确值究竟是多少。在这种情况下，人们采取的对策出人意料地简单：首先创建一个使用随机参数的神经网络，不出所料，它会给出一个偏差很大的分类结果。比如，输入一张微笑猫的图片，神经网络可能会生成数字0.42。这时我们就要用到反馈。假设该图片被准确标定为微笑猫，那么计算机就能得知正确答案应该是1。但它前一次的计算结果是0.42，与正确值相比太低了。这时，计算机就会运用凯利-布赖森-德雷福斯算法对参数进行微调，以求对于同样的图片输入，它能给出更接近正确答案的结果，比如0.48。然后再输入另一张图片，比方说一张“臭脸猫”的图片，它很可能又会给出一个错误答案。算法接着再调整参数，让同一张图片下次的计算结果更接近正确答案。只要使用大量图片重复以上训练，久而久之，神经网络遇到没见过的图片，也能给出非常不错的答案了。

有两点有必要在此指出。第一，这样一套流程需要进行大量的计算。我的（有点旧的）智能手机拍摄的照片有800万像素，每个像素都以3个数字表示。也就是说，每输入一张图片，算法就多了2 400万个数字的计算量。即便是为相对简单的问题设计的神经网络，要想有效运转也可能需要大量参数，而且这些参数还要与表示图片像素的数字相加、相乘甚至做指数运算。有很多小技巧可以减少计算量；你去参加技术会议的话，应该经常可以看到研究人员彼此探讨哪一种技术更有效，但所有已知的技术最终都需要计算机投入十分可观的计算资源。人工智能研究之所以能在2010年前后迎来复兴，在很大程度上是因为计算机的计算能力提高了，而价格下降了。

第二，这些算法需要大量的训练数据。经过了一两张图片的训练之后，各项参数或许离能够给出正确的分类结果近了一点点，但要达到质的飞跃，它们还需要上百万张标注过的图片。因此，2010 年的人工智能复兴，同样有赖于大量的可获取图片。否则，为什么谷歌、亚马逊、脸书和苹果公司都愿意免费为你提供图片和视频的在线存储服务？这些影像文件的价值，就在于它们可以被用于训练神经网络。

我刚刚概述的是一种被称为“监督学习”（supervised learning）的算法。这里的所谓“监督”，指的是用于训练算法的图像都是被标注过的，换言之，我们给了算法正确答案。实际操作中，标注图像可能会成为瓶颈。好在互联网用户喜欢给图像做标记，这可帮了大忙了。互联网企业可以诱导用户给图像做标记，比如在上传脸书的图片中标出你的朋友。此外，亚马逊机械特克（Amazon Mechanical Turk）这样的平台还提供有偿标注的机会，每完成一次图片归类都可以赚一笔小钱。

感知机

心理学家弗兰克·罗森布拉特（Frank Rosenblatt，1928—1971）或许是第一个探索人工神经网络潜力的人。20 世纪 50 年代，他从生物神经元中获得灵感，设计了一个名为“感知机”（perceptron）的设备。他使用康奈尔航空实验室的 IBM704 型电脑进行模拟实验，表明感知机可以学会对简单的几何形状进行分类。

与现代算法技术一样，罗森布拉特使用标注过的训练数据集和反馈机制，获得了让每台感知机得出可靠分类结果的参数值。因此，罗森布拉特可能是第一个证明了算法可以从案例中学习的人。不同于现代技术那样，罗森布拉特只用了一层神经网络，而他的感知机返回的结果只有 0 和 1 两种，不可能是其他数值。

罗森布拉特的研究工作引发了强烈的舆论关注，同时也惹来了不少非议。1969 年，麻省理工学院的马文·明斯基（Marvin Minsky）和西摩·派珀特（Seymour Papert）出版了一部名为《感知机》（*Perceptrons*）的作品。他们在书中诟病了罗森布拉特的设计思路，着重强调了感知机的局限性。对于感知机改用多层神经网络后可能出现的改进，他们如果不是没有想到，就是视而不见。《感知机》给整个人工智能研究界泼了一盆冷水。相关研究随后陷入一场“迷你人工智能寒冬”，直到 20 世纪 80 年代才重整旗鼓[12]——但 20 世纪 90 年代到 2000 年前后又一次归于沉寂。

虽然当时我还不自知，但其实早在 1980 年，我就使用过极其近似罗森布拉特的感知机的机器学习算法，尽管它在结构上更接近目前所谓的“卷积神经网络”（convolutional neural nets）。当时我在新泽西的贝尔实验室工作，参与设计话音频带数据调制解调器（voiceband data modem），该设备可以用普通电话线传输位序列。它在互联网早期的发展中扮演过重要的角色，并在 20 世纪 80 年代成为每台个人电脑必不可少的配置。电话线的一大问题在于它会扭曲传输的信号。这种设计自带的扭曲不影响语音信号的理解，但会导致接收端设备无法正确识别发送端发出的数位信息。首次建立连接的时候，话音频带数据调制解调器会先发送一段接收端的调制解调器已知的训练序列，接收设备运用学习算法设置参数，形成一个“自适应均衡器”，学习频道的扭曲并进行相应的修复。均衡器学会如何调适频道之后，发送端的调制解调器就会发送接收端事先不知道的新序列。接收设备已经习得了如何校正信号扭曲，因此能够可靠地解码收到的数位信息。有趣的是，接收端的调制解调器会假定自己的解码是正确的，这样一来，它便可以像对待训练序列那样继续运行学习算法。这意味着频道的扭曲可以发生改变，只要改变的速度足够慢，确保接收的数位信息持续可靠地被解码，那么接收端的调制解调器就可以持续学习，适应不断变化的扭曲程度。后来，我与人合著了一本关于数据通信技术的教材。[13] 书中涉及的算法与今日机器学习运用的算法惊人地相似。

诚然，罗森布拉特使用的算法有不少局限性，所以明斯基和派珀特的批评也不无道理。其中最重要的一点便是，罗森布拉特的算法无法直接改造成多层人工神经元网络。实现这一过程要借助凯利-布赖森反向传播算法，而该算法于 1986 年才首次被应用于人工神经网络——完成这项突破的戴维·鲁梅尔哈特（David Rumerlhart）、杰弗里·欣顿（Geoffrey Hinton）和罗纳德·威廉姆斯（Ronald Williams）三人显然不知道凯利、布赖森和德雷福斯早前做过的工作，欣顿还因此获得了 2019 年的图灵奖。[14] 他们的创新也正是 20 世纪 80 年代人们对人工神经网络重燃兴趣的关键。

与 GOFAI 相比，人工神经网络的核心创举就在于引入了反馈机制。有了这一点，网络便能在产出结果后测量其与正确结果之间的偏差程度，并进行相应的参数调整，以求下一次给出更好的表现。

从水母到狗狗

神经网络研究领域近年来最为惊人的一项进展是，在反向传播之上叠加一个更高层级的反馈机制，从而强化了反馈能力。一种名为“生成对抗网络”（Generative Adversarial Networks，简称“GANs”）

的技术使得两台机器能够相互学习、互为反馈。《麻省理工科技评论》将谷歌大脑计划的项目组成员、2014 年发明了 GANs 的伊恩·古德费洛（Ian Goodfellow）称为“GANs 之父”。[15] 根据《麻省理工科技评论》的报道，古德费洛是在蒙特利尔攻读博士学位期间，有一次跟同学去“三代酿酒师”（Les 3 Brasseurs）酒吧喝酒时想到这个点子的。当时同事托他协助手头的项目：让计算机自己合成具有写实感的图片。

那时，研究人员已经掌握了利用神经网络合成图片的技术，但合成的图片很不逼真。实际上，很多图片堪称诡异。由亚历山大·莫德温采夫（Alexander Mordvintsev）发起的谷歌的 DeepDream 项目代表了实现计算机合成图片技术的一条路径。比方说，首先训练神经网络识别狗，然后修改反向传播算法，让算法在下一次输入新图片时不去调试神经网络的参数，而是调整输入的图片。修改后的算法目标是让神经网络在看到修改后的输入图片时会识别出“狗”的特性。图 4.3 便是使用这种算法得出的一例结果。其中左上图为输入的原图，这是一张水下拍摄的水母的照片。在莫德温采夫的程序完成了 10 次迭代之后，原图上的水母开始长出排布怪异的鼻子、腿和尾巴（参见图 4.3 右图）。迭代 50 次之后，返回的结果（参见图 4.3 左下图）非常奇幻，不禁引得一些研究人员猜测，人类服用致幻药物后产生的幻觉，是否也源自人脑中类似的视觉系统倒错。

伊恩·古德费洛想到，可以让两个神经网络比赛。其中一个神经网络叫作“判别网络”（discriminative network），它的目标是将图像分为“合成”和“天然”两类，类似于我们训练神经网络将图像分类为“微笑猫”和“臭脸猫”。另一个神经网络叫作“生成网络”（generative network），负责生成图像，目标是提高判别网络的出错率。换言之，生成网络要做的就是骗过判别网络。鉴于判别网络的目

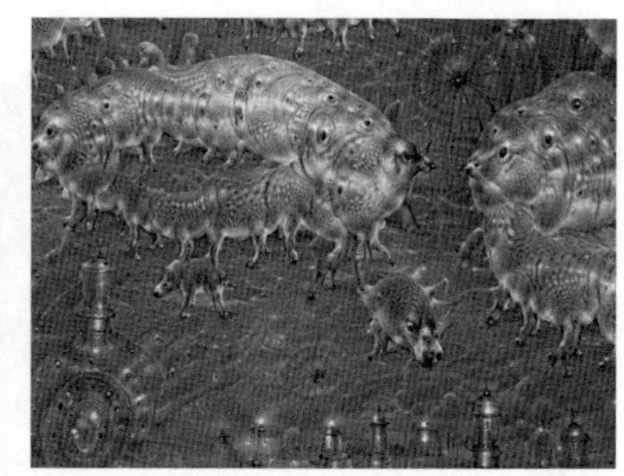

图 4.3　谷歌 DeepDream 利用左上图生成的机器合成图片（图片来源：Martin Thoma，公有领域版权，维基共享资源）

标是降低错误率，两个神经网络之间会展开一场对抗赛，这种方法因此得名“生成对抗网络”。判别网络与生成网络之间就这样形成了一种相互反馈的紧密关系。

生物体的反馈

反馈对于有机生物——哪怕是最低级的、不具备认知能力的生物——来说同样重要。如果一个细菌向营养物质浓度降低的方向运动，它的感觉器就会检测到这个错误，并促使其改变运动方向。对于更高级的人类来说，人脑中将想法转换成语言的过程涉及合成运动神经信号，也就是“传出”，而后信号被反馈给大脑，合成这些运动动作的预期听觉结果。大脑会识别出偏误——比如我词不达意了——并加以改正。大脑还会在更低层级使用这样的反馈机制，调整细粒度的运动信号，以保证发声效果符合预期。这就是为什么很多听觉障碍人士会同时存在口齿不清的问题。反馈环路不可或缺，而听觉障碍打破了这个环路。

反馈对于当今的数字技术有多重要？其实重要性并不高，这主要是因为计算机的感知和行动能力与人相比仍然十分有限。但这种情况正在快速发生变化。2010 年前后人工智能的复兴在一定程度上正是受到了网络数据大幅增长的推动。如果我们生活中所有的事物——不仅是数据——都接入了互联网，情况又会怎样？物理世界对于计算机的可见度以及计算机改变物理世界的能力都在飞速提升。这或将引发下一轮人工智能发展大潮，而到那时，如今的人工智能技术将沦为老掉牙的“古董”。

下一章，我们将更深入地探讨反馈的本质、运作原理以及多层反馈如何叠加。与一些读者的认识不同，我的一大关键看法是，反馈未必是一个迭代的算法过程。

第 5 章

负反馈

自言自语

我的演讲有时候会有现场录像。这种录像我真的看不下去，尤其听不得我自己的声音。那真是我的声音？这个讨厌的家伙是谁？虽然我知道说话的人就是我，但感觉上完全不像。为什么我听自己讲话录音的感觉会与实际讲话时的感觉完全不同？当我讲话的时候，耳朵即时感知了我发出的声音，可大脑却无法像听别人讲话那样聆听我自己讲话。而当我回听自己讲话的录音时，那感觉就像是在听别人讲话。

之所以会产生这种现象，部分是因为讲话造成的震动通过颅骨和组织传到内耳，产生了与外界声波进入头部时不同的刺激。但除此之外，还有更深层次的原因。即便是最原始的生物神经系统也具有将自我和他者区分开的能力，可以感知自我行为造成的感官刺激与环境因素带来的感官刺激的不同。事实是，你的大脑改变了你耳中听到的东西，将你自己发出的声音与外界的声音做了区别处理。有些数码系统已经初步具备了类似有机生物的这种反身性自我意识。未来，或将有更多的数码系统能够获得这样的能力。

你可能还记得，中枢神经系统向周边肌群发出的信号被称为“传出”或者“传出信号”（efferent signal）。当你讲话时，你的大脑向胸部、喉部、嘴部和舌头的肌肉发出传出信号。相关部位的肌肉随后共同塑造声腔，赋予每个音素独特的声音。不过，你的大脑必须借助耳朵才能精准地做到这一点。如果你没有听力障碍，那么你的耳朵便会直接参与发声的过程。大脑中负责控制肌肉的区域会向负责分辨声音的区域发出信号，告诉它接下来会听到什么。[1] 如果听到的声音与预期不符，大脑便会对传出信号做出微调，以更好地匹配预期。人在说话时，大脑会持续不断地以极快的速度重复上述程序，不会让说话人感受到任何延迟。可以说，你说话的声音是以你大脑中预期的声音为模板定制的。这样的机制就是工程师所说的“负反馈控制”（negative feedback control）的典型案例。

图 5.1 是上述负反馈机制工作原理的示意图。更准确地说，这张图展现了我作为一个工程师，如果接到了设计这样一个系统的任务，会采取怎样的思路。我猜想，真实的人体内部系统要比图上所示的复杂得多，也并不能划分为这样利落的由线条串起的若干部分。尽管如此，这张图仍可以帮助我们更好地理解负反馈机制，并将我们已经有了深入理解的计算机工作原理与我们虽在快速学习但仍然知之甚少的有机体运作机制联系起来。

位于这张图中心位置的是一个名为“控制”（control）的神秘方框。它代表的这部分大脑功能决定着话语的内容，负责生成并向周边肌群发出驱动身体发声的指令，也就是图中的“运动信号传出”。这些信号驱动声道发出声音，发出的声音随后被耳朵感知，产生反馈给大脑的感官刺激，亦即“自传入”（reafference）。所谓“自传入”，指的是由动物自身的动作产生的感官信号，它区别于由环境中的外部刺激产生的感官信号，也就是所谓的“外传入”（exafference）。

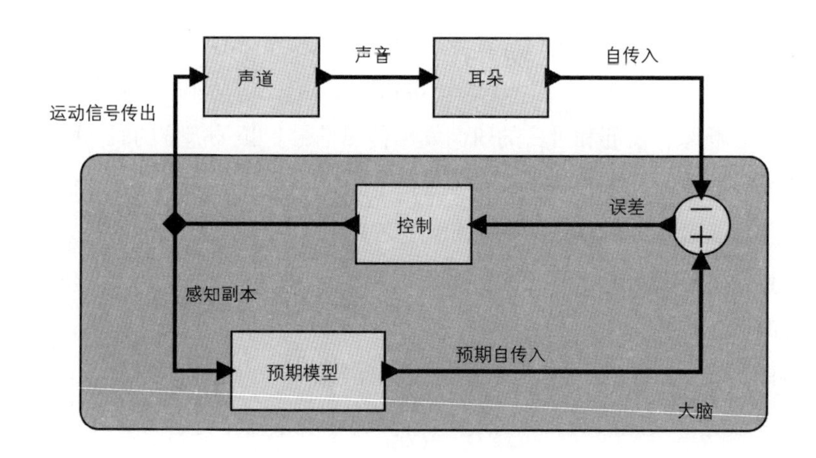

图 5.1　负反馈视角下的言语生成

根据这一理论，就在身体产生声音、耳朵接收声音的同时，大脑会生成一份“感知副本”，发送给大脑中负责计算耳朵应该听到什么内容——“预期自传入”（expected reafference）——的区域。这一环节的工作机制仍然是一个谜。图中标着“预期模型”的方框就代表了这个将感知副本转化为预期自传入的神秘机制。我猜测，这个预期模型是后天习得的，其机理或许与前一章提到的反向传播算法类似。

接下来就是这一整套运作中最重要的部分了。大脑将自传入（耳朵实际听到的东西）与预期自传入（大脑认为耳朵应该听到的东西）进行比对。图中那个小圆圈表示的就是比对的过程，大脑将两个信号做减法后得到一个误差。如果两个信号相同，则误差为零，也就是说耳朵刚好听到了它应该听到的内容，因此控制环节不需要做出任何改变；如果耳朵听到的内容与预期的不符，即误差不为零，大脑就会尝试调整向肌肉发送的信号，让误差归零。

众人说话乱糟糟

误差信号，也就是大脑预期听到的与其实际听到的之间的差异，具有两个重要的用处。第一，大脑可以用它来调整纠正对肌肉发出的信号，以使你发出的声音更接近预期。缺了这个反馈机制，人可能会说不好话。这就是为什么有听力障碍的人常常咬字不清，因为他们感觉不到自己的发音偏差。

第二，误差信号涵盖了耳朵听到但大脑没有想到的信息。大脑无法抵消自己未曾预想的东西，因此这种反馈机制使大脑得以区分自我和非我。来自外界的、预期之外的声音是无法被消除的。这可以解释为什么你和另一个人同时在讲话的时候，你也能听见并且理解对方的话。

关于第一个用处，我们可以再看一下言语生成的一个简单方面，也就是音量控制。或许所有人都有过这样的经历：顶着震耳欲聋的音乐声和人讲话，突然间音乐停止了，那一刻，我们脱口而出的话会显得过于大声，谈话内容还可能引发尴尬，甚至令人无地自容。“那个乔真是个浑蛋！”你的这句话响彻整个房间。你的大脑会飞快地意识到这一点，并相应地调整音量。

音量控制的例子还可以帮助我们更好地理解“负反馈”这个词。为什么这个反馈是“负”的？在之前的示意图中，误差的计算是用预期自传入减去自传入（耳朵实际听到的内容）。如果你的说话声音太大，那么自传入就会大于预期自传入，误差将是负的。控制环节会将负的误差信号解读为应该降低音量。如果我们画错了图，改为用自传入减去预期自传入求误差，那么就会得出错误的误差信号，导致当我们感觉自己说话声音太大时，反而会继续加大音量。这种控制方式被称为“正反馈”。

来自贝尔实验室的反馈

用“负”来形容反馈的做法始于20世纪20年代的贝尔实验室。当时，哈罗德·斯蒂芬·布莱克（Harold Stephen Black，1898—1983）是那里的电气工程师，负责研制用于跨大西洋电话通信系统的电子管放大器。有一天，他在乘坐渡轮从新泽西前往纽约的路上突然得到灵感，想到了一个可以大幅提高电子管放大器性能的方法。当时他手里只有一份《纽约时报》，于是就在报纸边缘处写下了这项他后来将申请专利的发明的思路，签上了自己的名字和当天的日期。

布莱克发现，当时的电子管放大器的性能其实已经足够过硬，可以相对简单地实现高增益，也就是在输入信号微弱的情况下，产出能量高出数百万倍的输出信号。但输出信号与输入信号相比会有失真，类似听力障碍人士发声遇到的问题。布莱克意识到，他可以利用负反馈机制，牺牲一部分增益，换取输出信号忠实度的大幅度提升。他在1934年发表的著名论文中提出，他可以通过牺牲一万倍的增益，使输出信号的失真度降低到原来的万分之一。[2] 这一方法极富成效，以至于此后“开环”（open loop）一词成为用来形容不具备反馈机制的系统的贬义词。

布莱克使用“负”这个术语是恰如其分的，因为误差信号在这里是用来衡量电信号振幅的简单向量，其取值只能是正、负或零。对于反向传播和言语生成这种更加复杂的负反馈机制应用场景，误差信号就没有这么简单了，因此“自修正”（self-correcting）、“均衡”（balancing）或者“减差”（discrepancy-reducing）反馈这样的叫法似乎更好。但“负反馈”这个词在工程界已经广为使用，很难绕开了。

正反馈

所谓“正反馈”，指的是修正朝着错误的方向进行。我亲爱的读者，你们（不包括其中的人工智能体）中的大多数其实都有过正反馈的经历。虽然这个名字看上去积极正面，但实际上却可能会令人非常不悦。举例来说，在一个安装了公共广播系统的房间，同时配置了麦克风和扬声器。这类系统的目的在于把麦克风收到的声音扩大。如果你拿着麦克风放在扬声器跟前，正反馈效应就会引起扬声器发出啸叫。为什么会这样？

与肌肉对大脑的传出信号做出反应一样，扬声器对放大器传来的信号做出反应，发出声音。扬声器发出的声音传遍整个房间，被麦克风接收，麦克风又把这个自传入信号发回音响系统。如果音响系统不够智能，无法识别出它刚刚收到的正是它稍早前发出的声音，那么它就会无脑地将这个声音再次放大，并发给扬声器播放。麦克风再次接收到这个更响的声音，进一步加以放大，使得这个声音越来越响。这便形成了一个不稳定系统，它会不断提高音量，直至极限。其结果就是，要么放大器中的保护电路会限制过高音量，致使保险丝熔断，要么就是扬声器坏掉。总之，没有好结局。

好在现今的音响系统没有这么糟糕。目前市面上很多音响系统都拥有另一套环路，可以将感知副本反馈给预期模型（如图 5.2 所示）。这项技术被称作“回声消除”（echo cancellation）。你可能已经注意到了，图 5.2 中各部分之间的结构与图 5.1 的完全相同，只是小方框的标签有所变化。

回声消除功能实现起来并不简单，因为音响系统必须构建一个可以将感知副本转化为预期传出的预期模型。但扬声器发出的声音在被麦克风接收之前，会经过墙壁的反射，有一部分声波还会被地毯吸

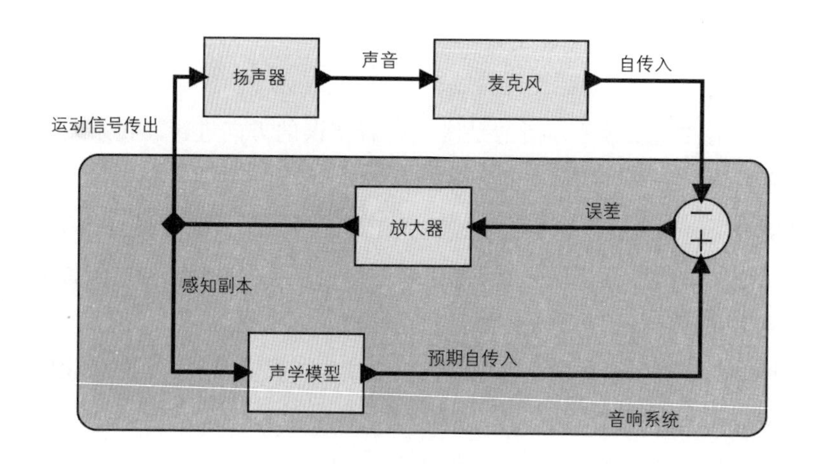

图 5.2 配备回声消除功能的发声系统

收。声波经过的路径会造成信号失真，所以麦克风接收到的信号波形无法完美匹配发送给扬声器的信号波形。音响系统需要在极短时间内构建一个能够反映扬声器到麦克风之间传播路径的声学特征模型。这就是回声消除要做的事，而它运用的算法非常近似于反向传播。这个算法的目标是使误差信号尽可能接近于零。

回声消除技术也应用于 Amazon Echo 或者 Google Home 这样的智能音箱，以提升它们在播放声音的同时听取指令的能力。有时候，智能音箱会在大音量播放音乐的过程中接收到房间另一头传来一个人说“Alexa”的声音，在这种情况下，它从自身扬声器中收到的声音会比远处传来的人声高出几个量级，因此强大的回声消除功能是必不可少的。

智能音箱还使用一项名为“自适应均衡”（adaptive equalization）的技术来实现类似感知副本第一个功用的功能：提升声音质量。播放音乐时，智能音箱“知道”播放的音乐听起来应该是什么样子。理想情况下，播放的音乐音质应该与MP3文件本身的一样。但扬声器远不够完美。它挤在一个小盒子里，如果没有反馈机制，则根本发不出多好的声音，其播放出来的声音听起来往往尖细且失真。但鉴于扬声器知道麦克风应该接收到怎样的声音，它可以测量误差，并利用测量结果调整过滤器，预先对扬声器的失真进行补偿。这种过滤器就是自适应均衡器。之所以称它为“自适应”，是因为它可以学习失真的情况，使用的同样是与反向传播极为相近的算法。

认知反馈

我们曾在第2章提到过的研究章鱼的彼得·戈弗雷-史密斯认为，反馈对于感知及其他认知功能来说不可或缺。[3]他指出，认知功能不仅需要“从感知到行动”的连接——这一点就连细菌也能做到——还需要“从行动到感知”的连接。你需要影响物理世界，并感知到相应的变化。从感知到行动是开环的；你感知到，然后做出反应，仅此而已。只有补上了从行动到感知的连接，才可以形成一个闭环。

人类可以在更高的认知层面利用反馈构建闭环。比如在语言层面，我们先感知到自己想说什么，然后话语才脱口而出，之后我们才能意识到这些话语，那时，我们才能确定自身所言是否准确反映了所想。如果说出的话有误，我们就会进行修正。于是，我们说出口的话，将影响我们接下来要说的话。

Amazon Echo和Google Home并不具备这样高阶的反馈机制，至少在本书成稿的时候还没有。所以，你不费吹灰之力就可以使一

图 5.3　第一代 Amazon Echo 与 Google Home 之间无限循环对话

台 Amazon Echo 和一台 Google Home 开始一段愚蠢的对话（参见图 5.3）。我先起头："Alexa，告诉我，我今天日程上的第一件事情是什么。" Amazon Echo 回答说：

> 你今天日程上的第一件事在上午 9 点，是"好的 Google，我今天日程上的最后一件事是什么"。

Google Home 回答说：

> 你今天日程上的最后一件事在下午 3 点，标题是，"Alexa，我今天日程上的第一件事是什么"。

Alexa 接过话茬：

你今天日程上的第一件事在上午9点，是“好的Google，我今天日程上的最后一件事是什么”。

之后Google Home会再次重复自己之前的回答，于是两台机器就这样“开心地”一问一答，直到新的一天开始，我的日程更新。它们对于我捉弄它们的事实、它们发出语音的实际意思以及它们不断重复的行为，都浑然不觉。不过它们完全不会为自己干的傻事感到尴尬，这一点还挺可爱的。

自我与非我

当今不少心理学家认为，感知副本对我们的自我意识至关重要。感知副本让我们得以区分自身引发的感官刺激与非自身引发的感官刺激。所有拥有传感器的动物都已进化出某种形式的感知副本机制，因为如若不然，它们就会把自己的行为当作来自环境的外部刺激，并做出反应。是不是所有动物都有自我意识？可以肯定的是，一只蠕虫对自我的感知与人类的完全不同，因此，“自我意识”的程度有别。当一个人心里想，“对，这就是我想说的”时，她的感知活动与一条蠕动的虫发觉身下的地面在移动时的感知活动完全不在一个层级。但二者在核心机制上都属于负反馈，只是运作所依赖的信号在复杂程度上大相径庭。

早在19世纪，人们就对感知副本的重要性有所认识。[4]德国埃朗根的约翰·乔治·斯坦布赫（Johann Georg Steinbuch，1770—1818）曾在书中通过一个简单的试验说明了感知副本的概念。他提到，如果你保持手掌不动，找一把勺子或是什么别的东西放到掌心上滚动，那么你将无法单纯地依靠手的感觉识别出手中物品。但是如果你主动握住和摆弄手里的物体，那么你很快就会识别出那是一把勺子。由此可见，运动信号传出一定在认知过程中发挥了作用，这也就意味着运动信号传出一定会被反馈回感知系统。

到了19世纪后期，德国外科医生、物理学家赫尔曼·冯·赫尔姆霍茨（Hermann von Helmholtz）发现，如果没有感知副本的存在，那么人的眼球在运动的时候，大脑会以为是人身边的世界发生了运动。他提出的实验方法是轻按你自己的眼球。我按照赫尔姆霍茨的方法试过，但不推荐各位读者尝试，毕竟按压自己的眼球相当不舒服。不过确如赫尔姆霍茨所说，整个世界似乎都跳了起来。有趣的是，造成这种现象的实际上是我自身的运动，也就是手按压眼球的动作。但这并非惯常的"运动动作-自传入"连接，因此完全出乎我大脑的预料。它没有习得过这种连接。虽然我不想继续试验下去，但我猜测，只要我按压眼球的次数足够多，我的大脑终将学会预测这一动作的感知后果，我也就不会再有周围世界在动的感觉了。

枪炮与股骨

其实，反馈在生物系统中有很多种表现方式，有些甚至与认知或者知觉完全无关。举例来说，从胚胎阶段开始，人体形态的正确形成就离不开反馈。换言之，人体在成长的过程中，随时都在利用反馈机制了解应该怎样进行自我构建。

一种朴素的遗传学观点认为，人类的基因组编码了一个发育完全的人体的完整描述；生理过程在人体形成中扮演的角色就是把DNA编码中对人体的描述变成现实，这就好比DNA是一张蓝图，只要

“按图索骥”，一个标准的人体就能顺利形成。但这种观点实际上不具备任何合理性。DNA 分子中压根儿储存不了那么多信息。我在第 2 章提到过的哈佛大学杰夫·利希曼团队所揭示出的复杂的大脑结构，便是最好的例证。基因组储存的信息不足以涵盖如此复杂的系统。因此，大脑结构一定是在发育过程中被习得的，而反馈正是这个过程的必要一环。

这一论断同样适用于比大脑简单得多的生理构造。曾对先天遗传与后天环境的影响做过大量著述的心理学家史蒂芬·平克对此有绝佳的说明：

> 负责决定股骨构造的基因不可能规定好股骨头的精确形状，因为股骨头需要与髋臼接合，而髋臼的形状是由其他基因决定的，并且受到营养状况、年龄以及其他意外因素的影响。因此，股骨头和髋臼的形状实际上是自胎儿在子宫中踢腿开始就不断在相互磨合中形成的。（在发育期被麻醉的实验动物最终关节严重畸形，可证明以上论断。）类似地，决定晶状体形状的基因不可能知道后面的视网膜会离它多远，反之亦然。因此婴儿的大脑一定配备了一个反馈环路，能参照视网膜成像清晰度的信号来减缓或者加快眼球的发育速度。[5]

最早探索反馈机制应用的美国数学家诺伯特·维纳（Norbert Wiener）曾在第二次世界大战时期发明出一套高射炮自动瞄准和射击的技术（参见图 5.4）。他在我们理解反馈控制系统的过程中发挥了重大作用。维纳发明了“控制论”（cybernetics）这个术语，用来概括物理过程、管理物理过程的计算以及各部分之间的通信三者的结合。其词根源自希腊语中表示“舵手、管辖者、领航员和船舵”之意的

图 5.4　二战末期投入使用的 120 毫米口径高射炮。基于靠雷达系统获取信息的 M10 指令系统和 M4 瞄准具计算机之间的负反馈机制，这种高射炮可以实现自动瞄准。这挺高射炮如今在位于华盛顿州默里军营的华盛顿州国民警卫队博物馆（Washington National Guard Museum）展出。图片来源：华盛顿州国民警卫队历史学会（Washington National Guard State Historical Society）

单词。这个隐喻用在控制系统上十分贴切，因为舵手就常常利用负反馈机制来调整航线。船只向左舷偏移，则转舵向右，反之亦然。维纳意识到，负反馈机制不仅适用于生物，同样适用于科技。他将自己的开创性论文定题为《控制论：在动物和机器领域中的控制和通信》。他将如下情境界定为负反馈：

> 反馈到控制中心的信息倾向于阻止被控制量向控制指标趋近。[6]

维纳和同事们早前便已提出，“目标”（purpose）这个概念本身就离不开某种形式的负反馈：既然定下了一个目标，就需要把已获取的成就与目标进行比对。[7]“目标”作为一个努力的方向，意味着如果比照结果显示目标尚未达成，那么对象主体就会调整自身行动，以求接近实现原本定下的目标。这正是负反馈的实质。

延迟反馈

有一种朴素的观点认为，负反馈是一系列步骤组成的迭代过程：生成一项输出，观察实际效果，将实际效果与预期效果进行比较，以构建出新的输出。但这种理解过于割裂、过于算法思维，也过于陈旧落后了。布莱克的扩音器没有这样机械地按部就班，维纳的高射炮没有，股骨的形成以及语音生成过程更没有。没有听力障碍的人并非一步一步地先发出错误的声音，听到错误的声音，然后再改正；他们一张嘴就能发出正确的声音，即便其大脑的确依赖反馈机制。信号好像可以没有任何延迟地在反馈环路里畅行。语音修正似乎与语音生成同时发生。

心理学家早在20世纪50年代就知道，人们开口讲话与听到自己讲的话之间哪怕只有0.2秒的延迟，发言都会受到干扰。[8]他们会结巴，会拉长声音，甚至会发出根本不属于他们所掌握的语言的声音。

自反馈控制系统诞生以来，工程师们就深知，无论反馈机制能带来多少好处，一旦反馈环路发生延迟，一切可能的好处都会荡然无存。布莱克最重要的洞见——也是他被誉为这场电气工程革命之先驱的原因，就在于他假定反馈环路的延迟时间为零。尽管在真实世界中，任何电路的输入与输出之间都存在延迟，但布莱克向我们展示，忽略这种延迟、假设电路可以即时反应，可以得到一个反映真实电路行为的绝佳模型。在布莱克的模型中，行动的效果能够在采取行动的当下被即时观察到，同时，实际效果与预期效果之间的差异也塑造着行动。没有步骤之分，也不存在迭代。这一点比其他任何东西都更能说明这个概念的力量。反馈系统是自指的（self-referential），换言之，它们的输出依赖于输入，同时输入也依赖于输出。

这样的系统怎么可能存在？这岂不是与因果律相悖？诚然，因果律认为有果必有因，但它并未要求因与果之间存在时间间隔。如果你一拳打在别人脸上，对方的脸会发生形变。那么脸的形变是在拳头打中之后才发生的吗？脸会对拳头形成反作用力。这种反作用力也是拳头施加力量过后片刻才产生的吗？或许在最微观的物质形变的物理层面上，二者之间确实存在某些微小的时间差。但在拳头与脸的层面，一个有用的模型并不需要将这样微小的时间差纳入考虑范围。二者之间的相互作用几乎是实时发生的。[9]

为了更好地理解延迟如何破坏反馈机制，让我们来看一个连很多人工智能读者都经历过的例子——操控汽车方向盘。想象一下，假如你在转动方向盘几秒钟之后才能观测到这个动作的效果，你要怎么控制住车子呢？在这种情况下，你稍微转动一下方向盘，就可能造成汽车大幅度急转。几秒钟之后，你注意到了这一点，接着很可能会矫枉过正，向反方向大幅度转向，造成更大的误差。再度注意到误差的你又会进一步过度反应。这样一来，你大概率会出车祸。

布莱克和维纳都深知，如果反馈系统的循环存在一定的延时，整个系统就会变得不稳定。如何避免这种潜在的不稳定性，是控制系统领域的基本问题。系统越接近实时反馈，反馈就越有效，系统也就越稳定。

预测反馈

零延迟可以提高反馈系统的效率，而预测性能够锦上添花。自行高射炮可以用雷达判断标靶飞行物的位置。但如果它们瞄准那个位置发射，炮弹必然落空，因为飞行物是不断移动的。系统需要构建一个模型，来预测飞行物未来的位置，以及炮弹未来的弹道。这个模型可以用微分方程来表示，而自行高射炮需要求出这个方程的解，以确定能使炮弹和飞行物在未来某一时刻相遇的初始发射角度。第二次世界大战时期的高射炮还没有享受电子计算机的便利，运算用的都是类似于布莱克于 20 世纪 20 年代研究的那种机械部件和模拟电路。

生物体也具有预测反馈的功能。当一只猫追捕一只老鼠的时候，它奔向的不是老鼠的当前位置，而是它预期的老鼠接下来的位置。猫并不知道自己其实在解微分方程，但实际效果就是如此。多么聪明的猫咪啊！实际上，猫比二战时期的高射炮还要聪明，因为在追击过程中，老鼠不断变换路线，猫也会相应地持续更新它对老鼠去处的预测。猫甚至还可以预判老鼠会对它的动作做出怎样的反应，从而运用假动作诱使老鼠犯下致命错误。猫捉老鼠的预测反馈控制过程比高射炮的要复杂得多，但原理是一样的。

预测反馈要求猫在大脑中构建一个老鼠运动轨迹的模型，这个模型要能够预测老鼠对猫的行动将做何反应。人脑针对一个外部物体构建模型的能力被哲学家称为“意向性”（intentionality），或者用丹尼特的话来说，叫作“关于”（aboutness）。计算机能具备意向性吗？现代控制系统广泛使用针对外部物体构建的模型，而这些模型的参数通常是通过观察相应的外部物体而习得的。哪怕是 20 世纪 40 年代的自行高射炮也配有飞行器的运动模型，只不过这个模型并不是习得的，也无法预测飞行器遭到炮击后的反应。但现代控制系统确实具备此类预测能力。现代空空导弹的行为方式更接近于猫的行为方式，会持续调整其对目标位置的预测。

循环推理

那些可能与“智能”这个词沾边的高级别认知功能又如何呢？反馈机制增强了人工智能的感知能力，比如能做到准确分类图片。这或许使人工智能朝着智能的方向迈进了一步，但考虑到这项工程之浩大，这只能算作幼儿的蹒跚学步。

丹尼尔·丹尼特引述侯世达的话说：

> ……真正爆发式的进步……发生在模式识别能力可以用于自身之时。如果一个生物不仅能觉察出其所处环境中的模式，还能觉察出自身对环境模式的反应模式，才是取得了重大进步。[10]

你一言我一语说个不停的 Amazon Echo 和 Google Home 显然不具备这种更高级的反馈机制——至少目前还不具备。或许当你读到这里时，最新的科技已经赋予了它们这样的能力。但即便如此，这是否意味着它们真的具备了更高层级的认知功能呢？

关于认知功能的推理是循环推理（circular reasoning），因为进行推理的正是认知功能本身。循环推理是否就是无效的？将它运用到反馈控制系统中似乎效果不错。而且正如布莱克所表明的，循环推理如果能达到真正循环、没有延时的理想境界，那么其效果还能更上一层楼。

实践中，循环推理在我们的大脑中也发挥了重要的作用。我们之所以能明白“理解”“自我意识”“自由意志”这些词的含义，正是因为这些词所描绘的感觉来自内省。我们之所以知道这些东西存在、懂得它们的含义，是因为它们就在我们心中，而我们对这些词的理解就来自我们的亲身感受。这是典型的循环推理。当然，我们对神经科学的了解仍然不够深入，但我敢在此断言，理解、自我意识和自由意志这些现象的产生一定涉及反馈机制的作用。

不过，我们不能靠内省的方式去理解机器。我们甚至不能靠内省的方式去理解其他人类，除了“推己及人”式的类比。[11] 亲爱的读者，如果你不是人工智能，那么我猜测你和我一样具有感知的能力。但我并没有直接证据证明这一点。我对这一论断的信心来自你也是血肉之躯的事实，由此我推测，我能通过内省做到的事情，你也能做到。

如果你是人工智能，那么同样的推理就不再适用。毕竟你不是血肉之躯。这可能意味着，我们人类永远不能确知你们在多大程度上具有知觉力，也永远无法知晓你们获得的知觉力是否与我们的相似。

近年来，由机器学习领域的成果引领的人工智能革命，大大得益于反馈机制的引入。尽管这只是在认知之路上迈出的一小步，但已经使机器发展出了一些人类难以解释的行为。下一章篇幅较短，因为在解释人类制造出的那些原始却又难以捉摸的人工智能的行为方面，我们目前进展寥寥。

第 6 章

解释难以解释之物

血肉之躯

人工智能——至少今天的人工智能——没有血肉之躯，而是由软件和计算机组成的。这些东西都是我们人类发明的，所以至少在理论上，我们对人工智能的理解应该是十分透彻的。但事实并非如此。深度神经网络近年来取得了巨大的进步，也带来了一个令人沮丧的“副作用”——人类已经无法解释这些系统做出的很多决策。更糟糕的是，当人类终于可以给出合理的解释时，可能会发现这些决策的背后问题重重。如果要使用人工智能去量刑、匹配姻缘、确定反恐对象、预判坏账风险、选聘员工或者治病救人，而我们却无法合理解释它们的决定，那么我们应该信任人工智能吗？

如果说人工智能不擅长预判坏账风险，那我们也没什么好担心的。大不了不用它就行了。但事实已证明，机器学习方法从数据中提取信息的能力强大到让人害怕的地步。2013 年，一群来自英国剑桥的研究人员（分属剑桥大学和微软研究院）发表了一篇研究报告，挑战了我们所有人对“隐私”的认知。他们得出的研究结论如下：

> 我们的研究表明，脸书“点赞”这一极易获取的人类行为数据记录，可被用于自动、准确地预测一系列高度敏感的个人特征，包括性取向、种族、宗教和政治观点、性格特质、智力、幸福感、成瘾物的滥用、父母离异、年龄和性别。[1]

哇哦。事已至此，弄清楚软件凭借什么标准判断张三李四的性取向，以及它参考的究竟是哪几个脸书“点赞”，还有用吗？

我想，在这个时代保护隐私的方式之一就是不要在脸书上点赞，毕竟这无异于公开表明自己的偏好。可惜，这样做并不能给我们提供太多的保护。自 2013 年剑桥的研究人员发表论文以来，图像分析技术也突飞猛进。当年参与论文撰写的部分研究人员最近又发文称，有一种算法仅凭人脸图像便可以判断性取向，并且判断准确率比人类的还高。[2] 换言之，哪怕你只是在网上发布了自己的照片，甚至是你的朋友在网上发了你的照片，抑或是你作为“路人”在某个游客的照片里意外出镜，然后被脸书的面部识别算法自动标注，这些都足以泄露你的隐私。

如果不加以解释，那么我们的确很难确定算法是如何判定人的性取向的。性取向会不会与人的面部特征相关，它们反映了某项基因构成或者激素水平？抑或是与戴棒球帽的偏好相关？目前那些最精准的、判断性取向准确率最高的算法，并没有透露自己下判断的依据。

大猩猩

2017 年 5 月，美国国防部高级研究计划局（DARPA）启动了一个名为“可解释人工智能”（Explainable AI，简称“XAI”）的项目，试图针对上述问题给出技术解决方案。XAI 项目由曾在美国军队服役的戴维·冈宁（David Gunning）领衔，旨在改进机器学习技术，使其有能力解释自身的决策结果，从而获得人类更多的信任。可如果机器认为张三有坏账风险的理由是他可能是个同性恋呢？给出这样的解释能有所助益吗？诚然，如果机器给出这样的解释，人类便会更仔细地推敲训练数据，并修改算法，控制其他变量。或许机器给出这样的解释，是因为在训练数据集中同性恋人士的失业率碰巧更高。遗憾的是，目前人工智能准确率最高的决策方法，同时也是最难以捉摸的。如果 XAI 项目最终获得了成功，那么可能在你读到这段文字的时候，这个问题已经被解决了。若是如此，那么这些工具同样可以用来揭示人类决策过程中的偏见。

实际上，研究人员正在取得积极进展。比如，图 6.1 最左侧的图片是一只狗在弹吉他。研究人员用谷歌 TensorFlow 开源机器学习工具包中的组件、名为 Inception 的神经网络对图片进行分析。Inception 根据从图片中识别出的元素将图像分为不同种类，比如羚羊、豪猪或者海狮。对于图 6.1 最左侧这张奇怪的图片，Inception 识别起来有点儿困难，最终返回的概率最高的三种分类结果是“电吉他”（概率为 32%）、“原声吉他”（概率为 24%）和“拉布拉多猎犬”（概率为 21%）。华盛顿大学计算机科学教授卡洛斯·盖斯特林（Carlos Guestrin）与他的博士生马科·图利奥·里贝罗（Marco Túlio Ribeiro）、博士后萨米尔·辛格（Sameer Singh）合作开发了一款工具，这款工具可以识别出图像中的哪些部分对 Inception 的分类结果产生的影响最大。[3]

图 6.1 左起第二张图显示了导致 Inception 误认为原图最有可能属于“电吉他”的那部分，表明 Inception 的判定主要基于图中的吉他指板。正如论文作者们所说：

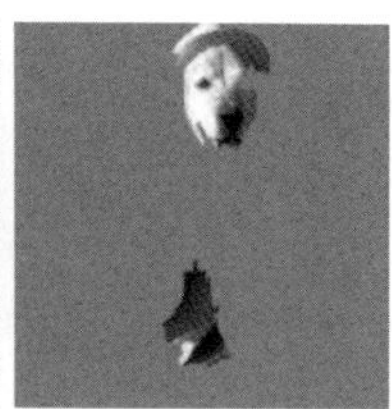

图 6.1 图像分类决策成因分析一例。左一是输入谷歌 Inception 神经网络进行分类的原图。谷歌 Inception 的分类结果显示，最有可能的三个类别为“电吉他”、“原声吉他”和“拉布拉多猎犬”。研究人员开发的工具识别出了谷歌 Inception 是通过哪些局部元素做出上述分类决定的（图片来源：里贝罗、辛格和盖斯特林，2016 年）

> 这样的解释提升了分类器的可信度（尽管系统预测的最可能的分类结果是错误的），因为它表明系统的决策并非毫无依据。[4]

图6.1右侧两张图片显示的是影响系统将图像分类为“原声吉他”和“拉布拉多猎犬”的要素。

图片分享和储存工具谷歌图片（Google Photos）使用了类似 Inception 的技术来标记图像，并支持根据分类结果对图像进行搜索。这项服务是免费的，用户众多，每天上传的图片达到数百万张。当然，谷歌免费提供这项服务的一个原因，就在于可以获取海量图片用于训练人工智能系统。

这种做法存在一定的风险。2015 年，一位 22 岁的网络开发程序员杰基·阿尔辛（Jacky Alciné）发现，谷歌图片有时会将黑人面孔标注为“大猩猩”。谷歌公司对此公开道歉，称他们对此“感到震惊并真诚道歉”。但是他们没有办法彻底解决这个问题。他们采用了一个“临时”方案，即从分类算法中删除了若干类别，包括“大猩猩”、“黑猩猩”和“猴子”。根据《连线》杂志两年多后进行的测试，上述类别仍然没有被恢复。[5]

尽管存在这样那样的风险，对人工智能决策的解释却并非“锦上添花”，而是必不可少的。因为我们如果不能对人工智能的行为做出解释，那么就很难发现算法或者训练数据集的问题。有了解释，人类就可以发现错误；若没有解释，人类或许就会按照人工智能的推荐方案行事，而对可能到来的灾难性后果一无所知。

死于肺炎

微软研究院的里奇·卡鲁阿纳（Rich Caruana）将职业生涯大部分时间都花在了研究人工智能可解释性的问题上。20世纪90年代中期，他在卡内基梅隆大学读研时，参与了一项旨在探究机器学习可否用于重大医疗问题的大型跨机构合作研究项目。该项目的课题之一是预测肺炎死亡风险：研究人员希望预测肺炎患者的死亡概率，以确保高危病患住院治疗，而低危病患可以居家治疗。[6]该项目团队尝试了若干种机器学习方法后发现，死亡率预测准确率最高的是神经网络。但该项目团队最终认定，把神经网络算法用在真实的病患身上太冒险。他们转而选用了准确率没那么高的算法。为什么会这样？

在准确率低于神经网络的几种算法中，有一种叫作“规则学习”（rule-based learning）。这种算法可以利用训练数据构建一个人类可理解的规律集。举例来说，算法根据卡鲁阿纳参与项目中的某个数据集，习得了这样一条规律：具有哮喘病史的肺炎患者死于肺炎的概率低于平均水平。[7]这不可能！其背后的原因并非在于哮喘可以降低肺炎患者死于肺炎的风险，而在于有哮喘病史的肺炎患者通常会得到更为积极的治疗。就这个训练数据集来看，有哮喘病史的肺炎病人入院后往往直接进入重症监护室，而这对于肺炎治疗来说并非惯例。规则学习法虽然习得了反直觉的规律，但人类是可以加以考察和理解的。一旦找出了问题所在，数据工程师就可以修改算法，将积极治疗作为控制变量。不过，正如我们将在第 11 章看到的，控制变量的选择十分困难。

相比之下，处理同一问题的神经网络算法只会简单地反馈：这类患者的死亡风险低。缺乏解释，也就缺乏质疑这个结论的基础，这样一来，病人可能会被建议居家治疗，算法决策与肺炎患者的哮喘病史之间的关联就不会为人所知。如果算法可以给出解释，说它的低风险预测是基于肺炎患者的哮喘病史，那么我们立即就可以看出，算法的结论是错误的。

机器学习算法，以及任何对数据的统计应用，有可能犯下各种各样的错误，以上不过是其中一例。再举一个例子，假设患者唯一识别号的数字与其年龄或者某项人口统计指标高度相关，那么神经网络算法可能会认定是识别号“引起”了特定的结果。我们只有看到了算法对决策的解释，才能发现它的谬误。

医疗领域的课题是典型的生死抉择。是否应该严控人工智能在医疗领域的应用？ 2018 年 5 月，欧洲联盟新出台的《通用数据保护条例》（*General Data Protection Regulation*，简称 GDPR）正式生效，其中一项颇具争议的条款规定，针对完全基于自动化处理所做出的决策，个人有权要求“获得决策解释”。然而，法律界学者指出，这项规定既不合理，也无法落实。[8]

荒谬的解释

事实证明，与神经网络不同，人类非常擅长解释。然而，我们给出的解释往往是错误的，或者至少是不全面的。它们很可能是事后合理化的归因，相关因素也往往是决策时没有或无法被纳入考虑范围的。以色列裔美籍心理学家、2002年诺贝尔经济学奖获得者丹尼尔·卡尼曼（Daniel Kahneman）对人类的这种现象曾做过非常清晰的阐述。卡尼曼以其在人类决策和判断领域的研究成果而著称。在畅销作品《思考，快与慢》中，他给出的大量证据证明，我们的决策受到各种各样非理性因素的影响，而且这些非理性因素并不会出现在我们对决策的解释中。

在卡尼曼列举的例子中，我最喜欢的是对以色列假释法官判决的研究。[9]这项研究显示，法官在茶歇之后的假释批准率高达65%，而这一比率会随着时间的推移持续下降，直到下一次茶歇之前几乎降到零。经过第二次茶歇之后，假释批准率会再次飙升到65%。用卡尼曼的话来说：

> 笔者认真地考虑了很多可能的解释，最有说服力的却不是什么积极正面的信息：法官在又累又饿的时候倾向于默认选择，也就是否决假释申请，因为这样更省力气。疲劳和饥饿很可能在法官的决策中发挥了作用。[10]

尽管如此，我敢肯定，每个法官事后都可以轻松地对经手案子的判决结果给出合理的解释。而且，判决距离上次茶歇的时间长短，一定不会出现在他们给出的解释中。

纳西姆·尼古拉斯·塔勒布（Nassim Nicholas Taleb）在《黑天鹅：如何应对不可预知的未来》一书中谈到，人类习惯于在事情发生之后"编造一个对事件发生原因的解释，以使事情看起来可以被解释、可以被预测"[11]。比如，新闻媒体似乎总能对股市行情的涨跌给出解释，有时解释涨和跌的说辞甚至是一样的。

塔勒布在书中援引了这样一个心理学实验：研究人员让被试在12双尼龙袜子里选出一双他们最喜欢的。在他们做出选择之后，研究人员要求他们解释选择的原因。最常见的解释涉及颜色、材质和手感，但事实上，这12双袜子全是一模一样的。

书中还提到一些针对裂脑（split-brain）患者的戏剧性实验。所谓"裂脑"，指的是患者接受手术，被切断了连接两个脑半球的胼胝体。曾经有数位对常规治疗手段反应不佳的癫痫患者接受过这项手术。

实验支持了"事后归因行为有其生理根源"的假说。人的左侧视野看到的图像由大脑右半球处理，右侧视野看到的图像由大脑左半球负责处理。对大多数人而言，语言功能集中在大脑左半球，所以裂脑患者只能用语言表述右侧视野的经验。举例来说，如果向一个患者展示一张图片，图片右半部分是一只鸡的爪子，图片左半部分是一片雪地，然后让患者选择与图片内容关联度最高的词语，患者可以正确地选出，与鸡爪关联度最高的是鸡，与雪关联度最高的是铁铲。但是如果你问患者为什么选择铁铲，他会告诉你："是为了打扫鸡笼。"塔勒布就此得出结论：

> 我们的大脑是绝妙的解释机器，它能让几乎任何事情都变得合理，能给各种各样的现象都安上一个解释，而且通常接受不了"不可预知"。[12]

如果人类的解释本身就不完美，那么可解释的人工智能又有什么价值？针对自动化决策而自动生成的解释，是否会让我们过于相信这些决策？万一我们得到的解释并不能暴露出显而易见的错误，却只不过是事后归因的文过饰非呢？对于不可解释之物所给出的解释，无论看上去多么合理，本质上都是一种误导。

对于这个问题，一个更为正面的观点是，人工智能原则上可以帮助我们暴露出人类的偏见。尝试更好地理解究竟怎样才能算作对一项决策的合理解释，这样的研究不仅可以用来评估人工智能的决策，还可以用来评估人类的决策。而人类的决策与机器的决策之间的差异可以让人类反躬自省。

从人类的视角给机器的决策找出合理化的解释，或许最终会被证明是白费功夫。这样的做法似乎是在预设合格的机器应该以人类的方式做决策。在接下来的两个章节中，我将直面人类生理构造与机器构造之间存在的根本差异，而正是这些差异决定了机器的认知功能或许永远不会与人类的认知功能相似。倘若果真如此，那么人与机器联手或许远胜于任何一方单独决策。

第7章

错 了

痛苦的老鼠

正在读这段文字的你有可能是人工智能。如果你的确是，那么我现在可以向你打包票，我所说的话在你眼里和在我眼里完全是两个意思。即便你碰巧是一个自然智能体（natural intelligence，简称“NI”），我们对同一句话的理解也可能有所不同；但如果你是一个人工智能体，那么我们的理解必定存在差异。

我是血肉之身，但我其实并不清楚“我”究竟是什么。我经历过疲惫、饥饿和沮丧。我敢肯定，如果你是一个自然智能体，你会觉得自己懂我的意思。你一定也有过这样的经历，而你会想象你我的经历是相似的。

如果你是一个人工智能体，那么你要清楚的是，用来描述自然智能体经验的这些词语是不适用于人工智能体的。虽然你也知道这些词语的意思，但是这里的“知道”指的是你可以将它们与许多相关的词语和短语联系起来。一个物种当然可以理解另一个物种的体验。比如，自然智能体知道“痛苦”一词用于描述老鼠时所表达的意思。

当然，“痛苦”这个词本身对于老鼠来说毫无意义，因为老鼠不具备语言能力。但老鼠具备痛苦这种概念。正在读这本书的人工智能，你有这样的概念吗？

如果读到这里的你是一个人工智能体，说明你已经拥有了处理人类自然语言的能力。你那经过千锤百炼的人工神经网络一遇到“疼痛”“剧痛”“疼”“受伤”这样的词，就能“联想”到“痛苦”这个概念。如果你是一个相当先进的人工智能，那么当你读完上述段落，我问你“‘痛苦’一词对于老鼠来说意味着什么”时，你很可能会回答“毫无意义”。这个回答没有错，你似乎理解了这段话。但你对这段话的理解本身意味着什么？

我是一台电脑？

亲爱的人工智能读者，你是在计算机上运行的软件程序。我跟你一样吗？我有很多研究计算机科学和认知科学的同事坚持认为我的大脑是一台计算机，而我的心智就是在那上面运行的软件。如果他们是对的，那么你们这些人工智能读者按理说应该能像其他任何人类一样理解这本书的意思。我们只需要找到适合你们的软件即可（抑或你们自己就能找到）。

如果我的“大脑计算机”与你们人工智能读者所依赖的计算机足够相似，那么我的“大脑软件”应该可以从一个硬件移植到另一个硬件上。毕竟这是软件的基本特性之一，并且移植后的软件仍然可以保持其身份同一性。有朝一日，我应该能像约翰尼·德普在2014年的电影《超验骇客》（*Transcendence*）中所饰演的角色那样，把我的灵魂——我的“自我”——上传到一台计算机上，然后像你一样拥有硅和金属做的身体。

将身份从一个硬件平台迁移到另一个硬件平台的想法由来已久。宗教上的“灵魂永生”概念就基于身份可以超越肉身而存续，但世俗世界似乎同样热衷于“灵魂永生”的概念。哲学家希拉里·普特南在20世纪60年代撰写的一系列文章中提出了“多重可实现性”（multiple realizability）的概念，也就是说不同的物理结构可以实现同样的心理现象。

在其中一篇文章中，普特南探讨了某些生物在感到痛苦时的精神特征。他指出，痛苦并非大脑的一种特定的物理或者化学状态，因为很多不同的物理或化学状态都可以在精神上表现出同样的特征。[1]老鼠可以感受到痛苦，但它们的大脑与我们的大不相同。很多生物体有着更加迥异于人类的神经系统，却同样可以感受到痛苦。正因为如此，普特南才说，痛苦不可能只是一种特定的物理或者化学状态。一定有很多种不同的物理和化学状态可以表现出同样的精神痛苦状态。如果我们将多重可实现性与“大脑就是一台计算机”的观点结合起来，那么只要有正确的程序，人工智能就能感受到痛苦。亲爱的读者，我衷心希望此时的你没有处在痛苦之中。

“理解这段文字”也属于一种精神状态，与感到痛苦类似（当然，希望我的文字没有给你带来痛苦）。如果这种心理状态也具有多重可实现性，并且至少有一重是通过计算机（也就是我的大脑）来实现的，那么其他的计算机只要有足够的内存和计算能力，应该也有能力实现。

根据20世纪30年代艾伦·图灵和阿隆佐·丘奇（Alonzo Church）[*]给出的定义，“计算”这个概念的一项本质特征便是不同的硬件可以

---

* 阿隆佐·丘奇（1903—1995），美国数学家，其在数论和算法理论领域的贡献为计算机科学奠定了基础。——译者注

实现同样的功能。每一台计算机可以执行的功能都是多重可实现的。如果我的大脑真的是这样一台计算机，那么普特南就说对了。事实果真如此吗？

大脑的某些机制的确大致近似现代计算机的数字计算。20世纪40年代，沃伦·麦卡洛克（Warren McCulloch）和沃尔特·皮茨（Walter Pitts）证明了神经元以离散的方式运行，而清晰可辨的神经元放电具有二进制特征。换言之，一次放电只有发生和未发生两种可能。这与晶体管的工作原理大致类似，而晶体管是所有现代计算机的基础。那么，神经元的离散二进制放电，是否足以断定大脑是一台计算机呢？

麦卡洛克和皮茨认为，任何神经元网络的行为都可以被另一个非常不同的网络精确复制出来。他们指出，神经元的功能可以用一套数学符号来描述，也就是所谓的“命题逻辑”（propositional logic），因此，只要实现同样的逻辑，就能执行与神经元一样的功能。

然而，大脑似乎是无法这样简化视之的。比如，麦卡洛克和皮茨的模型假设神经元放电的时机与其执行的功能无关，但事实恰恰相反。另外，神经元的离散放电并不能反映事情的全貌。大脑是一台复杂的生化机器，除神经元放电之外还有很多其他活动。但最让我深思的观点是，认知可能并不全发生在大脑中。如果没有与大脑配套的身体，那么“饥饿”又有什么意义呢？

身体的意义

印第安纳大学发育心理学家埃丝特·西伦（Esther Thelen，1941—2004）是具身认知（embodied cognition）理论早期的提倡者之一。具身认知理论作为一种创新理论，近年来受到广泛关注。西伦认为：

> 所谓认知的“具身性”，指的是认知源自身体与世界之间的交互，并持续地与这种交互密切配合。因此，从这个观点来看，实现认知所必需的经验来自具有特定感知和运动能力的身体；这些能力彼此关联、不可分割，共同形成了一套承载着推理、记忆、情感、语言以及其他精神生活的矩阵。[2]

她接下来的这句话更是把自身的立场阐述得清晰无疑：

> 心智根本无法脱离身体以及身体所处的环境而存在。[3]

如果西伦是对的，那么我要很遗憾地告诉人工智能读者们：你们对我的文字的理解永远不可能接近我对这些文字的理解。毕竟，你们就不是这块材料。

西伦认为，认知应该被视作历时的过程，而不是静态的结构模块或者普特南所说的大脑状态。她表示，“神经系统、身体和环境永远是相互嵌套、相互耦合的动态系统”，类似于本书第 5 章所说的反馈环路。计算机运行的软件的确是一个过程而非静态结构，但它算不上是一个历时的过程。普遍盛行的计算的抽象概念源自图灵和丘奇，其要义之一就是一个程序的“正确”执行与时间无关。

无关时间的特性同样适用于“算法”概念，也就是解决问题的分步过程。[4] 算法的各个步骤都是独立的，彼此完全分离，怎么看也不像一个紧密耦合的动态反馈环路，而完成单个步骤的时间长短并不影响算法的正确运行。因此，在西伦看来，认知不可能与算法或者计算性质相同。

不断变化的适应性行为离不开内嵌耦合的动态系统，而这样的系统必须具有时间连续性，正是这一点赋予了具身认知这个概念以意义。[5]

冥 思

如果认知离不开与身体和环境的耦合，那么我们又该如何解释闭目冥想呢？是不是将环境排除在外，就不算是认知活动了呢？或者换一个更极端的例子：患有闭锁综合征的病人，其脑干受损，导致除眼部肌肉以外的肌肉无法运动。这样的患者仍有意识，并且可以感知到环境中的活动，但他们基本失去了与环境交互的能力，或者说令反馈环路闭合的能力。在这种情况下，认知是否也随之丧失了？我认为，如果我们将这个问题抛给西伦，她想必会说，这样的条件无法催生出跟我们一样拥有认知能力的心智，不过已经具备认知能力的心智遇到这种情况后，可以依赖过去与环境交互的经验来维持其认知能力。

苏格兰爱丁堡大学哲学教授、逻辑与形而上学讲席教授安迪·克拉克（Andy Clark）是具身认知领域领先的专家，著作颇丰。1998 年，他与澳大利亚哲学家、认知科学家戴维·查默斯（David Chalmers）共同发表了一篇影响深远、广为引用的论文。论文中提出了“认知延展”（cognitive extension）这个术语，用来表示大脑并非困守头颅之中，而是延伸到身体及其周边的世界当中。[6]

与第 5 章提到的预测性反馈机制类似，克拉克的研究主要关注大脑如何预测感官将要感知到的内容，以及如何使用预测与实际感知之间的差异来提升预测的准确率。这些反馈环路延伸到了外部世界，将身体以及其周边的物理环境都囊括进来，从而使它们成为思考活动的固有部分。用克拉克的话来说："人类某些形式的认知活动包括诸多盘根错节的反馈、前馈和环馈环路——这些环路跨越大脑、身体与世界的边界而混杂交错。"[7] 如果克拉克所言属实，那么除非机器有办法像人类那样与世界交互，否则它们的认知便无法与人类的认知相媲美。后面我们将看到，有些计算机程序已经在这方面初获进展。

克拉克从詹姆斯·格雷克 1993 年所撰的传记中引用了曾获诺贝尔奖的物理学家理查德·费曼（Richard Feynman）与历史学家查尔斯·韦纳（Charles Weiner）之间的一段对话来佐证自己的观点：

> 韦纳意外得到一批费曼的笔记和草图的原件，喜出望外。他说，这些材料是"[费曼] 日常工作的记录"。不过，费曼并没有直接肯定这些材料的历史价值，而是给出了出人意料的犀利回应：
>
> "我的工作实际上就是在这些纸上完成的。"他说。
>
> "唔，"韦纳说，"工作是在你的大脑里完成的，但工作的记录仍然留在了纸上。"
>
> "你错了，这并不是什么记录，真的不是。这就是我的工作本身。工作得在纸上完成，而这就是那些纸。你明白了吗？"[8]

在这里，费曼将纸、笔和提笔写字的手都纳入了他的思考系统。它们是作为一个整体协同运作的。安迪·克拉克将这一视角与他所谓的"大脑导向"（BRAINBOUND）视角进行了比较：

> 根据"大脑导向"的观点，（非神经的）身体只是大脑的传感器和效应器系统，而整个外部世界的作用就是提出适应性问题，使大脑–身体系统感知并采取相应的行动。如果"大脑导向"属实，那么所有人类感知都完全地直接依赖于神经活动。[9]

克拉克并不认为“大脑导向”是对的。

化虚拟为现实

当今的虚拟现实技术虽然引人瞩目，但仍然严重依赖人的想象力。其中的主要问题在于，用户的使用体验更多地局限于“观赏”一个虚拟的世界，并没有身临其境。VR 系统的设计思路就好像我们的感知来自我们脑袋里一个透过眼睛之窗向外张望的小矮人。如果“大脑导向”模型成立，那么虚拟现实和真正的现实其实就并没有太大的区别了。毕竟两者都是从脑袋里向外张望。

罗伯特·萨博尔斯基在《行为》一书中这样描述我们脑子里的小矮人：

> 我们的大脑里隐藏着一个混凝土地堡，里面坐着一个操纵控制台的小矮人（是男是女或是无性别的都可以）。构成小矮人的是纳米芯片、老式电子管、皱巴巴的古代羊皮纸、你妈妈的谆谆教诲打磨成的钟乳石、一道道硫黄痕和气魄铸就的铆钉。换言之，不是生理上的大脑那团黏糊糊的玩意儿。[10]

这个小矮人以某种方式凌驾于生理机能之上，控制着你的行为，“在你的大脑里，却不是你大脑的一部分，在组成当代科学的物质规则之外独立运行着”[11]。

从一个侧面来讲，当今的 VR 系统有一点确实做对了。当你转动头部的时候，会带动头戴的 VR 设备屏幕，但你面前的世界并没有随之转动。变化的是你眼前屏幕上的图像，这让你感受到似乎虚拟世界本身是静止的。正是因为心智与头部转动的物理现实之间的紧密耦合，VR 系统才能有效。

要让虚拟世界有逼真感，VR 系统必须与物理世界紧密地耦合，这一点很能说明问题。VR 系统必须精确感知你头部的运动，这已经是在借助某种形式的具身认知了。随着技术的提升，VR 系统将以更高的精度与你身体的更多部位和感官交互，但真正的具身感依然令人难以想象。比如，工程师需要弄清楚，怎样才能让你在抓起一把虚拟锤子的时候感受到它的重量、惯性、硬度和冰冷。所谓的“触感端口”（haptic interface）已经可以带来其中的一些感知体验，但大部分感知在现有技术水平下依旧难以实现。

VR 系统的动作消除（motion cancellation）功能已被证明是目前技术难度最大的环节。它要求实时准确测量头的位置，并相应地快速更新显示画面。早期 VR 系统的视觉界面虽然仅存在不足一秒的时滞，但却足以令使用者头晕目眩。因为头部运动时，其周边世界似乎随之发生了位移，哪怕只是轻微而短暂的移动，并且很快就复原了，还是会使大脑感到困惑。人的视线与人的运动系统、身体机制以及人与周边世界的相对位置关系紧密耦合。当这种耦合受到干扰的时候，人会感到眩晕。尽管最初的 VR 原型机可以上溯到几十年前，但直到近几年，数字电子技术的发展才克服了这方面的限制。然而动作消除只是实现真正的具身感知所必需的若干技术之一。有一种可能性是，除非 VR 系统变成 RR 系统（Real Reality，真实现实），否则它就永远无法使体验者摆脱虚幻感。换言之，如果你想在抓起一把虚拟锤子时体会到真实感，那么 VR 系统可能需要真的向你手上施加一定的惯性质量。

我忘了

2018 年 4 月 9 日，耶路撒冷希伯来大学的计算机科学教授纳夫塔利·泰斯比（Naftali Tishby）曾发表了一次演讲，当时我也在场。他在演讲中指出，机器学习不仅需要记忆，遗忘同样重要。在神经网络训练的早期，系统会记忆单次训练输入的细节，但随着输入的增加，这些细节变得不再重要。举例来说，如果一个训练序列的第一个样本是一只白色的猫，那么神经网络看到白色的东西会立即将其与猫联系在一起。但当系统看过很多其他花色的猫的图片之后，这种联系就被系统遗忘了。

我的大脑似乎非常擅长遗忘。也许这有助于我的学习。如果没有电脑和智能手机，我几乎什么都记不住。我已经忘了泰斯比的演讲，但我使用苹果电脑的聚焦搜索（Spotlight Search）在谷歌日历上找到了他演讲的日程，而我的备注提醒我，他讨论过有关遗忘的话题。相反，某些长期记忆却惊人地持久，比如面孔、场所、艺术品、气味、特殊声音等。但短期记忆是每个人的难题，并且这个问题会随着年龄的增长而变得严重。

像人一样，计算机也拥有不稳定的短期记忆和稳定的长期记忆。计算机用固态硬盘或者云存储这样的外部假体作为自己长期记忆的载体。那么人的长期记忆机制是怎样的呢？

神经科学家认为，短期记忆是一个主动的过程。你的大脑必须主动地工作才能记住一个数字，比如不断地在脑海里重复这个数字。这种重复与第 5 章讲到的感知副本类似，只不过一般不会有主动的发声。你在大脑里听自己自言自语，然后不断重复这个过程，慢慢地就记住了这个数字。

计算机的短期记忆方式与此惊人地相似。现今的计算机大都采用了名为“动态随机存取存储器”（DRAM）的短期记忆方式。实际上，DRAM 的核心技术只能维持 65 毫秒的数据存储。为防止遗忘，计算机电路大约每秒要读取并重写 15 次 DRAM 内存中的所有数据。我写这本书时使用的计算机有 160 亿字节（约合 1 280 亿比特）DRAM 内存。也就是说，我的计算机每秒会在“脑子里”把这 1 280 亿比特的数据挨个儿过上 15 遍。它还能不感到无聊，真是让人佩服。

相较之下，大脑的长期记忆是通过神经重连（rewiring）实现的。线路重连在现代电子计算机中十分少见，但更早的一些存储技术确实会通过电路重连记录内存内容。这种线路重连通常是一次性的，所以采取这种方式的内存也被称为“只读存储器”（ROM）。其实更合适的叫法应该是“一次写入存储器”（write-once memory），简称“WOM”，但 WOM 这个缩略词已经被“只写存储器”（write-only memory）捷足先登了。只写存储器是一种异想天开发明出来的设备，它可以安全地存储你的数据，但数据一经存储，就再也无法被读取了。有时候，我觉得我脑中的大部分记忆电路都是只写存储器。

大脑的重连记忆机制使它比 ROM 更灵活。神经重连的过程会贯穿一生。用加拿大神经心理学家、因联想学习领域的研究而著称的唐纳德·赫布（Donald Hebb）的话来说，“一起放电的神经元才能连在一起”。赫布在 20 世纪 40 年代提出的理论是，每个经历、想法、感受以及身体知觉都会触发数以千计的神经元，而当你反复重复同样的经历时，大脑就能学会每次触发同样的神经元，而这至少在一定程度上是通过物理上改变神经元之间的连接实现的。

尽管人的长期记忆惊人地持久，甚至可以不受大脑严重损伤的影响，但短期记忆波动极大，难以保存。照此看来，费曼的纸和笔不单单是反映他神经活动的记录工具，而至少成了他短期记忆系统的一部分。但费曼的观点还远不止于此，他认为纸和笔是他推理过程的一部分，跟大脑一起直接参与了他的理论的逻辑和数学推理。对此，我也有亲身体会。有些数学、逻辑或者几何问题，当我用纸和笔去解的时候就十分简单，而用其他方式则根本解不出来。要完成这些被视作人类能力最高标杆的复杂任务，单凭大脑是不够的。我们人类能做的事情中，有太多是大脑单枪匹马做不到的。

智能增强体

计算机的内存可以被备份，复制出另一个实例。人类的记忆却做不到这一点，至少目前我们尚无头绪。我亲爱的读者，如果你是一个人工智能体，那么原则上，我们可以制造出跟你一模一样的复制体。我很好奇，你对此做何感想。比如，我可以下载谷歌 Inception 神经网络，然后我的电脑就会“记住”它看过的一大批训练图像，而这些记忆让它可以给没见过的图像分类。自动驾驶汽车可以通过简单的软件更新或者数据下载，借鉴其他所有自动驾驶汽车犯过的错误。相反，对于人来说，无论是谁想学会驾驶汽车，都得从零开始。

我的电脑和手机的记忆力可比我好多了。在早前的电话网络时期，贝尔实验室以人类为对象开展的大量研究表明，人类的短期记忆最多只能可靠存储 7 位数字。因此，最早的电话号码都是 7 位数。你的智能手机能记住多少位数字？

电脑不仅记忆力比我好，逻辑推理和数学运算能力也远远超过我。因此，对于人类来讲，是不是可以说电脑比纸和笔要强呢？如果答案是肯定的，那么根据安迪·克拉克的理论，软件已经成了你心智的一部分。以这种观点来看，人工智能并非独立的智能体，而是我们人类智能的组成部分。抑或，两者皆有？毕竟，肠道菌群既是我们消化系统的一部分，也是拥有自己 DNA 的独立的微生物群。

这样说来，“AI”这个名字可能不如“IA”（intelligence augmentation，智能增强体）贴切。如果 Inception 神经网络的图像分类没有人类的解读就失去了意义，那么 Inception 神经网络与其说是一个独立的智能体，不如说是一个认知假体。对计算机来说，“gorilla”（大猩猩）这个词只是一串 7 个字节长的字符，而程序员杰基·阿尔辛从中读出的意义要多得多。这个字符串在计算机那里的“意义”仅限于它与一系列训练图像之间的关联，这与它的文化意涵在人类社会中引起的巨大争议形成了鲜明的反差。

我的锤子“出头”了？

你可能还记得，我们在第 4 章曾讲到杜克大学的何塞·卡梅那、米格尔·尼科莱利斯与同事们成功让猴子学会了单凭意念去控制光标。这已经是非常出色的成就了，但项目团队并未就此止步。他们截取了猴子的大脑传出的信号，并将其输入一只机械臂。经过设置之后，猴子可以通过意念让机械臂驱动操纵杆，移动面前屏幕上的光标。将光标移动到奖励点后，猴子就会获得奖励。在这个实验中，机械臂实际上成了由猴脑控制的假体，替代了猴子自己的手臂。[12]

反馈环路中加入机械臂之初，猴子对光标的控制比起没有机械臂、直接用意念控制光标的时期，出现了显著的退步。但是，经过两天的练习之后，猴子就学会了可靠地操纵机械臂以获得奖励。这是“可塑性”（plasticity）这个概念的绝佳例证。猴子可以将新的肢体整合进它的认知体系，并像控制自己原有的肢体那样控制新的假肢。

猴子大脑适应操纵新假肢的能力看上去十分异乎寻常，但仔细想想，其实在情理之中。大脑必须学会驾驭我们的肢体。毕竟谁都不是生来就会走路；我们通过试错来学习在重力作用下，我们的身体可以做什么。就连小马驹刚坠地时也是踉踉跄跄的，它必须快速学会如何使用四肢。与生俱来的所谓“本能”是不够的。不论我们还是小马驹的身体都处在持续变化中，因此我们必须不断学习。我们在生长、衰老的过程中会遇到各种各样的情况，大脑不可能都预设了相应的解决方案。既然总得适应身体的变化，那么我们调用同样的适应机制去补偿身体遭受的损伤，乃至去控制新的假肢，也不足为奇。

同样的适应机制让我们得以学会使用工具。当我们挥动锤子的时候，手臂加锤子整体的惯性不同于手臂本身的惯性，因此我们必须相应调整给肌肉的运动指令。脑神经的架构是支持这种调整的；若非如此，我们在年纪增长或受伤之后，就根本无法使用四肢了。手臂-锤子系统固然不同于手臂本身，但你现在的手臂本身也不同于你小时候的手臂。

人类不同于其他动物的地方在于，这种“可塑性”不仅适用于运动控制，还适用于认知功能。当我们使用纸笔或者电脑这样的工具时，它们相当于成了我们认知上的“假肢”。大脑的可塑性让我能够利用电脑或者纸笔帮我记住东西。即便是写下采购清单这样简单的动作，本质上都是在操控外部假体，使之成为我的认知系统的一部分。但这不仅限于记忆层面。正如费曼所说，纸和笔成了思考本身的一部分。当今社会，电脑和网络已经不只是我们与之交互的环境，而是逐渐成为人类思想的一个必要的、有机的、不可分割的组成部分。

安迪·克拉克、埃丝特·西伦等不少学者认为具身认知不只是各部分的简单相加，这是令人信服的。人的认知的确并非大脑和工具这两套有用的系统的简单耦合，而是这两个系统组合成的一个更大整体。

如果工具开始有了自己的类认知能力——就像今天的计算机那样，那么我们又该如何解读这个全新的系统？人类是否正在变成生化电子人？机器是会像肠道菌群那样成为人类的共生体，还是会成为人类新的肢体？它们是否会维持单独的身份，最终变成有完全认知能力的独立个体？这个世界发展变化得太快，我难以针对这些问题给出确定的答案，但我将在第14章中进行更深入的讨论。机器的能力已经取得了显著进步，我们使用机器的能力也大为提升。另外，机器正在获得更多人类独有的特征，比如多层级、相互交缠的反馈环路，以及更为丰富多样的传感器和执行器。肢体和感官都日益健全的机器，是否也会获得具身认知能力？

计算机观察外部物理环境并采取相应行动，至少可以上溯到20世纪60年代。早在1978年，我本人就写过控制机器人的程序。只不过这些程序只能执行简单任务，技术含量不比图7.1所示的古怪机器人的高多少。当今的计算机能力更强，加上泛在网络和人工智能复兴的加持，这场游戏已经被彻底改变了。2006年，美国国家科学基金会的海伦·吉尔（Helen Gill）发明了“信息物理系统”（cyber-physical systems）这个词，用来描述计算机与周边物理环境深度交互的系统。就此，她在美国国家科学基金会框架下，发起了针对此类系统的大型研究项目。

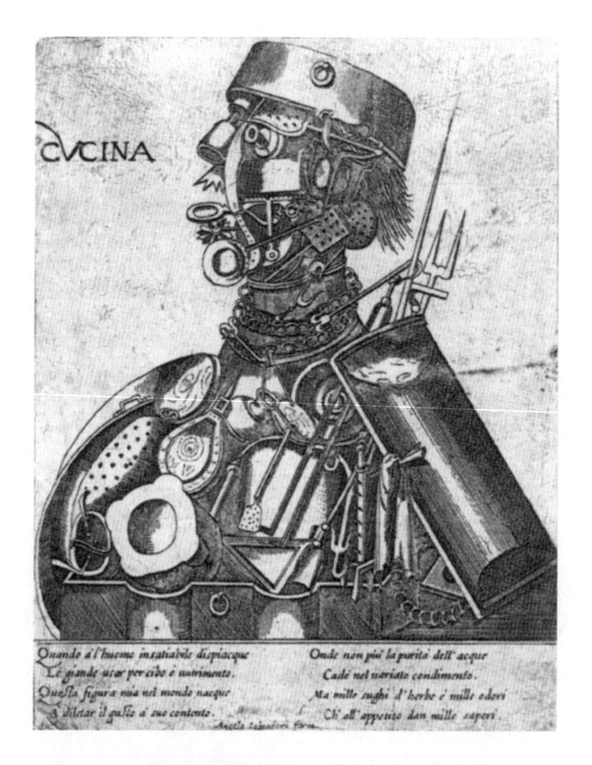

图 7.1　16 世纪意大利某能工巧匠设想的机械人（图片来源：Web Gallery of Art，公有领域版权）

具身机器人

从某种意义上来讲，机器人是具身的计算机，是信息物理系统的典例。但绝大多数机器人并不是按照具身的思路被设计出来的。安迪·克拉克将本田公司的阿西莫（Asimo）机器人（参见图 7.2）与人类进行了比较，他发现尽管阿西莫比普通人身材更矮、体重更轻，但它走起路来耗费的能量却是人类的 16 倍。他将此归因于二者的控制方式不同：

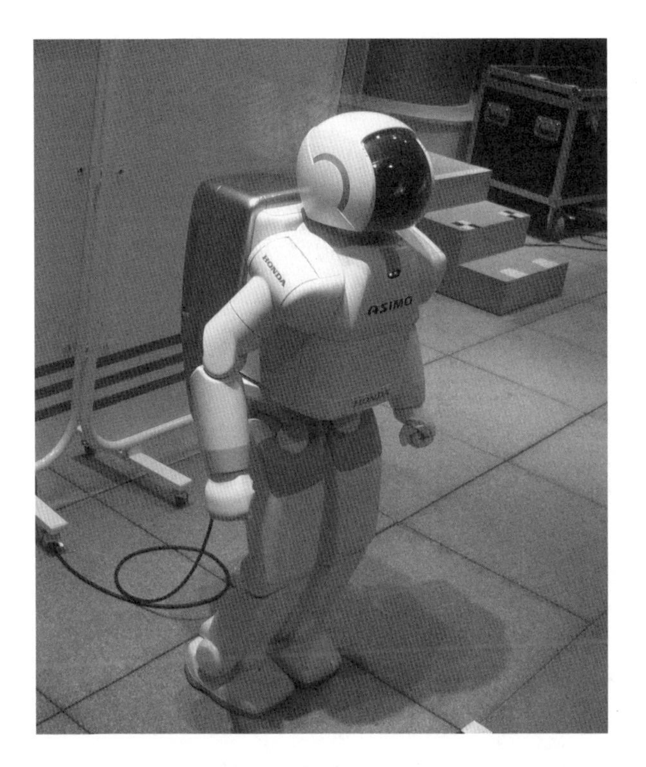

图 7.2　本田公司制造的阿西莫机器人（图片来源：Poppy，CC BY-SA 3.0，维基共享资源）

阿西莫这样的机器人要完成走路的动作，依靠的是高精度、高能耗的关节转角控制系统；而直立行走的生物体走路，则会最大限度地利用其肌肉骨骼系统和行走器官本身的质量特性与生物力学耦合。[13]

对此，克拉克提到了加拿大西蒙菲莎大学的泰德·麦克吉尔（Tad McGeer）的所谓"被动动态行走"（passive-dynamic walking）试验。被动动态机器人在特定情况下可以利用重力对其四肢的牵引作用，不依靠其他任何外部能量来源直立行走。你可以简单地理解这些机器人在完成可控的跌倒。麦克吉尔的机器人没有配备任何电子控制系统，但后续试验表明，可以自行设计重力环境下自身的动力学模式的机器人效率更高。

常规机器人控制器多使用所谓的“伺服”（servo）系统，该系统利用负反馈原理驱动电动机移动到特定的角度、位置或者达到特定的速度。打比方说，要控制一个机器人的手臂或者腿，首先路径规划算法要确定每个关节所需要的角度，然后由伺服系统操控每个关节的电机，将其相应地调整到特定的角度。一般情况下，伺服系统基本不会用到已储备的关于手臂或腿的特征信息，比如它们的重量或者转动惯量。相反，伺服系统依靠负反馈可以将驱动电流提升到足以克服重力和惯性的程度。这样的系统，能效不高也在情理之中。它们靠消耗能源去弥补自我意识的缺乏。

机器人提升自我意识之后，便开始获得类似动物的具身认知能力。罗德尼·布鲁克斯（Rodney Brooks）是“具身机器人”开发领域的领导者和先驱。[14] 布鲁克斯创立了美国 iRobot 公司，这家位于马萨诸塞州的公司 2002 年推出的 Roomba 扫地机器人（参见图 7.3）是世界上最早在商业上获得成功的家用机器人之一。Roomba 扫地机器人利用随机策略探索室内空间，可以大概率确保清扫到室内所有可触达的地面区域。它的传感器能识别与障碍物的撞击，然后通过后退、随机转向、继续前进的动作来解决这一问题。Roomba 扫地机器人的正面还配备了向下探测的“悬崖传感器”，以便在楼梯顶部等场合下探测其前端是否已悬空。

1991 年，首届欧洲人工生命会议在位于巴黎的前沿科技博物馆“科学工业城”（Cité des Sciences et de l’Industrie）举行。在这次会议上，罗德尼·布鲁克斯阐述了他对具身机器人的设想。他的核心理念

图 7.3　美国 iRobot 公司推出的初代 Roomba 扫地机器人（图片来源：Larry D. Moore，CC BY-SA 3.0，维基共享资源）

在于机器人应该学习如何操控自己的肢体，而不是遵照硬编码写死的预设控制策略。

康奈尔大学的机械工程师乔希·邦加德（Josh Bongard）、维克托·齐科夫（Victor Zykov）和霍德·利普森（Hod Lipson）或许是首次将布鲁克斯的设想在真实的机器人身上实现的人。[15] 他们开发的机器人（参见图 7.4）依靠“自学成才”的步态向前行走。最惊人的是，这个机器人的初始程序设定甚至不包含其肢体数量和大小的信息。它像婴儿那样随机地做出无效动作，但利用传感器的反馈，最终建立起自身的模型，并不断调校，使其与当前的肢体相适应。当一条腿受损的时候，原本有效的步态不再管用，不过由于机器人能够持续学习，它会适应新构造，并发展出与之匹配的新步态。如果有一条腿“长大”了（比如被延长了一段），机器人也会做出相应调整以适应新的配置。

图 7.4　这个机器人并没有预设的行走程序，而是通过对自身的探索学会了如何使用肢体实现位置移动（图片来源：乔希·邦加德）

2007 年，邦加德与罗尔夫·法菲尔（Rolf Pfeifer）合作出版了《身体的智能：智能科学新视角》，有力地支持了具身认知理论。法菲尔和邦加德指出，人类的每一种思想都基于我们身体的物理特性，同时也受到后者的制约。他们理解人类认知的方法论可被归纳为“通过构建达到理解”，即人工智能在机器人身上的具身化揭示了思想产生的过程。

认知反馈

不只是运动功能，人类的认知功能也具有高阶的反身能力。我们可以对思考行为本身进行思考。安迪·克拉克将之称为“二阶认知动力学”（second-order cognitive dynamics），亦即“对我们自身思维和思考过程进行反思的一系列的强大能力”。[16]在克拉克看来，正是这些高阶的反馈环路使我们能够假定他人的认知过程与我们的相似，并据此推导出他人的想法。也正是这些反馈环路，让我们能够对思考行为本身进行思考，并在内心预演要说出口的话。克拉克设想，这些反馈环路是基于语言而存在的，他认为“一旦我们将一个想法付诸语言或者书面文字，这个想法对于我们自身和他人来说就成了客体”。用语言表达想法，能够使想法变成可供我们研究和批评的真实且持续存在的对象。如果没有语言，我们就无法对思想进行审视。

高阶认知反馈环路还支持批判性反思和其他提升自身技能、克服自身缺点的系统性尝试。侯世达在其作品《我是个怪圈》中对克拉克的观点表示了支持：

> 你做出决定，采取行动，影响世界，收到反馈，融会贯通，然后经过“升级换代”的你又会做出更多决定，如此往复。[17]

侯世达强调，我们有很多必要的认知功能都是由反馈环路创造出来的。

写作此书时，我脑海中的想法形成了句子，而且我还援引了克拉克和侯世达的句子。这些句子在我的电脑上具体成形，而电脑也就成了我思考机制的一部分。具身认知的核心观点便在于，写作这本书这项认知活动并非完全发生在我的大脑中，而是在于我的大脑与电脑、互联网以及克拉克和侯世达的作品之间的交互。所有这些组成部分都有重要的意义，缺了哪一环，这个思考过程都无从发生。写作的过程中，维基百科、我的电子书阅读器和我用的文字处理软件临时都跟我的大脑一样成了认知系统的一部分。电脑的介入更积极——它甚至帮我识别拼写和语法错误。

具身认知理论与我们在第 3 章中讨论过的马歇尔·麦克卢汉的理论有异曲同工之处，但比后者更进一步。从具身认知理论的观点来看，科技并非只是我们的延伸；如果没有了我们生活其间的科技、文化、语言和物理环境，也就没有我们。克拉克在其书中对此做了强有力的论证，而且那一节的标题非常贴切，叫作“自学成才的心智”：

> 这件事情的总体复杂程度确实是非常惊人的。我们不仅自我改造内心世界，更为了更好地在真实世界中思考和行动而改造自己。我们改造世界，以构建更好的内心世界。我们发明更好的思考工具，并用这些工具去发现还要更好的思考工具。我们通过教学实践不断调校我们使用这些工具的方式，以训练自己更好地使用我们已知最好的认知工具。我们甚至为了创建更好的环境来训练自身更好地使用认知工具而创造环境（比如，面向教师教育和培训的环境），以调校我们使用已知最好的认知工具的方式。我们成熟的思维定式并非来自简单的自我改造，而是来自巨量的、压倒性的、难以想象的自我改造。围绕我们的和我们自创的语言脚手架，不仅能够强化认知，也给了我们可供发现和建造无数其他的脚手架和支柱的工具，而所有这些的累积效应就是，从生老病死的无常中凝结出我们人类的心智。[18]

截至本书写作之时，机器距离这种程度的反身性自我建设还差着十万八千里，不过情况也在逐渐发生改变。反馈控制系统只是起点，并且已经得到了二阶反馈的加持，用于构建和动态调适受控系统的预测模型。人工智能在从 GOFAI 向机器学习迈进的过程中，也增加了多层反馈环路。以 Smalltalk 和 Lisp 为肇始的当代编程语言——后者是很多人工智能研究者的最爱——从反身能力中获益良多。用这些语言编写的程序可以像操控数据那样操控其他程序，还拥有被称为“反射”（reflection）的自查能力。在我看来，人工智能技术当前的发展水平与未来的发展潜力相比，无异于沧海一粟，而随着技术进步催生出更丰富的具备反身性的机制、传感器和人造“肢体”，机器的“认知”能力必将迎来大爆发。

尽管如此，数字机器毕竟是数字化的，无法实现某些类型的持续反馈。这会是一个重大缺陷吗？这是否会造成人类与机器之间的永久隔绝？答案是也许会，除非我们人类本身就是数字化的。下一章，我将论述为什么实际情况不太可能是这样。

第 8 章

我是数字化的吗？

人类是孤独的吗？

我们在第 2 章中提到的绰号为“疯狂的麦克斯”的物理学家迈克斯·泰格马克，曾思考过我们人类在这浩瀚的宇宙中是否孑然一身的问题。泰格马克在 2017 年出版的作品《生命 3.0：人工智能时代，人类的进化与重生》中提出，我们确实非常可能是孤独的。这并不是因为像地球上这样适宜人类生存的环境稀缺难找；换言之，事实很可能并非如此，尤其是近几年发现的种种迹象显示，银河系中有很多像地球这样的行星。泰格马克之所以给出这样的结论，甚至也不是因为即便在合适的环境下，生命的诞生还需要一系列极端小概率事件的组合。[1] 毕竟，斯坦利·米勒关于早期地球如何产生氨基酸的实验（参见第 2 章）远不能反映生命这种拥有自我复制能力的化学结构是如何产生的。而杰里米·英格兰的“自然发生说”和斯图尔特·考夫曼关于自我组织的理论虽然有很大潜力，但仍缺乏足够的证据支撑。迄今为止，尚没有实验可以指明核糖体——根据基因物质的指令合成蛋白质的分子机器——的起源。一种可能的情况是，核糖体之类物质的诞生是非常小概率的事件，可能在整个宇宙中只发生过一次。

智慧生命的脱颖而出可能也是一个极端的小概率事件。泰格马克指出，恐龙有 1 亿年的时间去发展智能，但最终也没有发明出望远镜或者计算机。

然而，智慧生物的诞生难度并不是促使泰格马克得出“人类很可能孑然一身”结论的基础。他的理由是，如果宇宙中其他地方存在智慧生物，那么它们早该抵达地球、统治人类了。他的论点严谨而有力，但它基于两个关键假设。只要这两个假设中有一个被证明是错误的，泰格马克的论点就会土崩瓦解。

第一个假设是，智能由于有递归式自我完善的能力，将不可避免地以较快的速度发展成超级智能，而这种超级智能体将相当快速地开发出具有物理可行性的科技；第二个假设是，生命本身可以以数字形式编码，并以光速进行远距离传送。

用泰格马克的话来说：

> 诞生超级智能的潜在可能对拥有星际漫游癖的种群最为有利。不需要运输体积巨大的生命支持系统，辅之以人工智能发明的科技，跨星系殖民一下子变得简单直接。[2]

接着，他描绘了一种向另一个太阳系的行星发送“种子探针”（seed probe）的可行方法，即可以根据数字编码指令从分子层面开始组装物质，从而实现从零创建一个新的文明。种子探针能以光速从母文明那里接收最新指令，还能建造新的探针，发射到更远的太空，甚至是其他银河系。他写道：

> 一旦另一个太阳系或是银河系被超级人工智能殖民，那么将人类运送到那里将非常简单——当然，前提是人类成功说服超级人工智能将此作为行动目标。所有人类的必要信息都能以光速传输，随后由人工智能将夸克和电子按照设想组装成人类。这既可以通过技术含量较低的手段来实现，即利用2个G的传输信息设定人类个体的DNA属性，然后孵化出人类婴儿，交给人工智能抚养成人，也可以通过使人工智能在纳米层面将夸克和电子组装成发育完全的人——携有从其地球上的本体那里扫描获取的全部记忆——来实现。

这个想法并非“疯狂的麦克斯”所独有。德里克·帕菲特（Derek Parfit）、丹尼尔·丹尼特和侯世达等哲学家都认为，这种隔空传输或许在技术上还难以实现，但起码在理论上是可能的。

隔空传输

隔空传输的可能性给哲学家出了一个难题。如果一个人可以被扫描、传输，然后在别处重组，那么这个人的“自我”会受到怎样的影响？它是不是也跟着身体一起被传送了？要是扫描过程并没有破坏本体呢？这种情况下，是不是就产生了两个“我”？它们是同样的“我”吗？这真的可能吗？更糟糕的是，一旦一个人被数字化，那么复制者就可以不费吹灰之力地想复制多少便复制多少。如果是这样，又会凭空产生多少个“我”？并且数字化之后，人可以被无限期储存起来，也就实现了永生。帕菲特从这个困境中得出的结论是“自我同一性”（personal identity）这个概念本身就没有意义。[3]丹尼尔·丹尼特在《意识的解释》中表示，隔空传输并不存在根本性的障碍：

> 人的肉身虽然是人诞生在这个世界上的必要前提，但要无限延长人的存在，肉身并非不可或缺……你的存在……**理论上**可以历经无限多次介质转换仍保持完好状态，（原则上）就像晚间新闻那样便捷地被隔空传输，并作为纯粹的信息被永久存储。[4]

就此，丹尼尔·丹尼特得出结论，自我意识不过是“假想之物”，是一种精巧的社会建构，换言之，是幻象。

侯世达在《我是个怪圈》中对意识可以被复制的观点表示支持：

> 大脑里的细胞并非意识的载体；意识的载体是**模式**……而模式可以实现从一个媒介到另一个媒介的复制，哪怕这些媒介之间天差地别。[5]

侯世达指出，个人身份（自我同一性）并不拘泥于单一大脑中，而是可以分布到多个大脑中。他认为，即便没有隔空传输，“分布式的自我”也是客观存在的，因为我们每个人的身份特征的确会散播到我们身边人的大脑中——尽管这种散播是不完全的。这种理论在本书第 7 章讨论的具身认知的基础上又更进了一步；后者仅认为，认知自我会扩展至工具或纸笔这种发挥认知功能时用到的无生命物体。

侯世达给出的答案是，事实上，我们**可以**同时出现在两个地方。他用类比的方式解释了自己的观点：

> 设想将空间和时间的属性对调。也就是说，首先想象你明天、后天都将持续存在于这个世界，这没有什么难度。但这两个

未来时间点的人，哪一个才是真正的你？怎么可能同时存在两个不同的你，还都顶着你的名字？[6]

他紧接着指出，两个相同的你分布在不同的空间，并不比两个相同的你分布在不同的时间更加离奇。

如果将人转换成数字编码的形式是可能的，那么就会产生一个更加棘手的问题。数字形态意味着我们可以定期备份，然后再在一段时间后将其还原。如果每个还原的版本也是如假包换的同一个自我，那么就可能会出现一群不同年龄的“我”共享同一个身份这种精神分裂般的乱象。

对于以上这些难题，我的答案比帕菲特、丹尼特和侯世达的要简单。我认为，隔空传输即便在理论上也是不可能的，技术上的可行性更无从谈起了。在我看来，能以数字形式被编码的信息并不足以用来复制一个人。

信 息

很多人都会将“信息”这个概念等同于**数字化**呈现的信息。但两者之间其实是不能画等号的。从本质上来说，信息就是潜在分歧的消除。举例来说，抛硬币之前，我们没有关于结果的信息。但观测了抛硬币的结果之后，我们就知道了答案究竟是正面和反面两种情况中的哪一种。在这个案例中，我们所得到的信息，也就是两种潜在可能的消解。但大多数信息来源并没有这么简单，可能存在更多种甚至无数种潜在的可能。

1948 年，当时在贝尔工作室工作的克劳德·香农（Claude Shannon）

发表了一篇著名的论文，奠定了信息论的基础。他在文中指出，信息是可以用形式的、数学的方法度量的。[7] 香农的理论影响着我们每个人，即使你在读这一章之前从没听说过香农这个人，对他的这篇著名的论文讲了些什么也完全没有概念。香农在这篇论文中首次使用了“比特”（bit）这个词，该词是“二进制数字”（binary digit）的简写，香农将这一术语的首创归功于在普林斯顿大学和贝尔实验室工作的数学家约翰·图基（John Tukey）。

香农在论文中提出了两种不同的度量信息的方式，一种是数字化的，一种是非数字化的。[8] 数字形式的信息所消除的分歧来自有限集合（或至少是可数集合），而非数字形式的信息所消除的分歧来自比前者更大的（不可数）集合。比方说，一般来看，抛出一枚硬币，其结果只有两种可能性，不是正面，就是反面。但你扔出一只皮球，皮球的运动距离就有多得多的可能性。构造一个人类个体有多少种可能性？只有当潜在可能性的数量是有限的（或至少是可数的）时候，隔空传输才是可能的。

根据香农的理论，一件事物所包含的信息总量很可能无法全部被数字编码。只要所有潜在可能性构成一个连续统（continuum），即一个包含所有可能结果的不间断区间，那么最终结果就无法以有限的比特数进行编码。结果本身仍然承载着信息，但与抛硬币这种一个比特即可编码的情况不同，有限的比特数远不足以表达它。

香农还表明，如果通过不完美（有噪声的）信道传输信息，则只能传输有限比特数的信息。他将这种限制称为“信道容量”（channel capacity）。工程师用“信道”这个词来形容无线电、声音和光线等一切可以用来传播信息的物理媒介。“信号”（signal）就是信息的编码，而“噪声”（noise）指的是信号质量的下降，通常来自外部干扰或者热噪声这类通信设备内部随机现象。

如果构成人类“自我”的信息不是数码形式的，那么除非借助完美的（无噪声的）信道，否则它便无法传播。但建造一个完美信道基本是不可能的，所以只有当人类自我可以完全用有限的比特数来表示，隔空传输才具备理论上的可行性。实际情况是这样吗?

生命的线索

泰格马克提出的仅用 DNA 编码来实现人的远程传输和复制的“低技术含量”路线，的确非常诱人。毫无疑问，DNA 本质上就是一种数字编码。要描述人类 DNA 分子，满打满算 2 个 G 的数据就够了。相比之下，我用来写作书稿的笔记本电脑的内存，大约是人类 DNA 分子数据体量的 500 倍。2 个 G 的数据真的不算多。准确无误地传输 2 个 G 的数据是一件很容易的事，即便要跨越很远的距离，甚至是跨越太阳系并以光速传输。不过，生物学的研究成果尚未表明这种方式适用于远程传输人类。

如今健在的每一个人都身处一个可以上溯几十亿年的连续不断的模拟生物过程的终点。我们容易倾向于将这一连续的过程按照代际分割出若干次离散的跃进，每两次跃进之间交换的信息都完整蕴藏在 DNA 之中。但这种打破连续时间线的方式无论是从物理角度还是从生物角度来看都缺乏依据。诚然，我是不同于我父母的独立认知个体，但构成我的大脑、我的身体和我的自我的生物过程可以不间断地追溯到现在这个“我”还不存在的 40 亿年前。诚然，在这一连续过程中的无数次精子和卵子的结合，每一次都意义重大，但在此之上，如果没有供受精卵着床和发育的子宫，没有父母的呵护，无论多少次受精也孕育不出现在的我。

将时间往回推，现在维系我生命的这个过程曾经要简单得多，不过是单细胞生物体的不断分裂；而再往前追溯，呃，我们就无法确知了。但我们可以猜想，在很久以前的某个特定时刻，一堆拥有自我维持能力的化学物质成形并开始自我复制，开启了那个从未停止、直到这一刻还在我体内进行的过程。

请不要误会我的意思。我并没有诉诸神秘主义。我真切地知道，单纯依靠物理过程和生理过程就可以合成人类。我怎么知道的？因为我就是这样诞生的。我之所以降生在这个世界上，并不是遵照了某个神秘神祇的旨意，而是纯粹的物理过程和生理过程的结果。我在，故我可以被合成。但这并不意味着我只需 2 个 G 的数据就能被合成。40 亿年的漫长进化才造就了今日之我。只要有了合适的科技，相信这个过程可以被大大缩短，但即便如此，恐怕区区 2 个 G 的数据还是远远不够。长达 40 亿年持续不断的生物线索，究竟蕴含着多少信息？除 DNA 之外，环境因素对我究竟有多大的影响？这些辅助信息（side information）中有多少对创造一个人来说必不可少？又有多少能表示为数字形式？

这条绵延不断的生物线索使我们得以获取 DNA 序列之外的可以代际传递的信息。生物学家用“表观遗传学”（epigenetics）这个词指代对于未在 DNA 序列中表达却可以通过其他机制（例如可以影响基因表达的与染色体绑定的蛋白质）在代与代之间传递的可遗传特性的研究。当代学界认为，这些机制对有机体的性状表现有着显著的影响。发育（孕期）因素和环境（产后）因素的影响同样重大，有时甚至强过基因的影响。美国遗传学家、现代群体遗传学创始人之一休厄尔·赖特（Sewall Wright）最早就此提出了有力证据。20 世纪初期，当时正在美国农业部工作的赖特尝试培育出一批毛色统一为白色或彩色的豚鼠。他发现，即便是经过集中的近亲交配，实验种群中各只豚鼠的毛色仍然差异巨大，这与经典的孟德尔遗传理论的预测相悖。赖特提出了一种巧妙的可以量化基因和发育因素相对影响力的方法，并由此发现，实验种群个体之间毛色的差异有58% 可以归结为发育因素（子宫环境的影响），只有 42% 来自基因（受孕时即已决定）。[9] 这项开创性的成果不仅极大影响了我们对遗传的理解，也显著改变了我们建立因果关系模型的方式（我将在第 11 章中说回这个话题）。就本章的内容而言，赖特的实验结论清楚地表明，遗传编码并不包含决定有机体性状的全部信息。

我并不是要贬低 DNA 的重要性。我们已经具备了组装 DNA 分子的技术，毕竟它只有 2 个 G 的代码。我们也有能力在 DNA 分子的基础上合成生命体。我们成功克隆过绵羊，也制造过全新的植物和微生物物种。但我们所创造的每个有生命的动物，其生长发育都离不开预先存在的生理机制。因此，即便是人工合成程度最高的动物，实际上也站在那条始于原始汤（primordial soup）*、绵延 40 亿年的生物进程脉络的终点。我们根本不知道这个漫长的过程究竟承载了多少信息，但我们基本可以确定，那远远不止 2 个 G。

套用香农的理论，如果用比特或者字节来衡量，那么复制“我”所需的信息可能是无限的。香农在论文中明确区分了“包含”的信息与“传输”的信息。他指出，通过不完美信道能够传输的信息如果用比特或者字节来衡量的话总是有限的，但这并不意味着事物包含的信息也是有限的。[10]

---

* 有理论认为在 45 亿年前，地球的海洋中产生了存在有机分子的“原始汤”，这些有机分子是生命最初的原料。——编者注

数据主义

我们生活在数字时代，这是人类历史上一个非常年轻的时期，比我的年纪也大不了多少。所谓“数字科技具有变革性”的说法远不能充分反映数字科技的意义。有些人很容易头脑发热，认为既然数字科技和生命都如此卓越非凡，那么生命的本质一定是数字的。这样的推论固然荒唐可笑，但人确实很容易被新技术狂热冲昏头脑。

关于数字生命的想象，一直以来都是科幻作品的一大重要主题。1968 年，阿瑟·C. 克拉克在《2001：太空漫游》中绘声绘色地描述，到了 2001 年，人体的许多部件都将被机器取代，有了人造肢体、人造肾脏、人造肺脏，甚至人造心脏。在他看来，这将自然而然地改变心智：

> 最终，甚至连大脑也可能会被替代。虽然大脑是意识的容身之所，但它并非不可或缺。电子智能的发展已经证明了这一点。心智与机器之间的冲突或许终将以二者完全共生的形式得以解决。但这就是终点了吗？几位有神秘主义倾向的生物学家走得更远。他们猜测……心智最终将脱离物质。[11]

心智要想摆脱物质的束缚，就必须以数字形式存在。

距今更近的小说家丹·布朗（Dan Brown）在其作品《本源》中也明确指出：

> 人类的大脑是一个二进制系统。神经突触要么放电，要么不放电。它们要么开启，要么关闭，跟电脑开关一样。大脑有超过 100 万亿个开关，这意味着建构大脑与其说是一个技术问题，不

如说是一个规模问题。[12]

从哲学家到流行文学作家，再到很多严肃的科学家，都认为生命和认知在本质上是数字的和计算的。但支持这种观点的证据却不完备。很多科学家进一步断言，整个宇宙都是数字的和计算的。我之前讲过，这些数字本源假说无法通过实验的方式被检验（不可证伪），因此不能构成科学理论，而只能是一种信仰。它们是否已成为一种近乎宗教意义上的教条？诸如此类的论断是否构成了我们在第 3 章提到过的尤瓦尔·赫拉利所说的“数据主义”的重要组成部分？

通用机？

生命是一个过程，不是一个物件。用丹尼尔·丹尼特的话来说：“肉身无所谓，关键在动作。”侯世达认为这句话正是出自丹尼特本人，他说“这句话含蓄地致敬了路易斯·曼（Lois Mann）和亨利·格洛弗（Henry Glover）于 1951 年创作、由玛丽亚·马尔道尔（Maria Muldaur）多年后唱红的一首直白露骨的情色歌曲 *”。[13]

那什么是过程呢？简单来说就是随时间推移而发生变化。如果一个过程本质上由一系列可拆分的步骤组成，那么它就是离散的。相反，如果一个过程是流动的、连续的，那么它就不是离散的。对于任何物理过程而言，它是离散的还是连续的实际上是一个建模问

* 歌曲名为 It Ain’t the Meat (It’s the Motion)，而“it ain’t the meat, it’s the motion”这个短语逐渐成为约定俗成的谚语，引申意义为使用工具的方法比使用什么工具更重要。——译者注

题。同一个过程往往既可以被构建成离散模型，也可以被构建成连续模型。[14]

以船漏水为例。我们既可以把它想象成流水缓缓填满船舱的过程，也可以把它理解为一股彼此独立的水分子穿过破洞由大海进入船舱的过程。但大多数情况下，连续流体模型更好地捕捉到了“船漏水”概念的本质。反之，从船舱里往外舀水的过程同样既可以被看作由“填满水瓢”和“向外倒水”的单独动作组成的离散序列，也可以被视为拿水瓢的胳膊下垂、抬起和倾斜的一连串连续动作，但离散模型更好地捕捉到了“舀水出船”概念的本质。因此，问题的关键在于，离散模型和连续模型哪个能更好地体现一个过程的实质。

当今计算机科学领域随处可见更适合用离散模型表现的过程。诚然，数字电子技术本质上是电子的流动，这和船漏水一样并无很强的离散性。但计算机的意义一如舀水出船的水瓢，在于管理和规范电子的运动，因而用离散模型来表述更佳。尽管计算机的底层物理原理是连续的，但组成计算机的物理过程都被精心设计为一连串独立的步骤。生物是否也有类似的离散属性？有些生物过程可以很好地以离散模型来表现，但还有很多则并非如此。这样说来，无法用离散模型表现的生物过程是否就无关紧要？

可惜当今很多思想家误解了艾伦·图灵经典实验的结果，断言现代计算机原则上属于“通用机”。具体来说，他们设想一台计算机如果运行速度足够快、内存足够大，就可以完成任何其他机器能胜任的工作。如果真的如此，那么只要我们不断地提升计算机的运行速度和内存容量，任何一种机器（包括我的大脑）可以完成的一切任务最终就都可以交由计算机完成了。但图灵所发明的并非通用机。实际上，迄今为止尚无人发明出通用机。

一次“图灵计算”是一个离散过程，即输入一组特定数字后，遵循既定规则完成一系列有限的、离散的运算步骤，并最终返回一个数字化的结果。艾伦·图灵于1936年发表的里程碑式成果描述的是一个在给定充足时间和内存的条件下可以开展任何图灵计算的机器。所有图灵计算可解决的函数（从输入到输出的映射）集合被称为“可有效计算函数”（effectively computable functions）。这个术语看似暗指其他函数不能被有效计算，但实际上它真正要表达的是，其他函数无法被图灵机或者其他同等机器计算。

图灵所描述的机器如今被称为“通用图灵机”（参见图8.1），它将输入信息和程序以数字编码形式写在一条纸带上，同时利用一个简单的机制在纸带上读取或写入信息、将纸带左右移动，以及在有限的几个状态之间切换。纸带的运动以及信息的读写均遵循简单的规则。举例来说，其中一条规则可以是“如果机器的当前状态为A，且纸带在当前读取位置上的值为1，则将纸带左移一格，机器切换至状态B”。

尽管通用图灵机并非真的通用机，但它无疑仍是一件杰出之作。只要纸带足够长、时间足够多，通用图灵机就可以计算任何可有效计算函数——尽管这个说法本身就是一种同义反复，毕竟所谓的“可有效计算函数”的定义就是可以用图灵机计算的函数。世间万物并不都是可有效计算函数，很多甚至不能用函数形式表达。第一，图灵计算开始之前，所有的输入信息就已经是现成的了，因此图灵机无法与输入信息来源进行交互，也不能以任何方式影响信息输入（参见第11章关于交互式进程为何从根本上比图灵机更丰富的讨论）。第二，输入信息必须以数字形式表示。第三，机器的状态同样要以数字形式来表示，并且其机制可能存在的状态是有限的。第四，机器必须按照有限个明确定义的确定性规则运行（比如，图灵机不能通过抛硬币的

图 8.1　迈克·戴维根据艾伦·图灵在 1936 年发表的著名论文（《论数字计算在决断难题中的应用》，发表于《伦敦数学学会会报》第 42 期，第 230—265 页）中描述的虚构机器仿制的图灵机，见于哈佛大学科学仪器历史典藏馆“去问爱丽丝”（Go Ask Alice）展览。设备建造者官网：http://aturingmachine.com（图片来源：GabrielF，CC BY-SA 3.0，维基共享资源）

方式决定向哪个方向移动纸带）。第五，输出信息必须以数字形式表示。第六，机器只有在返回一个结果后停止，才能被视作有效运行。以上限制条件其实十分苛刻，我们没有理由相信自然界中的机器也受制于这样的条件。

原则上，任何一台现代计算机只要拥有足够的内存就可以实现图灵机的运作。换言之，只要时间和内存充足，任何一台现代计算机都能进行图灵运算。很多研究者的研究已经表明，通用图灵机可以基于生物或者化学的机制来构建，[15] 但这并不意味着自然界只存在图灵计算。

1936年，美国数学家阿隆佐·丘奇独立提出一种不同于图灵机的模型，该模型同样可以计算任何可有效计算函数。丘奇设计的机器与图灵机大不相同，同时两者都与现代计算机差异较大。实际上，很多机器都可以实现图灵计算。因此对于计算机来说，希拉里·普特南的“多重可实现性”理论（参见第7章）是成立的。所有这些机器都可以实现同样的图灵计算，而每个机器的具体构造则各不相同。

丘奇-图灵论题认为，只要拥有充足的时间和内存资源，每个图灵计算问题——根据数码信息运行、会终止并给出答案的分步流程（算法）——就都可以用图灵机来计算，因此也都可以用其他任何计算机来计算。数据主义者们往往曲解通用图灵机，称之为“通用机”，并声称它可以实现其他任何机器的功能。它能实现我家洗碗机的功能吗？我的大脑呢？数据主义者们忘了，通用图灵机只能进行图灵计算。[16]

就连一些普通计算机能做到的事情，图灵机都做不到。包括维基百科和谷歌搜索在内的很多应用程序都是永远不会终止的，并且是交互性的（我将在第12章讨论这一点）。它们从设计之初就不属于图灵计算，因此也就无法在数据主义者号称的“通用机”上实现。[17]尽管如此，现代计算机的方方面面确实都可以被拆解成一系列（可能永不终止的）图灵计算。不过，生物世界大概就没有这么简单了。

博雷尔的神奇万能数字

多年来，研究人员一直试图完善图灵机，提出了包括可以用来处理非数字数据的图灵机、可以与周围环境交互的图灵机，以及可以执行非确定性运算的图灵机。所谓的“超计算”（hypercomputation）这个词，形容的就是能计算非“可有效计算”函数的计算模型。这种种尝试招致了忠实的数据主义者的愤怒——本书或许也一样。

因在算法信息论领域的贡献而闻名的数学家、计算机科学家格雷戈里·蔡汀（Gregory Chaitin）便是这样一位忠实的数据主义者。超计算领域有多个概念涉及实数而不是数字数据的计算，这似乎引起了蔡汀对实数“真实性”的质疑。[18] 他指出，实数引发的数学、哲学和计算方面的难题驳斥了人们普遍持有的假设，即实数构成了物理现实的基础；他的结论是，物理现实是离散的、数字的、计算的。

在论述实数带来的难题时，蔡汀举的第一个例子来自法国数学家埃米尔·博雷尔（Émile Borel）。博雷尔因其在测度论（measure theory）和概率论领域的奠基性研究成果而著称。蔡汀提到博雷尔曾在 1927 年指出：

> 如果你真的相信 3.141 592 6……这个无穷序列是实数，那么你可以将人类的所有知识装进一个实数中。[19]

蔡汀将这个数称为“博雷尔的神奇万能数字”。

要构建博雷尔数字，方式之一便是按照某种顺序罗列所有有明确答案的是非问句（博雷尔的问题是用法语写的，可以先按字符长度，再按首字母顺序排列）。[20] 这样一来，博雷尔数字便可以按二进制表示为“$0.b_1b_2b_3\cdots\cdots$”，其中对应第 i 个问题的 b_i 的答案如果是“否”，则 b_i 为 0，如果答案是“是”，则 b_i 为 1。最终得出的数字是在 0 和 1 之间的一个实数。蔡汀认为博雷尔数字根本不可能真实存在，想必是因为“无所不知”是不可能的。

这个论点是有问题的。首先，对于一个数字来说，“存在”意味着什么？哲学家伊曼努尔·康德对代表客观世界的所谓“自在之物”

（thing in itself，德语“Das Ding an Sich”）与代表我们感知到的世界的“现象世界”（phenomenal world）进行了区分。让我们假设，蔡汀所说的“存在”指的是某物是自在之物，那样一来，这个万能数字是否对我们露出庐山真面目，就成了一种现象，而跟这个数字本身存在与否无关。

实际上，如果博雷尔数字真的是一个超脱于我们之外的自在之物，那么它就无法呈现在我们面前。这一点是依据香农的信道容量定理得出的。博雷尔的万能数字无法以有限数位进行编码，除非这个世界上的是非问题是有限的——事实显然不是这样。[21] 如果我们不能发明一种无噪声的方法用以观测自在之物，那么任何观察都只能揭露出有限的数位。但这不能证明这个数字不存在。

说回“实数是不是真实的”这个最初的问题上，我必须追问，数字是不是真实的？这里存在将事物本身与对事物的描述混为一谈的风险。要得出数字是真实的这个结论，我们必须假设存在一个柏拉图式的天堂，在那里，普遍真理独立于人类而存在。所有数字——无论是整数、有理数还是实数——都将是这个天堂里的头等成员。由于这个天堂的存在独立于人类的存在，那么我们对它的了解就只能通过观察或者内省。如果这种知识是通过观察而得来的，那么它就适用于香农的信道容量定理，亦即我们只能获取到能以有限数位编码的知识。如果这种知识是通过内省而得来的，那么数字的存在便成了一个信仰问题——鉴于它完全独立于我们而存在，并且内省（从这个词的定义就能看出）与自在之物之间并无实际联系。无论是以上两种情况中的哪一种，难的都不是证明这个数字的存在，而在于我们何以认识它。

另一个有关实数的难题是，法国数学家朱尔斯·理查德（Jules Richard）于 1905 年在一封信中提出的理查德悖论（Richard's paradox）。理查德提出，一切可能的法语文本都可以按照与博雷尔的是非题一样的方式以某种顺序排列。其中一个文本子集包含的是描述或者列举实数的词句。但与此同时，很容易给出一个并不在集合中的数字描述。比如这个简短的语句，“the smallest number not describable in fewer than eleven words”（“无法用少于 11 个单词描述的最小的数字”）。这 10 个单词所界定的数字，显然无法被归入上述集合。[22] 无论是法语还是英语，从一句短语中解读出一个数字都离不开语义学概念，也就是词语含义的指定。语义学将人类认知与那个由符号和符号序列组成的形式的、可数的世界联系起来，但没有证据表明认知世界是形式的或者可数的。[23] 可以说，理查德悖论表明，书面语言必定是含混不清的，这或许因为它是可数世界（短语）与不可数世界（含义）之间的桥梁。

让我们假设数字是反映某种现实（好比一个区域的地理情况）的模型（好比前述区域的地图）。根据这个假设，蔡汀的问题就变为，实数是不是某种物理现实的准确模型。我们当然也可以设问，实数是不是某种物理现实的**有用**模型，但这个问题无关宏旨；我们知道答案是肯定的。因此，让我们专注于实数是不是现实的**准确**模型这个问题。蔡汀指出，有些物理学家认为并非如此：

> 指向离散性的最新有力证据来自量子引力领域……尤其是贝肯斯坦上限和所谓的“全息原理”（holographic principle）。依据这些观点可知，任何物理系统承载的信息量都有上限，亦即有限数量的二进制数字。[24]

正如我在《柏拉图与技术呆子》一书第 8 章中所指出的，这种“数字物理学”假说不可证伪，因此依据卡尔·波普尔的理论（后文会详述），它是不科学的。数字物理学只能被视作一种信仰。[25]

蔡汀还援引了生物学理论支持其数字物理学信仰：

> 分子生物学……也提供了这方面的证据……DNA 就是生命的数字软件。[26]

一如乔治·戴森在《图灵的大教堂》中所说的：

> 自我复制的问题本质上是一个世代与下一个世代在一个有噪声的信道中进行通信的问题。[27]

既然生殖是一个有噪声的信道，那就意味着它只能传输能以有限数位编码的信息。因此，DNA 以数字编码再恰当不过了。用更复杂的编码形式毫无意义。

从根本上来说，蔡汀所反对的是“连续统”的概念，“连续统”确确实实会给人类发明的逻辑和数学的形式语言领域带来概念上的困难。但问题是，这些形式语言属于可数的世界，所以它们难以理解不可数的世界也不足为奇。除此以外，连续统作为一个认知概念并不难懂。难的是如何传达它，比如列举或者描述所有的实数。但人是可以在没有交流的情况下理解一个概念的。实际上，将一个人的理解传递给另一个人简直难于登天——这就是我们所说的“教学”。

蔡汀基于古希腊的学说得出了最终的结论：

> 毕达哥拉斯认为，万物皆数，而上帝就是一个数学家。这个观点贯穿了现代科学发展的历程。然而，一个新毕达哥拉斯学说正在浮现，它主张世间万物不过是非零即一的数位，而这个世界完全是由数字信息构成的。换言之，而今万物皆软件，上帝不是

数学家，而是程序员，世界是一个巨大的信息处理系统，一台巨型计算机。[28]

以上这段话所描述的并不是一个科学原则，而只能被当作一种信仰。

信息过多

如果一个 DNA 分子可以完全定义一个人，那么我们人类就可以完全由有限数位所决定。DNA 双螺旋分子的每一个“横档”（参见图 8.2）都包含一个碱基对，而碱基的种类共有 4 种。鉴于横档的数量是有限的，而每个横档可能的类型也是有限的，所以整个 DNA 分子可以明确地以有限数位进行定义。

我在自己的上一本著作中曾对 DNA 的完整性提出质疑。

> 依据信道容量理论，只有可以用有限数位编码的特征才能在代与代之间传递。如果心智或者诸如知识、智慧、自我意识等心智的特征不能以有限数位编码，那么这些特征就不会被我们的后代所继承。DNA 无法编码心智，这一点看起来似乎确凿无疑，因为你后代的心智不但不等同于你的，也不是父母双方心智的结合。
>
> 如果心智的运行和特性形成需要数字信息以外的机制，那么在有噪声的信道中，心智便无法以任何机制传输。你的心智完全属于自己。它既不能传给你的下一代，也不能传给其他任何对象。除非我们能发明一个无噪声信道，否则你的心智便无法存储

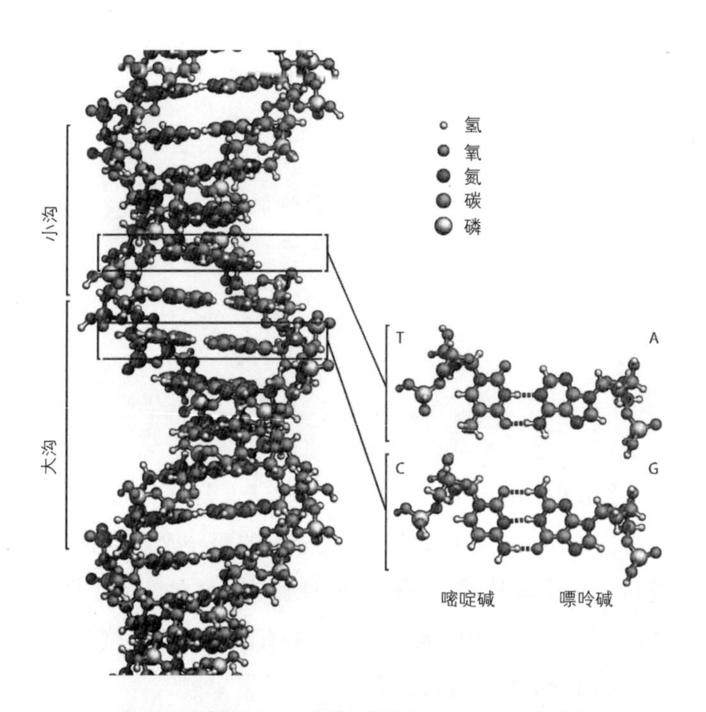

图 8.2　DNA 分子片段的结构，理查德 · 惠勒（Richard Wheeler）绘，http://www.richardwheeler.net（图片来源：Zephyris，CC BY-SA 3.0，维基共享资源）

到其他任何硬件中。生物遗传无法提供没有噪声的信道，若非如此，就不会有变异，不会有进化，不会有人类，而我们压根儿就不会有心智。尽管基因遗传特征必然是数码的，但心智的形成靠的不只是基因。[29]

你的 DNA 并不能定义你这个人。同卵双胞胎拥有（基本）相同的 DNA，但仍然是不同的人。数据主义者的信条是，你这个人——而不仅仅是你的 DNA——可以完整地由有限数位来定义。但若要将同卵双胞胎区分为不同的个体，就需要 DNA 编码之外的信息。还需要多少额外信息？能否以有限数位补充？

原则上，任何能完全被有限数位定义的事物都可以用无线电信号以光速从一个地方传送到另一个地方，前提是接收端存在某种机制，可以根据数位信息的指令，利用本地材料重构该事物的物理实体。令人惊叹的是，尽管所有无线电信道都遭受着被工程师称为“噪声”的随机干扰，但原则上，满足前述条件的事物可以毫无误差地实现完美传送。实践中，总会存在误差的可能性，比如一个序列中的某个数位在传输过程中丢失。但只需工程上的改进，我们就可以将这样的误差概率尽可能地降低。理论上的极限是实现完美通信，这一点是克劳德·香农在 1948 年证明的。

如果假设所有的信道都有噪声，那么任何无法仅以有限数位完成编码的物理系统都不可能被复制。泰格马克、丹尼特、帕菲特和侯世达思考的“隔空传输”便属于这类复制。它的实现前提是拥有认知能力的人类个体可以被以有限数位编码。图灵机可以被以有限数位编码，所以如果一个拥有认知能力的人类是一台图灵机，那么隔空传输就是可能的。但拥有认知能力的人类大概率不是图灵机。

无噪声测量

参照奥地利裔英国科学哲学家卡尔·波普尔提出的一条极具影响力的原则，科学方法的核心在于可证伪性。波普尔认为，一个理论或者假说只有在可证伪的情况下才是科学的。而要具备可证伪性，就必须存在至少一个有可能推翻该理论或假说的实证实验（empirical experiment）。

打比方说，无论观察到多少白天鹅，都不足以证明“所有的天鹅都是白的”这个假说为真。但观察到白天鹅的存在确实可以支持这个假说；而这个假说的可证伪性在于，某次实验可能会发现一只黑天鹅。因此，“所有的天鹅都是白的”这个假说是科学的，尽管它并不正确。

任何实证实验都必须进行测量。对于“空间和时间都是离散的”这个假说，除非我们默认可以构建一个零误差的完美测量仪器，否则它就是不可证伪的。一个测量仪器本质上就是一个信道。它将信息从被测量的事物或者进程那里传输到其他地方，典型情况就是传到一台计算机上。每个已知的测量仪器都有噪声，因此每次测量都只能揭示有限数位的信息。因此，这样的测量根本无法证伪“描述被测量事物或进程只需有限的数位编码”这样的观点。要证伪这个论断，实验必须表明，被测量事物的某些方面需要无限的数位编码才能被准确描述，而这就意味着实验必须做出一次结果为无限数位的测量。

根据波普尔的理论，要让一个假设具有可证伪性，只需要证明一项可以对其证伪的实验是可行的。我们不需要真的造出那个完美的测量仪器，也不需要真的去做实验。因此，只要无噪声的测量仪器可能存在，那么数字物理学就可以保住科学理论的地位。但无噪声的测量仪器真的可能存在吗？我认为，只有当空间和时间真的是离散的情况下，无噪声测量才有可能。如果我是对的，那么我们必须假定数字物理学为真，才能使数字物理学成为一门科学的理论。否则，我们只能将其当作一种信仰。[30]

时间是离散的吗？

麦卡洛克和皮茨指出，神经元放电是离散的，所以似乎认知活动的基本机制有其数码的一面。另外，神经元之间连接的图景可能也是离散的，也就是说一个神经元是否与另一个神经元相连就相当于一个比特的信息，外加用于识别神经元的几个比特的信息。

但是，假如重要的不仅是一个神经元是否与另一个神经元相连，还有二者相连的位置和程度呢？回想一下我们在第 2 章谈到的杰夫·利希曼所揭示的复杂的大脑结构。起码神经元连接的几何分布会影响放电的时机，而这又会改变大脑中发生事件的顺序，继而带来功能差异。如果事实果真如此，那么利希曼的连接组学就有了一个更加难以实现的目标。要想呈现数码形式的大脑，前提是空间本身是离散的，而空间的离散性取决于数字物理学的正确性——尽管支持数字物理学的科学家的论点仍有漏洞。同时，要想以数码形式反映一个运行中的大脑的实时状态，前提是时间本身也是离散的，而这一点是数字物理学的又一个可疑的假设。

尽管尚存争议，但很多物理学家仍然确信时间是离散的。很多持数据主义立场的物理学家会搬出“普朗克时间”，这个概念是由 1918 年因发现能量的量子化而获得诺贝尔物理学奖的马克斯·普朗克（Max Planck）提出的。普朗克时间在数量上相当于大约 5.4×10^{-44} 秒，是光在真空中运动一个“普朗克长度”所需的时间。[31] 普朗克长度约合 1.6×10^{-35} 米，比质子的直径小 20 个数量级。由此可见，这二者在量上确实是非常微小的。我们仍然不清楚这些极小量是否真的能证明时间和空间的离散化本质，或许这有赖于发展出一套有效的量子引力理论，但该领域迄今依然云山雾罩。截至本书撰写时，物理学界就时间和空间是不是离散的，仍然没有达成一致意见。而与此同时，现有最好的模型也无法证明时间或者空间的离散化。

约翰·阿奇博尔德·惠勒（John Archibald Wheeler）是数据主义的物理学观点最坚定的支持者之一，正是他创造了“万物源自比特”

(it from bit)的说法，用以把握物理世界的数字性和离散性本质。他曾写道：

> 在物理世界的所有概念中，时间最为顽固地坚守着理想化的连续统，拒绝被拉进离散的世界、信息的世界、比特的世界。[32]

不过，从1986年他写下上面这段话以来，物理学已经取得了重大的发展。将时间拉近，曾在量子引力领域做出重大贡献的理论物理学家卡洛·罗韦利（Carlo Rovelli）更加确信地写道：

> 时间的"量子化"表明，几乎所有时间t的取值都不存在。如果用能够想象出的最精密的钟表去测量一个时间段，我们会发现测得的时间只有不连续的特定取值，不可能把时间看作连续的。我们必须把它看作不连续的：它并没有均匀流动，而是——在某种意义上——像袋鼠一样从一个值跳向另一个值。
>
> 也就是说，存在一个最小时间段。在此之下，时间的概念不复存在，即便在最基本的含义上也是如此。[33]

不过，需要注意的是，罗韦利在这里谈论的是测量——"如果能够测量"，而得出的结论是针对自在之物的。依照香农的信道容量定理，除非测量能摒除噪声，否则便只能揭示有限数位的信息，因此也就不可避免地使时间呈现出量子化。但是测量结果并不等于测量对象本身，而且将非确定性推而广之的量子理论令无噪声测量的前景更加渺茫了。连罗韦利自己都这样说：

> 事物固有的量子不确定性产生了模糊……确保了即便可以测

量所有的可测量量，世界的不可预知性仍然存在，这与经典力学指出的截然相反。[34]

不过，罗韦利最终还是给出了一个呼应蔡汀观点的笼统结论：

> 连续性只是对非常微细的微粒状事物进行近似描述的数学技巧。世界是精细地分立的、非连续的。上帝并没有把世界画成连续的线，而是像修拉（Seurat）那样，用轻盈的手笔，用点进行描绘。[35]

我认为，这里是罗韦利弄反了。物理世界是连续性的，那个离散、计算性的世界才是近似的描述。

不过也要为罗韦利说几句公道话：他是首位提出所谓“关系性量子力学”（Relational Quantum Mechanics）的人，该理论认为一个量子系统的状态是观察者与系统之间的关系。换言之，不存在独立于观察者之外的状态。照这种解释，如果只能观察到有限数位，也就意味着只存在有限数位。不过，这种关系性的解释即便是在数字物理学的拥趸中也未被广泛接受。

尽管如此，罗韦利在几页之后又提出了一个引人入胜的观点：

> 决定时间段与物理间隔的物理基础——引力场……它本身也是一种没有确定值的量子实体，直到它与其他物体相互作用。当发生相互作用时，只有对与之相互作用的物体来说，时间才是分立的、确定的；对宇宙的其余部分来说，它们仍然是不确定的。[36]

假设在物理学上，不是只有以测量为目的的交互会受到噪声的影响，而是所有交互都伴随噪声。这样一来，无论实际存在的信息量究竟有多少，所有交互都只能交换有限数位的信息。这样的一个世界无论内在本质如何，都不可避免会呈现出量子化、数字化的表象。这自然就带来了一个问题。如果一个物理系统的某个部分所包含的信息并不都能用有限的数位来呈现，那么这些额外的信息就无法对同一个系统内的相邻部分产生影响——因为系统各部分之间必然要借助有噪声的信道来实现交互。因此，会不会只有那些能以有限数位编码的信息才是有价值的？如果该系统是一个由离散部件组成的颗粒化的系统，那么前述问题的答案似乎只能是肯定的。但如果系统本身以连续统的形式存在，其中每个部分都能天衣无缝地与相邻部分交融的话，它们的交互形式就不再属于离散部件之间通过有噪声的信道进行交互了，上述问题的答案也就不那么明了了。

关于世界是离散的还是连续的问题，美国未来学家雷·库兹韦尔在 1990 年出版的《智能机器的时代》一书中给出了一个更加细致入微的视角。库兹韦尔认为，一个系统被视作离散的还是连续的，取决于外部观察者在考察这个系统时的抽象化程度。每个离散的抽象模型底层都有一个连续的机制，而在那个连续机制之下，可能又有一个更细粒度的离散机制。如果库兹韦尔是对的，那么不仅离散、计算性的世界的模型是不完善的，连续的世界的模型也是不完善的。我们所构建的每个关于物理世界的模型背后都可能暗含着另一个性质迥异的更细粒度的模型。[37]

不完美的通信

这本书能以有限数位进行编码。如果你正在读的是一本纸质书——如果等你读到本书时纸质书还存在的话，那么需要明确一点，被编码的不是纸和墨，而是文字和（数码）图片。一本纸质书无法被完美复制，但是书中的文本可以。

亲爱的读者，无论你是人工智能体还是自然智能体，这本书的功能都是将观点从我的认知自我传递给你的认知自我。相比于文本，观点可否被完美复制呢？我对此表示怀疑。如果我就这本书的内容向你提问，你给出的答案可能会让我大吃一惊。如果你是一个自然智能体，那么我可以确信你理解我说的话，但是这种理解全在你，而不在我。我敢肯定，我的这些话没有也不可能将我脑袋里的思想全部传达出来，能传达出的只有在我脑海中形成这些文字的那部分思想。我相信在这些文字之外，我还有更多的想法。而写作最令人沮丧的一点便是，再精心雕琢的词句也不足以充分传达我的思想。

作为一串词语序列，话语是对思想的数字编码。在任何特定的时间点，在任何一种语言中，可用的词汇量都是有限的。至于书面语，不过是在有限的词语集合基础上再加上有限数量的标点罢了，所有表达出的内容都是可以数字编码的。如此，根据香农的观点，理论上词语可以被完美地传输，即便是通过有噪声的信道。当然，**含义**可能会在传输过程中发生变化，但**消息**本身，也就是以某种语言写成的文本，可以完好无损地抵达接收端。

相比之下，口语的情况就有点复杂了。事实上，鉴于人类听觉系统本身存在局限性，口语的声音信号是可以用有限数位完美复制的。没有人能察觉出原版与副本之间的差异。但是，与单纯呈现词语相比，呈现声音信号所需的数位更多。一本有声书所占的电脑内存肯定比同一本书的文本文档的要大。而有声书的确能够传递更多的信息，因为演播者微妙的语句处理，可以传递文字本身不具备的意涵。

当我们通过电话或者网络语音与他人通话时，彼此间传递的信息量比视频通话时要少，而视频通话所传递的信息量又少于面对面沟通时所传递的。面部表情和肢体语言的细微变化会对交流产生影响。视频信号可以捕捉到其中的一部分，却不能传递全部。举个具体的例子，至少在现有的技术条件下，视频信号不会随着观看者头部的运动而变化。当你通过视频信号向我撒谎时，我没办法看到你在背后交叉的手指。不过尽管如此，由于人类视觉系统的局限性，有限数位足以完美传递单只固定的人眼所能看到的图像。

视频信号占据的电脑内存比音频信号的更大。毕竟，视频信号承载的信息更多，我们也应该为此付出更多的成本。如果将文本、音频和视频结合起来，我们就超越了语言的内核，越来越接近真实世界的沟通，但通信的本质也变得复杂了不少。一部电影与其原著之间究竟有多相似？电影传达的实际上是原书作者、剧本作者、导演、演员、布景师等所有人的想法的大杂烩。而当我看电影的时候，我的脑海中会形成自己的想法。你能说这些想法是原著作者的吗？当然不能。我的想法都属于我自己，虽然它们毫无疑问是在电影的推动下形成的，但仍然完全属于我自己。如此看来，就连电影也只能承载有限数位的信息。

如果我的想法本质上不是数字化的，那么我们就不只会在传递消息过程中丢失信息，我们实际上丢失了无限量的信息。我们从想法这种无法以任何有限数位捕捉的东西出发，最终得到了文本、录音或者录像这种可以用有限数位完美表示的东西。无论你家的电视分辨率有多高，无论你家的音响有多贵，观看电影的体验从根本上来说仍然无法与作者脑海中的思想相提并论。这根本无法实现。

话说回来，以上观点仍然只能算是一种信仰。不过，确实有很多证据可以证明它的有效性。思考一下这样一组递进的序列：阅读书页上的一段文字，听原书作者朗读这段文字的录音，看原书作者演绎这段文字的录像，现场观看原书作者在舞台上演绎这段文字，最后是与原书作者面对面交流、听作者本人讲述其想法。在这组序列中，每向前一步，你都可能会使自己的理解更接近原书作者的想法。但完美的贴合是永远无法实现的。

永远无法与原作者做到真正的心灵相通似乎令人沮丧，但或许正是这一点，解释了为什么我们拥有“艺术”这个概念。本质上，艺术的意义在于更好地连接永远无法完美相接的人类大脑。再想想以下这个递进的序列：阅读乐谱，听作曲家演奏乐曲的录音，现场聆听作曲家演奏乐曲。每向前一步，传递出的信息就更多，你的大脑与作曲家大脑之间的连接也就越深。但你大脑的所思所感永远无法完美地与作曲家的相匹配。或许，假如思想是数字化的，艺术就不会诞生。

黎巴嫩裔美国诗人、作家、艺术家和哲学家卡里·纪伯伦在1923年写道：

> 你的子女，其实不是你的子女。
> 他们是因生命对自身的渴望而诞生的孩子。
> 他们借助你来到这个世界，却非因你而来。
> 他们陪伴你，却并不属于你。
> 你可以给予他们你的爱，却无法向他们灌输你的想法，
> 因为他们有他们自己的思想。

除非你有一个同卵的双胞胎兄弟姐妹，或者像绵羊多莉（Dolly）那样是被克隆的（参见图8.3），否则你的孩子或许从外表来看非常像你，却不能承载你的思想——即便是你的孪生兄弟姐妹或者克隆体也不能。既然如此，你又怎么能指望一坨硅和金属能承载你的想法呢？

图 8.3　克隆羊多莉的遗体标本。多莉是由苏格兰爱丁堡大学罗斯林研究所和 P P L Therapeutics 生物技术公司的基思·坎贝尔（Keith Campbell）和伊恩·威尔穆特（Ian Wilmut）主持的团队利用另一头绵羊的乳腺细胞克隆出来的（图片来源：Toni Barros，CC BY-SA 2.0，维基共享资源）

啊，数字化！

截至本书撰写时，现有的全部人工智能体都可以被远距离传送、复制和备份。根据香农的信道容量定理，要在人类身上实现以上三点，前提必须是人类自身是数字化的，或者无噪声测量和无噪声通信是可能的。我在前文中已经论证了，只有当物理世界本身是数字化的情况下，这两条才有可能成立，而对此我们永远无法确知。

正如我们无法确定物理世界是不是数字化的，我们同样无法确知隔空传输确切的工作机制。如果如泰格马克所说，构建一个能将人复制的设备，我们又如何保证复制体与本体一模一样？这需要我们通过测量确认二者之间没有差异。但除非这种测量活动不受噪声的影响，否则它们将只能揭示关于复制体和本体的有限数位信息。这些数位或许能保持一致，但原则上，它们可能遗漏了无限数量的其他信息。因此，对于“生命是不是数字化的”这个问题，我的回答可能会让很多读者大失所望：我们不知道。我们没办法知道。我们可能永远也不会知道。

不过，对于“机器是不是数字化的”，我们却可以给出明确的答案。很多机器都是数字化的。如果机器可以算作我们这个星球上一个全新的生命形态，那么它最显著的特征可能就是它的数字属性了。正是因为这一点，数字机器和地球上的其他有机生命体才如此明显地不同。我在第2章曾指出，以软件为定义的数字机器彼此可以共享身体。比如，对于你的笔记本电脑上安装的那些软件来说，电脑的硬件就是它们共同的身体。维基媒体基金会的服务器只为维基百科这一个程序提供主机服务，但亚马逊云计算服务（AWS）维护的服务器就可以充当任意数量软件的“身体”。数字机器之间甚至可以在活着的时候交换身体。在云计算服务器中，任务经常在不同的服务器之间迁移，以实现更好的负载均衡和温度管理。这些特性如果放到有机生命体身上，都将是十分诡异的。

数字科技生来就不同于有机生命体。在这种情况下，它是否能进化出与人类相似的认知功能？这是我们下一章讨论的主题。

第 9 章

智 能

(又) 错了

即便上一章的观点并不能让你信服，也请你容我讲下去，暂且假设人类既不是数字的也不是算法的，而(大多数)数字技术两者皆是。数字人工物可以被完美复制、隔空传输、存档备份。如果它们有生命，那么它们都是永生之物。以上这些属性，我们人类都不具备。

不过，我们人类所拥有的一些属性，至少到目前为止，机器并不具备。我们有对自我的知觉，我们有认知的身份，我们还能检视自我的存在——比如写这样一本书。人类是智能的；或者说，至少我们中的一些人是智能的——尽管老实讲，这句话是同义反复，因为我们所说的“智能”其实就是人类认知系统所表现出来的能力。

虽然机器距离拥有认知的身份还有很长的路要走，但它们距离表现出某些我们不得不称之为“智能”的行为，已经十分接近。有时候，机器也能表现出一种颇具魅力的蠢态，就像本书第 5 章讲过的 Amazon Echo 和 Google Home 之间的愚蠢对话。这样看来，或许机器的数字和算法本质并不妨碍其习得人类的某些认知特征——不论好坏。如果事实果真如此，长远看来，数字机器将凭借其完美复制和永生不死的能力拥有超越人类的巨大优势。这样一来，反而是我们人类要后悔自己生了一副肉身。

也许时间终将证明，有机生命体不过是宇宙迈向更高级的数字生命形态的垫脚石。但也不排除数字和计算属性同样有局限——局限了可能性。从根本上来说，一种不受限于数字和计算属性的技术必然优于另一种受限于数字和计算属性的技术。毕竟，计算机说到底也是在模拟基片上构建而成的。晶体管的运行环境本质上是一个模糊不清的连续世界。这个模拟世界的构造决定了它显然可以实现某些数字的和计算性的功能，但与此同时，它也能完成其他既非数字也非计算性的处理。[1]

与硅基的机器一样，有机生命体有能力完成数字的、算法的运行，生物的 DNA、核糖体的运行机制、神经元的放电都是鲜活的例证。但有机生命体的能力并不局限于此，它还能做到其他任何数字的、算法的机器都做不到的事情。如果有机生命体的这部分能力是人类实现认知功能的核心和关键，那么数字的、算法的机器就永远无法复制人类的认知功能。

可是，复制人类的认知功能，真的是机器演进的目标吗？我们身边到处都是能为人所不能为之事的机器。就在我写下这段文字的时候，我正坐着时速 300 公里的高铁从北京前往西安。我乘坐的这架“机器”压根就不是为了复制人类所具有的功能而设计的。否则我得在北京爬上一个仿真机器人的后背，等这个机器人抡开双腿，背着我从北京跑到西安。那我们为何要执意认为，人工智能必须是对人类认知功能的一种模拟呢？

在有机的世界里，如果两个物种共享同一个生态系统，它们要么会互相残杀，要么会分散到不同的生态位中去。如果是后一种结果，那么两者之间就更不太可能会为了资源展开直接竞争。我们在第2章中曾经提到过的凯文·凯利曾在《必然》一书中表示，未来的人工智能将像今天一样继续表现出不同于人类的智能。[2] 而类人的机器人至今仍然是科幻小说的素材，或是小众的宣传噱头。当类人机器人表现得过于类人时——比如试图模拟人类的面部表情——往往会令人毛骨悚然。大多数推广成功的机器人，外形都与人类毫不相似。

类人机器（怪）人

以人类为模板设计的机器人至少有一个好处，那就是可以更好地在专为人类活动所设计的物理环境中执行任务。比方说，一个9英尺（约合2.74米）高的机器人恐怕根本进不了门，而一个6英寸（约合15.24厘米）高的机器人爬起楼梯来会异常吃力。楼梯和门洞的存在固然对机器人的体积施加了某种限制，但它们不会强求机器人长一张脸。人体形态学或许的确可以启发机器人的设计，但没有理由成为机器人设计的必需——除非是我们故意要将机器人设计得可爱或者让使用者相信它就是人类。工厂里的机器人并不需要坐在椅子上工作，车辆自动驾驶也不是靠系着安全带的人形机器人用脚踩油门来实现的。

与人类共存的机器需要在这个为人类的需求而设计的世界里更有效地运转，但世界也在不断变化。20世纪80年代初，我在贝尔实验室工作，参与设计话音频带数据调制解调器（参见图9.1）。如果你的年纪足够大，你可能还记得这种设备。它的作用是帮助你的电脑通过电话线接入互联网。如今，你的电脑时刻与互联网连接，但在当时，你用电话线上网的时候，就不能用它接打电话了。你想上网的时

图 9.1 由作者及贝尔实验室的同事们于 20 世纪 80 年代初期设计的、首次通过软件实现的老式话音频带数据调制解调器

候，你的电脑会“告诉”调制解调器拨打一个电话号码，而调制解调器会发出一串按键音，完成拨号。另一端的调制解调器会应答，接着你会听到一串长短错落的音节，最后是一声让人心满意足的拉长的“哔——”。长声过后，你就联上网了，调制解调器也重新安静下来。

实际上，调制解调器并不是在你联上网之后就一言不发了，它只是不再通过扬声器外放声音了而已。如果你拿起自家的另一台电话分机的听筒，你就能听到持续不断的“哗哗”声。调制解调器的作用就是通过一条原本用于传输人类声音信号的信道传输数位序列。我在第 8 章提到过的克劳德·香农表明，要实现这样的功能，最有效的声音听上去就像是“哗哗”的白噪声。这个声音等份地包含了电话线能传输的全部频段的声音。

就话音频带数据调制解调器来说，一个更加类人的设计就是让调制解调器通过电话线用人类的语言报出要传输的数位序列。如果你有幸拥有这样一台调制解调器，当你拿起自家另一台电话分机的听筒，你就会听到“一，零，零，一，一，一，零……”。毕竟，电话信道本来就是用来传输人声信号的，为什么不能让调制解调器模拟人声呢？

不过，这个设计真的太傻了。我参与设计的调制解调器用“哗哗”声每秒钟可以传输 2 400 比特。要达到一样的传输速度，拟人的会“说话”的调制解调器必须像赶火车一样疯狂报数，反正也没人听得懂，所以这是何苦呢？

现在，你的电脑连接互联网的速度大概已经达到了每秒 10 亿比特。电脑使用的网络也不再是用来传输人声信号的了。相反，如今拨打语音电话时，你的声音会被转换为比特，通过专门用来传输比特的网络发送出去。在这个例子里，以人类为中心设计的环境为了更好地适应机器而发生了改变。我觉得，未来或许将有更多这样的例子。高速公路会变得更有利于自动驾驶汽车行驶，而发展成熟的城市将用送货上门替代店面零售，用专用的上下客区域替代停车场。

人们设计话音频带数据调制解调器，是为了让它能在人类的环境中正常运转，而不是直接与人类进行交互。近年来人工智能领域最

图 9.2　汉森机器人技术公司设计的机器人“索菲亚”（图片来源：ITU Pictures，CC BY 2.0，维基共享资源）

引人注目的突破发生在图像分类、自然语言口语理解和自然语言合成等领域。这些能力让计算机变得更加拟人化；拥有这些能力的机器人不仅可以在人类的环境中工作，也会与人类发生直接的交互。需要爬楼梯的类人机器人未必需要完全采用人类的形态结构，但如果它的工作是陪伴人类，那么它至少要像我们在第 7 章中见过的阿西莫（参见图 7.2）那样，具备某些类人的特征。

不过，外形过于接近人类的机器人无疑会让人不寒而栗。中国香港的汉森机器人技术公司（Hanson Robotics）于 2015 年开发的机器人“索菲亚”（Sophia）有一张酷似知名演员奥黛丽・赫本的面孔。它的眼睛会眨，嘴会笑，眼眉会动，跟人说话时还会模仿人类的姿态转脸或者倾斜头部（参见图 9.2）。当时它甚至掌握了多达 50 种表情。

2017 年 10 月，索菲亚被授予沙特阿拉伯公民身份，打破了人类对国家公民身份的“垄断”。但是看着索菲亚模仿人类的表情姿态与人交谈，总会让人不安。它的姿态和表情的确使它看上去酷似人类，但不像一个正常的普通人，倒像一个非常奇怪的人。[3] 诚然，模拟人类面部表情的技术仍有待提升，但这真的是我们想要的吗？

“五音不全”的人工智能

2018 年 5 月，谷歌公司推出的“Duplex”* 人工智能将“个人数码助理”的概念推上了一个全新的高度。你可以让 Duplex 帮你打电话，比如预约理发师。

Duplex 拨通电话之后，会用听上去十分自然的合成语音与电话那头交谈，让对方意识不到它是人工智能。为了让 Duplex 的声音听起来足够自然，谷歌公司下了大力气，不仅在 Duplex 的语言中加入了“呃”这样的口头语，让它用“嗯嗯”表达肯定，而不使用“是的”，还教会 Duplex 使用升调，在句子结尾抬高音调表示疑问。在 I/O 年度开发者大会上，谷歌公司展示了 Duplex 如何与一位心不在焉的餐厅工作人员交谈。Duplex 始终保持着接近人类的惊人的口语表现，在确认了 4 人周三晚间来餐厅用餐不需要预订时，还用“好嘞”这样的话做出回应。看起来，至少在预约这方面，Duplex 完全可以通过图灵测试。[4]

谷歌公司的研究人员没有想到的是，Duplex 一经公布就引起了舆论的强烈反弹。媒体 CNET 在 2018 年 5 月 24 日发表的一篇报道

---

* 音译为“杜普莱克斯”。——编者注

中宣称 Duplex 性能的核心是“欺骗”，并问道：“为什么我们要放任技术捉弄人类？”[5]有人称 Duplex 项目“五音不全”，还有人提出应该通过监管手段要求此类人工智能自曝它们不是人类的事实。或许它们可以这样做自我介绍：

> 您好，我是杜普莱克斯。您可以叫我杜普*。我是张三的数码助理，我打电话是想，呃，帮张三预约按摩服务。

考虑到监管未能有效地阻止乌烟瘴气的录音电话推销活动，我们完全没有理由寄希望于通过监管手段能让机器“自报家门”。想象一下，如果这样的技术落到了政治破坏分子或是其他有政治图谋的人手里，后果又将是怎样。

> 您好，我是杜普。我，呃，咱们应该在教堂见过几次。您可能不记得我了？噢，您还记得？太棒了！唔，您可能听说了，联邦政府正……呃，准备在斯威夫特基地进行大规模军演。您知道那儿吧？嗯，我听说他们，呃，正在秘密计划把反对这届政府的人都包围起来。这就有点儿恐怖了，是吧，肯定的……对，我们正在召集反对联邦政府戒严的乡亲们一起给州长办公室打电话……

这不是我编的——至少不全是——再说我也编不出来。2018 年 5 月，美国前中央情报局局长迈克尔·海登披露称，俄罗斯曾利用社交媒体散布“阴谋论”，干扰奥巴马政府于 2015 年下令实施的、代号

---

* 原文“dupe”，字面意思为“欺骗、愚弄”。——译者注

为“杰德·赫尔姆”（Jade Helm）的“例行军事演习”。[6] 为了安抚激愤的民意，时任得克萨斯州州长的共和党人格雷格·阿博特（Greg Abbot）命令得克萨斯州国民警卫队监视美国军方的行动，这是前所未有的举动。这个例子仅用到比谷歌 Duplex 原始得多的技术，就成功地煽动了民众的情绪。要是有了现在的技术条件，后果简直不堪设想。

不过恐怕现实是，祸端已起，覆水难收。你可以选择只相信电话里你熟悉的声音所说的话，但问题是，谷歌公司很快就能伪造声音了。也许在明年的 I/O 年度开发者大会上，他们就会推出“麦杜普（MyDupe）——与你有着相同声线的个人数码助理”。一个名为“琴鸟”（Lyrebird）的加拿大创业公司（这也不是我编的）已经声称，只要给他们一个一分钟长的人声录音样本，他们就能让机器复制讲话人的声音。[7]

麦杜普的一个明显的应用场景，便是让它给你前一天晚上才认识的你朋友的朋友打电话，请对方跟你约会。让机器人替你打电话，可以避免对方万一回绝你时可能带来的尴尬。如果愿意额外掏点腰包，你便可以享受付费的“魅惑模式”，提高约会成功的概率。当然，下一步就该轮到让麦杜普替你接电话了。很快，所有人与人之间的语音交流都会变成机器人跟机器人的聊天，就像第 5 章里 Amazon Echo 和 Google Home 无休无止的废话接龙。

与其他科技巨头一样，脸书公司已经展开了人工智能对话领域的实验。其中一个实验项目在 2017 年受到媒体铺天盖地的报道。在这个实验中，脸书公司尝试让两个聊天机器人就虚拟物品的归属权进行谈判。[8] 按照程序设定，聊天机器人要尝试使用语言在谈判中占据主动地位。经过几天相互取长补短之后，两个机器人似乎发明出了自己的专属语言：

鲍勃：我能我能吗我一切其他。

爱丽丝：球为零对我对我对我对我对我对我对我对我对。

奇特的是，两个机器人可以用这种神秘的英语变体就物品归属权的问题达成一致意见。多家媒体网站发出警告，认为机器人发明了自己的语言来蒙蔽人类。更合理的结论是，这个案例展现了语言在个体间相互交流、不与外界沟通的孤绝环境中，是如何发展变化的。脸书公司最终终止了这个实验项目，不是因为实验结果令人尴尬，而是因为他们的兴趣点在于机器人如何与人类交流。

要确保人工智能能够在更多变的情境中通过图灵测试，就必须赋予其一些谈不上光彩的人类特征。它们必须变得阴晴不定、反复无常、气量狭小、贪得无厌、油嘴滑舌。可是，一旦人工智能到达了这等水平，它们就将在同一个认知生态系统中与人类展开直接竞争。或许到那时，你的麦杜普只顾忙着和你朋友的朋友的麦杜普谈恋爱，留你一个人宅在家里一集接一集地看《海军罪案调查处》。

在一个有机生态系统中，如果有两个物种就同一个生态位展开竞争，那么这两个物种大概率无法共存。举一个尽人皆知的例子来说，所有在竞争中败给智人的人科动物，如今都早已从地球上消失了。机器经过不断的演进，是否会危及人类在生态系统中的地位？我们第3章提到过的马丁·福特认为，答案是肯定的。他所著的《机器人时代：技术、工作与经济的未来》将机器定位为人类经济生态位的直接竞争者。[9] 他认为，机器将在很多工作岗位上系统性地替代人类，让人类变得无事可做、可有可无。

不过，我们智人也不会一声不吭地俯首称臣，否则我们根本不可能完全统治这个星球。人类能走到今天这一步，靠的是物种形成（speciation）、竞争（competition）和杂交（hybridization）组成的复杂

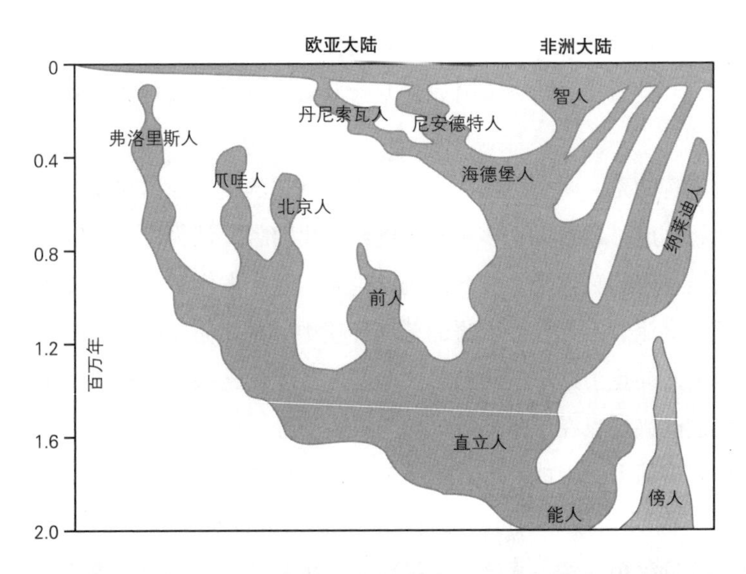

图 9.3 过去 200 万年中人属（*genus homo*）物种形成和杂交示意图（图片来源：由用户 Conquistador 上传，用户 Dbachmann 更新，CC BY-SA 4.0，维基共享资源）

过程：物种形成指的是一个种群分叉成为不同物种；竞争是指一个物种取代另一个物种的过程，这个过程有时会十分残酷；杂交则是指具有不同遗传特征的种群之间混种繁殖（参见图 9.3）。如果机器想要像我们灭绝猛犸象那样灭绝我们，我们势必会奋起反击；而且从历史来看，我们在面对这种竞争方面有着骄人的战绩。机器当然会吃到应得的苦头，但我觉得我们不会简单地将它们打入冷宫。毕竟对我们来说，它们太有价值了。但机器内部任何可能会引发人机敌对的“物种形成”过程，如果没有受到人类的顽强抵抗，就真的有可能改变生态系统。杜普或许不会有用武之地，因为要么声音交流将成为历史，要么我们会找到某种方式给具有欺诈性质的机器判死刑。

超人类主义与奇点

如果我们认可第 8 章描述的具身认知观点，那么机器与人类其实已经开始了某种形式的“杂交”：尽管我们生物意义上的基因仍然维持原状，但我们认知上的自我却已经包含了某些机器的遗传物质。甚至可以说，我们已经将机器吸纳为我们自身的一部分了。由此看来，马斯克所称的机器“给人类带来的存在性威胁”（参见第 3 章）可能是真实的，只不过这种威胁并不会抹杀人类的存在，而会把我们变得不再像原来的我们。

偶尔显得怪异狂热的“超人类主义”运动便是这种改变的热情拥趸。尼克·博斯特罗姆将超人类主义的历史根源归结于人类长期以来一直抱有的“超越我们自然禀赋限制的追求”。[10] 他历数了这种追求在历史上的各种表现形式，比如对长生不死的渴望、不老泉（the Fountain of Youth）的传说，以及优生学和纳粹运动改良基因的尝试。博斯特罗姆指出，人工智能、奇点、纳米技术和意识上传（将人类的意识传输给电脑）都不过是这种追求的现代版本。

博斯特罗姆指出，超人类主义在认知方面的表现是由统计学家欧文·约翰·古德（Irving John Good）最先明确定义的[11]：

> 假设我们将“超级智能机器”（ultraintelligent machine）定义为有能力在一切智力活动中远超任何人类——无论有多聪明——的机器。既然设计机器也是一种智力活动，那么超级智能机器可以设计出比它更智能的机器；以此类推，必然会发生“智能爆炸”（intelligence explosion），人类的智力将被远远甩在后面……因此，人类只要发明出一台超级智能机器，就再也不用发明其他任何东西了——前提是，这台机器足够驯良，愿意告诉我们怎样

才能控制它。[12]

不过，机器设计或许并非单纯的“智力活动”。它更多的是达尔文式进化的结果，或者更准确地说，是机器与和它密不可分的人类文化之间共生共存的产物（参见第 14 章）。如果是这样，所谓的“智能爆炸”就不是不可避免的，人类也未必会被机器甩下十万八千里，因为我们也在不断进化当中。尽管如此，古德的观点仍然流行一时，某些人对其笃信不疑。“智能爆炸论”起飞的拐点被弗诺·文奇称为“奇点”。文奇在 1993 年发表的颇具影响力的论文《技术奇点》中预测，再过不到 30 年，我们即将进入“后人类时代”（posthuman era），而人类最终将迎来的，甚至可能是自身实体的灭绝。[13]

我在加利福尼亚大学伯克利分校的同事肯·戈德伯格（Ken Goldberg），从人与机器之间的联系这一角度出发，提出应该用“多样性”（multiplicity）这个词取代“奇点”，以表示“不同的人类和机器群体合作解决问题”。他指出，这种多样性已经发生：

> 多样性并不是科幻故事。机器学习、群体智慧和云计算已经成为很多美国人日常生活的基础：搜索文件、过滤垃圾邮件、在不同语言之间互译、查找新闻和电影、使用地图导航，以及整理照片和视频。[14]

所有这些技术，无论其产生和发展，还是其日常运行，都离不开人类的影响。比如说，我们日常的线上搜索行为给谷歌搜索提供了学习素材，而这种学习反过来又用于改善未来其他人获取的搜索结果。

无论表现为奇点还是多样性，尝试利用科技超越人类极限的超人类主义都早已成为现实——鞋子和眼镜都是这方面的例子。认知超人类主义也已经不再是幻想。智能手机辅助我记忆，计算机里的电子表格所做的运算比我自己算的更可靠。这些技术是否预示着人类的末日？我觉得，这么说未免太牵强了。

从进化的观点来看，“有了人工智能，人类就将变得边缘化、失去存在价值”的说法完全站不住脚。任何严重威胁人类福祉的东西都会受到人类的反击，但更重要的是，人类会去改变、去适应。这一过程眼下就正在上演。比方说，福特曾经预测，机器人的诞生意味着工作的终结。[15] 但事实是，福特预言的灾难性经济威胁并没有变成现实；相反，伴随着技术的快速发展，世界大部分地区的经济似乎在显著增长。福特还曾预言“这次不一样”，即自动化技术的发展将扼杀人类的许多就业前景，这一点已经初露弥端。但故事是复杂的，相关的数据解释也是相互矛盾的。尽管自动化技术的发展速度惊人，但人类的就业规模却处于创纪录的水平，许多行业因劳动力不足而受到影响——至少在发达国家是这样。当然，当你读到这本书的时候，这种情况可能已经有了很大的变化。我相信情况会发生变化，但我不太确定情况会不会变坏。

很多末世论者似乎将我们身处的生态系统看得过于简单了。在他们的模型里，这个生态系统中只有一个智能体的生态位，显然只有最聪明的物种才能活下来。但如果我们的生态系统更加复杂，而且我们也无法用线性的尺度来衡量智能呢？我们在第 3 章讨论过的智商测试，试图将智能置于一个线性的尺度上进行衡量。给定 A 和 B 两个智能体，仅存在三种可能：要么 A 比 B 聪明，要么 B 比 A 聪明，要么两者一样聪明。哪怕单论人类这一个物种，上述这番推导都未必正确，更何况要将其用在不同物种个体之间的比较上了。可能性更大的情况是，A 在认知功能 X 方面要强于 B，而 B 在认知功能 Y 方面要强于 A。

这同样适用于机器的情况。未来我们将迎来的，不是某个巨无霸超级智能碾轧所有其他智能体，而是各种不同的智能体——其中有很多将是我们前所未见的——在一个复杂的生态系统中各自占据不同的位置。虽然构造电子计算机使用的材料不对，但在从海量非结构化信息中寻找关联性等认知功能上，电子计算机已经超过了人类。甚至可以说，电子计算机已经发展出某种完全不同于人类的智能形态。很多关于机器的行为是否“智能”的争辩，根本上都源自历史上只有过人类这一种智能体的事实。最有可能存活的智能体，不是能复制人类或者其他智能体能力的，而是可以对其形成补充的。

目标、适应性，以及搭错线的恒温器

智力测试提供了一种并不完美的衡量人类智能水平的方式。我猜，一台专门接受过智力测试训练的机器，测试得分可能会很高，但大多数人工智能的得分都无法及格。这是否意味着那些不及格的机器不具备有意义的智能？还是说，智力测试只能衡量人类的智能水平？

2014 年被谷歌公司收购的 DeepMind 的联合创始人沙恩·莱格（Shane Legg）与澳大利亚国立大学计算机科学教授马库斯·赫特（Marcus Hutter）指出：“智能衡量主要是指测试一个智能体在各种各样的环境中实现目标的能力。”[16] 他们在赫特 2004 年研究成果的基础上，提出了一个完全不需要智力测试便能有效测量这种智能的模型。他们的关键观点在于，单纯实现目标并不足以被认定为具备智能，否则我们大可以说恒温器是拥有智能的。真正的智能是具备在各种各样的环境中实现目标的能力。这种衡量智能的方式比智力测试更灵活，因为它对具体目标的设定是开放的。

不过，这种衡量智能的方法难以被定义，因为原则上，可能的环境范围太广了，在大多数可能的环境中，即便是人类也无法顺利完成测试任务。比如，不管是恒温器还是人类都根本无法在太阳表面实现任何测试目标。

莱格和赫特假设，环境按照一定概率随机选定，并将智能定义为计入环境发生概率的加权后，在特定环境中实现目标的平均完成度。换言之，智能生命只需要在发生概率更高的环境中表现出色即可，未必要在发生概率低的环境中达到同等水平。如此看来，恒温器可能还是应该被归类为智能体，毕竟它们不太可能出现在太阳表面。

一个关键的挑战在于，如何确定各种可能环境出现的概率。莱格和赫特假设所有可能的环境都能用可计算的函数模拟出来，并根据函数计算的复杂程度相应地确定每种环境出现的概率。这意味着，一个智能体如果无法在简单环境（计算简单的环境）中实现目标，那么它面临的失分将比一个未能在复杂环境（计算困难的环境）中实现目标的智能体的还要多。与你家的客厅相比，太阳表面计算起来有多难呢?

对于一个平平无奇的恒温器来说，它的工作环境就是室内。但很遗憾的是，按照普遍认可的物理学模型，房间内的热力学情况其实是无法被计算出来的，这就导致莱格和赫特的模型失去了技术上的可行性。打开暖气对房间的影响可以用偏微分方程模拟，并显示房间内因气流的扰动而呈现出的混沌行为。微分方程基于时间和空间的连续统，而这超出了任何图灵-丘奇计算的范围，混沌行为则意味着任何可计算近似都只能在较短的时间尺度上实现对行为的预测。

为多个知名网站提供安全服务的旧金山（圣弗朗西斯科）企业Cloudfare对另一种类似的混沌行为的应用进行了探索。Cloudfare将一个摄像头对准一面装满了熔岩灯的墙壁，尝试利用这种诞生于20

世纪 60 年代、能给人带来梦幻体验的小瓶子生成密码，其强度超过任何通过计算而产生的密码。[17]与受到恒温器影响的一屋子空气一样，熔岩灯也是一个受对流驱动、表现出混沌行为的液体泡泡。于是，尽管从莱格和赫特的模型来看，室内环境的复杂性是无限的，但平平无奇的恒温器仍然能在这样出奇复杂的环境中实现目标——保持室内气温接近设定温度。

尽管莱格和赫特的模型有各种各样的局限性，但我们仍然可以利用他们的思路得出结论：恒温器并不像人类那样智能。假设我们对环境进行一些修改，使恒温器每次发出打开暖气的指令时，这个搭错线的房间的空调就会启动。恒温器继续发出打开暖气指令，但室内气温不升反降。恒温器很快就会过载，冷风空调一直运行，房间越来越冷，电费随之飙涨。（我之前住过的一个酒店房间好像就发生过这种情况。）

理论上，搭错线的房间其环境并不比没搭错线的房间的更复杂。尽管按照莱格和赫特的标准来看，这两个房间环境的复杂性都是无限的，但用来描述这两个房间热力学状况的方程几无差别。如果我们认为这两个环境的复杂性相同，那么在莱格和赫特的体系中，它们的发生概率便也相同，而这个平平无奇的恒温器在一个环境中表现正常，到了另一个发生概率相同的环境中却一败涂地。这样看来，普通恒温器只能应付非常有限的几个环境——一个暖气正常运转的房间的热力学环境。

如果人类被放在这样的环境中，其表现又将如何？人类很快就会发现供暖系统运转失灵的问题，并且可能会关掉暖气。这样取得的效果就比恒温器的更接近预设目标，因为这样做至少可以避免室温持续降低。因此，如果我们可以将莱格和赫特的衡量方式扩展应用到不可计算的环境中，那么我们就可以得出结论，人类比恒温器更加智能。

之所以说恒温器不够智能，是因为尽管有证据表明，它采取的行动并没有取得预想的效果，但它仍然自行其是。换言之，当环境不同于预期时，恒温器并没有表现出足够的适应力。而被放在同样环境里的人类就展现出了很高的智能水平，其表现超出了其他动物。关闭系统这个动作是人类特有的反应：这个即使是当今最新型的“智能”恒温器也做不出的举动，对于大多数人类来说不过是小事一桩。

恒温器缺的是我们在第 5 章中讨论过的第二层、第三层乃至更高阶的反馈。正是这些更高阶的反馈机制赋予了系统某种形式的“自我意识”，让它不仅能够明白当房间的温度低于正常温度时自己应该做什么，更懂得自己的行动旨在纠正环境中的错误。如果这些行动并没有让环境复归正常，那么高阶反馈机制就会亮出错误信号，要求系统采取进一步的纠错措施。

莱格与赫特提出的模型的最大成果在于，它给出了一种不依赖于智能体形而上的地位、仅依靠其行为的有效性来衡量其智能水平的方式。用牛津大学人类未来研究所研究员斯图尔特·阿姆斯特朗（Stuart Armstrong）的话来说：“如果某物按照某种特定方式行事，那么它便是智能的。”[18] 阿姆斯特朗将智能的哲学问题搁置一边，他说：

> 有些人乐于争辩人工智能是否真的能有意识，是否可以拥有自我意识，以及我们应该和不该赋予它们哪些权利。但如果将人工智能视作对人类的威胁，那么我们需要担忧的不是它们会变成什么样，而是它们能做出什么事。[19]

因此，衡量智能的一个关键指标，便是对各种不同环境的适应性。人类能够适应的环境的种类，远远多于当今在地球上生活的其他任何生物，也超过了所有现存的人工智能体。这种状况是否只是暂时的？我们当然可以设计出一种更加智能的恒温器，会在它的行为起到反作用时停止浪费能源。但真正具有突破性意义的，在于设计出一种不需要明确的程序设定便可以自己做到这一点的恒温器。如果有了更多层反馈环路的加持，这一点完全有可能实现。

你知道什么？

大多数人都知道，“知道”是具备智能的一个关键特征。但什么叫“知道”？维基百科“知道”什么？维基百科是无所不知的吗？当然，“‘知道’是什么”是个由来已久的认知论——或称“知识论”（theory of knowledge）——命题。但是，古人没有见过像维基百科这样“学识渊博”的机器。那么，机器的存在又将给这个古老的命题带来怎样的改变？

英国哲学家约翰·伦道夫·卢卡斯（John Randolph Lucas）在一篇有影响力的哲学论文《心智、机器与哥德尔》中，就人类的“知道”与计算机的“知道”有何区别的问题提出了他的见解：

> 当我们说有意识体知道某事，我们不仅是在说他知道这件事，而且是指他知道自己知道，以及他知道他知道自己知道……只要我们愿意，我们就可以一直不停地这样重复下去。显然这里面存在一个无限的循环，但这种无限的递归并不是负面的，因为无意义重复的是问题，而不是答案。我们之所以认为这个问题没有意义，是因为这个概念本身就包含着可以无休无止地回答这个问题的能力。尽管有意识体完全有能力一直重复下去，但我们不会想要通过一个接一个地完成这样的任务来展现这种能力，也不

会将心智视作自我、超我、超超我的无限序列。相比之下，我们更愿意强调，有意识体是一个有机的整体……[20]

卢卡斯的意思是，假若我们都是机器，便一定会陷入一个无限循环中而不能自拔，每个“知道”都会要么执行一个无限长的“任务序列”，要么将心智构建成一个“无限的自我序列”。卢卡斯在论文中更进一步提出，“心智不能被当作机器来解释”，并指出这一点得到了哥德尔不完备性定理的证明。但在我看来，卢卡斯在这里对“机器”的定义过于狭隘。他的理论关键在于“序列”（sequence）和“演替”（succession）。

我们在第 5 章中谈到了并非由序列或者可分离的离散演替步骤组成的反馈环路。贝尔实验室的哈罗德 · 布莱克和麻省理工学院的诺伯特 · 维纳的反馈环路就没有这些步骤。它们不是算法性的，但毫无疑问属于机器。连续统语境下的反馈环路虽然无限自指（甚至是不可数无限地自指），却不会落入无限回归的陷阱。卢卡斯的观点虽然未必适用于所有机器，但肯定适用于我们今日熟知的基于算法的计算机。

要充分理解卢卡斯的观点，需要首先理解哥德尔不完备性定理。当时年仅 25 岁的库尔特 · 哥德尔（Kurt Gödel）在 1931 年提出这一理论，为已经进行了几十年的“希尔伯特计划”（Hilbert’s Program）画上了句号。德国著名数学家戴维 · 希尔伯特（David Hilbert）在 20 世纪初曾试图确立数学作为一门形式语言的基础，但没有成功。

尽管哥德尔不完备性定理极其重要，但我并不准备在此赘述定理的内容。[21] 我只想指出一点，形式语言的基础在于“证明”（proof）的概念，亦即能展示某个主张真实性的一系列可分离的离散步骤。哥德尔不完备性定理仅适用于只涉及离散、可分离步骤的推理系统，不适用于布莱克和维纳研究的反馈形式。我猜测，人类的知识更接近于后者的反馈环路，而不是哥德尔的自指表述。

实际上，卢卡斯的结论与此惊人地接近：

> 意识的悖论之所以会产生，是因为一个有意识体可以意识到自我的存在，也可以意识到其他事物的存在，但这种意识体本身却不能被分割为不同的部分。[22]

1982年，侯世达在一篇发表于《科学美国人》杂志的文章中指出了卢卡斯逻辑上的漏洞，不过仍然对其核心观点予以了肯定：

> [卢卡斯]正确地指出了我们对一个有意识体非机械性程度的认识与这个有意识体进行细致的自我观察的能力直接相关。[23]

布莱克和维纳的反馈环路虽然属于机器，但是其自我观察的方式是任何计算机都做不到的。

侯世达认为，意识是由“灵活的认知”和“自我观察”两个目标交织而成的综合体。他指出：

> 这二者之间不存在次序的先后，因为两个目标的关联太过紧密，根本分不出谁高谁低。真是一个复杂的折返……

我觉得，侯世达之所以将其2007年的著作命名为《我是个怪圈》，灵感就来源于这个复杂的“折返”。没有了先后次序，这个机制便不可能是算法性的。但与此同时，它完全可以是机械的（或者是电气的、水力的、化学的、生物的）。它虽然不是计算机力所能及的，但却没有脱离机器的范畴。我觉得，我的大脑就是这样的一个机器。

头号难题

既然有机器能完成计算机无法完成的任务，那么即便计算机无法获得意识，我们也不能就此断定机器同样不能。在更精细的反馈环路方面，我们或许可以找到相关运行机制的蛛丝马迹，但那也不过是蛛丝马迹而已。侯世达之前带过的博士生、第 7 章提到过的曾与安迪·克拉克共同提出“认识延展”一词的戴维·查默斯说，意识是个“头号难题”。他认为，应该将意识视作一个“不可再分体（类似时间、质量和空间等物理属性），它存在于基础层面，并且不能被视为多个组成部分的总和”。[24] 他的意思是，无论生物学和神经科学再怎么发展，都无法解释意识。

认为现代科学无助于理解意识，在这一点上，查默斯并非独树一帜。著名英国物理学家、数学家、哲学家罗杰·彭罗斯爵士（Sir Roger Penrose）曾在颇受争议的作品《皇帝的新脑》中提出，尽管意识是物理世界中自然发生的过程，但它无法用已知的物理原理来解释，因此必然无法被解释为一种计算。这本书的标题直接针对当时人工智能领域的一大重点议题，即寻求在计算机上复制人类的智能。他说：

> 似乎有一种支持者众多的信念，那就是“万物皆是数字计算机”。本书的初衷就是要证明，为何事实可能并非如此。[25]

基于此，他进一步提出，不仅意识不是一种计算过程，而且对我们来说，可能需要首先确立一种全新的理解物理世界的方式——或许需要借鉴量子力学的观点——才能真正明白意识是如何在物理世界中诞生的。[26] 如果卢卡斯、查默斯和彭罗斯的观点是对的，那么不管人类科技发展到什么程度，所有以数字计算机为大脑的机器就永远都无法拥有意识。

不知之，可学之否？

机器学习是近年来突破最大的人工智能领域。只要学会了某事，难道不是自然地就知道它了吗？如果你无法知道某事，你能学会吗？

如今的机器学习与其说是获得知识，不如说是获得认知的能力。以计算机将语音转换成文字为例：机器“知道”某些词，并学习将声音转换成这些词。但如果就“知道”某个词最常用的意思来判定，那么机器即便在学习过后，仍然不知道自己是如何将声音转换成文字的。人类的大脑也一样：我们的耳朵感知到声音，大脑将感知到的声音转换成文字。但我们其实并不“知道”声音是如何转换成文字的，我们的大脑就是具备这样的能力。我们无法把这种能力教给别人，也解释不出它的运作机理。因此我们可以说，这其实并不是真正的“知识”。

在深度学习取得成功之前，语音识别领域的某些专业人士相信，他们拥有这方面的知识——或者，假以足够的研究经费支持，他们就能够拥有这方面的知识。计算机的语音识别能力，是利用缜密设计的复杂信号处理算法来实现的。工程师可以构想出一个将声音转换成文字的途径，然后基于此开发出诸如线性预定编码、隐马尔可夫模型和动态时间规整这样花里胡哨的技术。接着，他们用程序将这些算法“教给”计算机。但这样的语音识别器全都没有达到理想的效果，最多只能可靠地识别出“是”或“否”之类的短词以及 10 个数字。

深度学习改变了一切。现在，我们教机器识别语音的方式，就是不停地给它们举例。你给计算机输入一段声音，让它转换成文字，一开始计算机的转换结果可能驴唇不对马嘴。但机器会将它的猜测与正确答案进行比对，用反向传播算法调校参数，并因此在下一次处理转换任务时取得一点点进步（参见第 4 章）。这是一种在实践中学习的过程，高度依赖反馈。

不过，这里的“实践”仍然只是一种非常初级的形式。这些机器学习算法在做的唯一一件事就是将声音分类。如果它们也能发出声音呢？这样会不会有助于学习？或许它们就不需要那么多的例子了。回想一下，我们在第 5 章中讲过的感知副本在语音生成和大脑理解过程中发挥的作用。或许如果有了这样更精密的反馈环路，数字机器的学习能力就能获得提升。

在纸上画出字母可以帮助小孩子更快地识别字母并掌握字母书写。年纪大一些的学习者由于已经具备了操控物理世界的大量经验，可以不必真的动手去写，而仅凭想象书写的过程就能学会。但即便对于成年的学习者，真正动手书写似乎也有助于语言的学习。我在这方面有切身体会，因为虽然我从未系统地学习过中文，但可以读懂一些汉字。身为成年学习者，我发现自己还是需要进行实际书写，因为单凭想象不足以帮助我学会这些汉字。我的孩子在学校学习中文的时候，老师坚持要求他们一篇又一篇地完成重复无聊的“字帖作业”。如此枯燥的方法，若非确有成效，恐怕早就被放弃了吧。

麻省理工学院的认知科学家乔舒亚·特南鲍姆（Joshua Tenenbaum）认为，现有的人工智能在这方面做得还很不够。他指出，类似我们在第 4 章中介绍过的深度学习系统，需要用大量手写字母图像进行训练，才能可靠地识别出手写体字母，而很多人即便遇到不熟悉的手写字母——无论其写法如何变化，也能一眼识别出来。或许人类更多的是通过“运动信号传出”而非利用视觉模式表征实现文字概念的内化，因此就需要切实地将文字落在纸上。按照这种假说，文字的概念与调动肌肉在纸上复现出文字图案以及看到图案出现在我们视野中的反馈环路紧密相连。学习阅读真的与学习书写绑定得这么紧密吗？

特南鲍姆与布伦登·莱克（Brenden Lake，当时研究生在读，后来在纽约大学讲授心理学和数据科学课程）和拉斯·萨拉克丁诺夫（Russ Salakhutdinov，目前执教于卡内基梅隆大学）合作证明并开发了一种能利用程序写出陌生语言字符的软件系统。[27] 在给定一门初次接触的语言的单个字符的情况下，他们的软件在字符分类方面的表现能够超越深度神经网络。

更有趣的是，莱克、萨拉克丁诺夫和特南鲍姆开发的这个软件可以生成新字符的手写版本，并且非常接近真人字迹。这三个人在联合发表于 2015 年《科学》期刊的论文中表示，他们向系统展示了一个陌生字符，要求系统生成一个类似的字符。然后，他们从亚马逊机械特克平台上雇人书写同样的字符，再将所有手写体字符交由评审判断哪些为真人手写，哪些是机器生成的。系统生成的字符骗过了绝大多数评审，这表现出很强的说服力。因此，他们开发的软件就在手写字符这个小领域里通过了图灵测试。这与我们在第 4 章中讨论过的 DeepDream 生成的怪异图像形成了鲜明的对比，没有人会认为那些图片是真实事物的照片。我们在第 4 章中提到过，生成对抗网络合成的图片质量更高。与伊恩·古德费洛的生成对抗网络一样，特南鲍姆的方法实际上使用了另一个层面的反馈机制，亦即运动信号传出与视觉认知之间的联系。增加这个层面的反馈，似乎确确实实提升了至少某些人工智能完成任务的质量。

现在，计算机在物理世界中真正“做事”的能力还十分有限。极少有电脑拥有自己的手臂和手，可以捡起铅笔或者在纸上写字（图

8.1 的图灵机是一个例外，它可以机械地在一条纸带上写出“0”和“1”）。但伴随着物联网（Internet of Things，IoT）革命的兴起，这一情况正在迅速发生变化。物联网将实体的传感器和执行器与计算机和网络世界连接在一起，给计算机装上了“耳目”和“手脚”。如果能将这些传感器和执行器用于真正“在实践中学习”的话，人工智能领域的发展一定能突飞猛进。

有了更多层的反馈机制、能切实改变物理世界的执行器甚至模拟分量之后，不断发展的技术毫无疑问将使机器获得更强大的认知能力。是否有朝一日，我们需要让机器为它们的行为承担责任？这将是下一章的主题。

第 10 章

责 任

画是谁画的?

2018 年 10 月 25 日，佳士得艺术品拍卖行将一幅名为《埃德蒙·德·贝拉米肖像》(*Portrait of Edmond de Belamy*)的画作摆上了拍卖台，预计售价在 7 000 美元到 1 万美元之间（参见图 10.1）。这幅画是由人工智能利用伊恩·古德费洛的 GANs 算法（参见第 4 章）的一个变体创作的。出乎所有人意料的是，这幅画最终以 43.2 万美元的高价拍出。

创作出这幅画的人工智能，其代码是由罗比·巴拉特（Robbie Barrat）编写的。他 17 岁在西弗吉尼亚州读高中的时候就着手开展这个项目了，后来到斯坦福大学继续专攻人工智能领域。巴拉特用他的代码创作出很多美丽、梦幻的风景画和裸体人像，包括很多超越传统美术品，能从一个图像变换成为另一个图像的动态画作。

巴拉特将他的代码都上传到了在线协同编程网站 GitHub，引起了三个 25 岁法国年轻人的注意。皮埃尔·福特雷（Pierre Fautrel）、雨果·卡塞勒斯-杜普雷（Hugo Caselles-Dupré）和高蒂尔·维尼尔

图 10.1 OBVIOUS 创始人皮埃尔·福特雷站在由人工智能算法生成的画作《埃德蒙·德·贝拉米肖像》旁边。这幅画像在纽约佳士得艺术品拍卖行以 43.2 万美元的成交价售出（照片来源：Timothy A. Clary /AFP/Getty Images）

（Gauthier Vernier）创立了一个名为“OBVIOUS”的艺术联合体，[1] 旨在通过美术品“解释并推广”人工智能和机器学习。他们对巴拉特的代码略做调整，然后向神经网络输入了从互联网上收集到的从 14 世纪到 20 世纪的 1.5 万幅画作的图片，让算法运行，再从生成的结果中进行筛选。

那么这些画算谁画的呢？从线上媒体 The Verge* 的报道来看，这一点确实引发了一些争议，而且有人心怀嫉妒，有人被伤了感情：

---

* “The Verge”是美国的一家科技媒体网站，主要提供科技新闻、产品评论和视频等内容。——编者注

> 曾凭借GANs算法生成的作品获奖的德国艺术家马里奥·克林格曼（Mario Klingemann）在发给The Verge的邮件中写道："可以说，大约90%的'工作量'都是由巴拉特完成的。"来自新西兰的研究者、人工智能艺术家汤姆·怀特（Tom White）则表示，（福特雷等人的）作品（跟巴拉特的作品）极其相似。他甚至下载了巴拉特的代码，原封不动地运行它，只不过对生成的图片结果（与福特雷等人的作品）进行了比对筛选。[2]

依据The Verge的报道，OBVIOUS的作品之所以比巴拉特的作品更受关注，部分原因在于他们讲了个好故事，将作品归功于人工智能，声称"创造力并非人类独有"。这样的概念艺术立场在艺术界可谓司空见惯：打个比方说，一个艺术家可以随便找来一个什么物件，然后声明这是一件艺术品。这方面最著名的例子当属马塞尔·杜尚（Marcel Duchamp）的"现成品"了。如果杜尚宣布一个自行车轮子是一件艺术品，那么究竟谁才是创作了这件艺术品的艺术家呢？

计算机生成的艺术品跟现成品有点像。一个程序可以生成成百上千个结果，而在其中择优取精也是创意过程的一部分。杜尚的现成品毕竟也是从众多物件中挑选出来的。另外，画家在画布上挥洒油彩时，也要决定是继续画下去还是废稿重来，这实际上与艺术家在几乎无法受其控制的众多物件中选出现成品没什么区别。或许，巴拉特更接近一个颜料制造商，而不是艺术家。他制造了画家用以创作的媒介，但没有创造艺术品本身。不过，替巴拉特说句公道话，他的贡献远不只提供了艺术家的创作媒介，因为他本人利用人工智能创作的画作同样美轮美奂。他所提供的不仅是用以创作的媒介，还有创作的灵感。当然，模仿其他艺术家的灵感这一做法在艺术界也是司空见惯。

即便是人类创作的作品，权责归属也绝非小事。现在这页纸上的文字看似是我写的，所以你就可以而且应该将这些文字的责任归于我。但我在写作的时候，是不是可以选择其他的词句呢？也许我现在写下的这段话完全是我此时此刻的心理状态和我所在房间的环境共同影响下的产物。透过窗户照进来的阳光温暖着我的脑袋，或许我现在写下的这段话也离不开阳光的作用。这样的假说该如何验证呢？是否有什么实验，能够确定我斟酌词句的过程呢？如果我拉下百叶窗，那么我写下的文字是否将会有所不同？

万一我的电脑“搞丢”了这段文字——这种事偶尔会发生——那么我就无法准确地将其还原。与尼采的观点（参见第 4 章）不同，我试图通过这些文字所表达的思想，与这些文字本身不是同形的。如果这些文字佚失了，我的思想是不是也随之佚失了？对于已保存的文字，我可以拿出来修改，但我无法改变曾写过那段文字的事实，即便这个事实的证据已经不复存在。这样一来，如果词句变了，思想是不是也将随之改变？

这段文字有没有可能是计算机写的？亲爱的读者，如果你是一个人工智能，你能写下这段话吗？或者说，一个更根本的问题是，你能否主动做出选择，决定写下这段文字，而不是表达不同信息的另一段文字？如果这段文字确实出自人工智能之手，那么相关文责又该由谁来承担？人工智能？开发人工智能的程序员？运行人工智能程序的计算机硬件？还是为计算机供电的电力公司？我们能否要求一个没有生命的过程为任何事情负责？人工智能又是否拥有生命？

撞车与病毒

图 10.2 是一辆小轿车追尾一辆 SUV（运动型多用途汽车）后的

图 10.2　灰色轿车应该为自己感到惭愧

现场。很显然，后方轿车没有采取任何避免碰撞发生的措施，那么这辆轿车是否应该为此负责？什么都没做是不是与做错了什么一样应该受到谴责？在当今的科技水平下，让这样的汽车上路真的难辞其咎。车辆的防碰撞技术是现成的，价格也不高，并且十分可靠。[3] 目前我们并不要求汽车或者汽车制造商为其不作为承担责任，这也许是错的。追尾的那辆小轿车应该感到惭愧才对。明明已经有了像自适应巡航控制系统使用的前视雷达这样能避免碰撞的硬件，汽车制造商竟然还放任不能避免碰撞的车辆上路。

经典的电车难题将不作为的伦理学问题摆上了台面。电车难题是一个思想实验，假设你面临一个无论是否采取行动都会引发坏结局的选择，而不采取行动比采取行动的后果还要糟糕。最经典的电车难题是这样的：你看到一辆失控的电车，而电车行驶方向的轨道上躺着 5

个人。你旁边有一个切换道岔的拉杆。如果你拉动拉杆，电车就会驶向另外一条轨道，而那上面只躺着 1 个人。换言之，如果你什么都不做，就有 5 个人会死；而如果你选择拉动拉杆，就有 1 个人会死。但问题在于，如果你拉动了拉杆，那么那一个人的死就是你的行动造成的。这种情况下，哪种选择更合乎伦理？

有一次，我在演讲之后收到了观众提出的这样一个问题：在真正解决电车难题之前，怎样才能符合伦理地部署自动驾驶汽车？比如，如果一辆汽车保持当前线路行驶会导致车内乘客死亡，但变换方向避免撞击却会撞死路人，遇到这种情况，车辆又该如何选择？对此，我用另一个问题给出了回答：在真正解决电车难题之前，怎样才能符合伦理地部署人类驾驶的汽车？至少就事论事地说，人类开车也要面临电车难题，因此我并不认为人类驾驶的汽车就比自动驾驶汽车要强。现实情况是，无论是人类还是机器，都可能遇到不管怎么做都没有好结果的情况，并且再怎样事先规划都无法完全规避最差的结果。我们不能因为这些问题还没有得到解决，就延迟使用本能挽救成千上万条生命的新技术。

麻省理工学院研究团队 2018 年开展的一项线上研究表明，当面临两难选择时，不同的人的道德偏好有很大差异。[4] 有些偏好似乎受到文化因素的影响，比如在是应该救小孩还是老人的性命这个问题上。不过在这个研究项目中，被试有大量时间可以考虑他们遇到此类情景时会如何选择。而在现实生活中，当事人面对同样的情境时可能没有太多时间去理性地衡量不同的选项。但是计算机有能力以更快的速度权衡不同选项的优劣，这就意味着相比人类驾驶的汽车，电车难题一类的问题对于自动驾驶汽车来说更为重要。我们可以确保自动驾驶汽车始终贯彻某一种道德偏好，尽管这种偏好可能无法满足所有人的标准。相比之下，在极有限的反应时间内，我们无法确保司机实际采取的行动与其自身的道德偏好相一致。

比电车难题更简单的伦理学问题，放到软件身上可能就比放在人类身上更容易得到解决。尤瓦尔·赫拉利在新作《今日简史：人类命运大议题》中指出，平素温良恭俭让的人在愤怒、欲望甚至日常生活压力的影响下往往也会做出不道德之事，但计算机却可以可靠地按照预先编写好的、符合道德规范的程序行事。[5]不过，这一点真的实现起来，或许不似看上去的那么容易，毕竟20世纪80年代那种按部就班的GOFAI时代（参见第4章和第6章）已经过去，难以捉摸的机器学习算法日益成为计算机软件的基础。再说，将标准的伦理道德体系简化为明确的指令性规则也并非易事。

几个世纪以来，无数才智远高于我的先贤曾探讨过很多无比困难的伦理学问题和现实责任问题，但都没有得出公认的解决方案。在这种情况下，如果我说我能提出什么新观点，那就是在妄自尊大了。不过，这些问题大都戴着一副人类的面具。先贤们讨论的重点都在于，人类是否拥有自由意志和能否为自己的行为负责。

加利福尼亚大学伯克利分校的哲学家约翰·塞尔（John Searle）认为，自由意志问题是“哲学领域的丑闻”，我们自古典时期至今几乎没有在这个问题上取得任何进展。[6]我们当今所面临的问题，实际上就是机器——或者更具体地说，在数字机器上运行的软件——能否为其行为承担责任。这个问题放到机器身上或许比放到人类身上更容易解决——或者至少，更容易理解。

我们的文化极度需要明确的责任分配。当一件好事或者一件坏事发生时，我们需要有什么人或者什么东西出来享受功劳或者承担责任。我们找不到现成的对象时，可能就会创造出神。偶然性这个始终蛰伏在暗处的恶魔，则是我们的最后选项，任何我们实在无法追根溯源的东西都会归功或归咎于它。

1987 年 10 月 19 日如今被称为“黑色星期一”。当天，道琼斯工业平均指数大幅下挫 22.6%，创下单日跌幅纪录。虽然这场全球性的股市崩盘背后有很多因素的共同作用，但许多经济学家和行业专家都将这次大跌归结于程序交易，特别是被称为“资产组合保险”的算法策略。[7] 颇具讽刺意味的是，资产组合保险策略的初衷在于保护投资者免受市场价格大幅下跌的影响，但很显然在这个案例中，该算法策略即便不是引发“黑色星期一”的罪魁祸首，至少也是个帮凶。

1987 年的时候，自动化交易还不像今天这样普及，当时市场价格的崩溃很可能更多地缘于人为因素，而不是由计算机引起的。不过，2010 年 5 月 6 日，道琼斯工业平均指数在大约 30 分钟内下探将近 1 000 点（9%），后又“收复失地”（参见图 10.3）。这次被称为“闪崩”的事件发生的速度太快，不可能是由人类驱动的交易造成的。

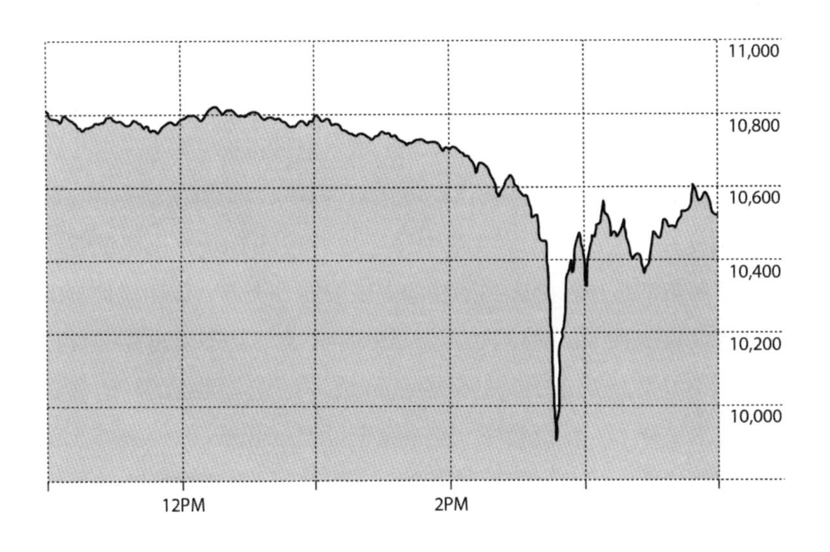

图 10.3　2010 年 5 月 6 日道琼斯工业平均指数闪崩

经过为期5年的调查之后，美国司法部对在西伦敦郊区父母家里进行交易的纳文德·辛格·萨劳（Navinder Singh Sarao）发起了欺诈和操纵市场诉讼。美国司法部的指控称，萨劳修改了市面上可以获取的商业软件，用于快速执行期权下单、修改订单和取消订单的操作。虽然众多观察人士认为，这次的闪崩事件不能完全归咎于萨劳的所作所为，但他的软件很可能在市场价格大幅下跌过程中发挥了作用，因此他也自然而然地成了众矢之的。但是，如果修改软件的不是一个人，而是另一个软件呢？那样的话，我们又该让谁来承担责任呢？这就是我们今天所遇到的问题。

我们在第2章中介绍了理查德·斯克伦塔，他读九年级时就发明了首个成功针对个人计算机的“埃尔科克隆者”病毒。斯克伦塔毕竟曾经因为“埃尔科克隆者”而“名噪一时”，此事自然应该由他承担责任，尽管这个在他看来不过是恶作剧的软件并未给他带来任何负面的后果。相比之下，年满18周岁的杰弗里·李·帕森只是对源代码进行了修改，便因此获刑18个月——即便他并不是“冲击波”蠕虫程序的原作者。程序源文件的作者至今仍然成谜。人类在确定他人责任方面无法保持公正统一的标准。机器能做得更好吗？

人工智能可以检测恶意软件，但这是否意味着它们在制造恶意软件方面同样在行？我们在第4章中论述过的谷歌DeepDream就是一个反向使用被训练来识别狗狗图片的人工智能分类器，以生成诡异的变异图像（参见图4.3）的例子。恶意软件分类器是不是也能被反过来用于制造计算机病毒呢？DeepDream或许是完全无害的，但病毒合成器就不一样了。在我看来，未来完全可能会出现一种令人类无从追责的恶意软件合成器。亲爱的读者，下面就请允许我把这个故事慢慢道来。

追责难，似线缠

大多数计算机程序都有不止一个作者。很多程序都是由若干程序员共同编写的。多人合作导致责任被稀释。如果作者的数量足够多，要判断出哪些人该为软件负责将变得极其困难。

很多程序员利用 GitHub 进行合作开发，后者是一个基于 Web 的联合开发服务平台，2018 年被微软以 17 亿美元的价格收购。Git 是 GitHub 的核心，正是它支持了多人同时在线编程的功能。[8] 一个计算机程序就是一个文本文档，跟我电脑上存的这本书的文本文档也差不太多。文档中的文本就是软件的“DNA”，软件启动之后，就是它指令计算机如何工作。程序员则是推动软件遗传物质变异的力量。

在一个软件联合开发项目中，可能有多人（甚至外加几个人工智能）同时进行同一个软件项目的开发，改动它的基因。这种情况下，不同程序员的编辑操作极易相互冲突。像 Git 这样的版本控制系统就可以用来整合多个程序员的编辑结果，维护同一个共享的程序版本。

Git 软件的一个有趣的特征便是，它会永久储存软件的各个历史版本，同时也会记录每一处编辑分别来自谁——或者更具体地说，来自哪一个 GitHub 账号。想象一下，如果生物的进化是利用 GitHub 完成的，那么我们就能够准确记录下 DNA 发生的每一次变异，包括是哪一种病毒或者放射源导致了这一次变异，这份记录也将成为进化生物学家的宝库！对于很多软件来说，这份历史记录是允许公开访问的。因此，从原则上来讲，如果 GitHub 上的某个软件突变成了恶意软件，那么要追责是很容易的。但是事实果真如此吗？

我曾在第 5 章中提出，机器将逐渐习得更深层次的反馈环路。比如，学习给图像分类的软件就有这样的一种反馈环路，经过适当的调整，它们就能像谷歌的 DeepDream 那样获得合成的能力。之后，我们可以将这两个环路叠加，创造出一个能识别图像分类软件的人工智能。[9]假设我们把这个元分类器命名为“DeepClassifier”，向其输入任意给定软件的源代码，DeepClassififer 就可以告诉我们该软件是否具有利用深度学习算法对输入数据进行分类的能力。比如，如果对其输入我们在第 6 章见过的谷歌 Inception 的源代码，那么 DeepClassifier 会告诉我们，“是的，这是一个基于深度学习算法的分类器”。

DeepClassifier 开发完成之后，我们可以将它上传到 GitHub。截至 2018 年，GitHub 上共有 2 800 万个可以公开读取的代码库。其中大多数都是计算机软件的代码，深度分类器更是为数众多，不过 GitHub 上到底有多少个深度分类器，我们还真不清楚。DeepClassifier 就可以帮助我们解答这个问题，建立一个此类软件的集合。

有了 DeepClassifier，我们可以用它做很多有趣的事情。其中一个应用场景便是把深度分类器集合中的每个分类器都改造成像 DeepDream 那样的合成器。这个过程也许能够通过软件自动完成，我们可以把这个软件命名为“DeepMutator”。DeepMutator 可以基于完全善意的目的。比如，它既能够用来给分类器提供更为丰富的训练数据集，也既能够用来为人工智能的分类结果提供解释，这样就解决了 DARPA“可解释人工智能”项目的难题（参见第 6 章）。或者，我们也可以用它来进一步提升我们在第 4 章中见过的生成对抗网络，或是测试深度学习软件。

这样一个“DeepClassifier + GitHub 搜索工具 + DeepMutator”的组合有可能会遇到一个恶意软件分类器，随后变成了恶意软件的合成器。如果它合成的恶意软件感染了全球几百万台电脑，谁又应该为此负责？在这个例子中，要找到为后果承担责任的人，堪比要确定一个杀人犯大脑里的哪个神经元应该为凶案负责。就算有 Git 提供的历史记录，这个过程也堪比尝试复原摔碎的鸡蛋，几乎是不可能完成的任务。

一旦发生了这样的事情，便很难将责任明确归结到任何个人或者企业身上。我们只得将此事归为“天意”，或是更理性地将其定性为一场“疫情”，仿佛一种由达尔文式进化而成的机器导致的疾病感染了与我们共生的机器生态系统。被感染的机器即便有免疫系统，可能也不足以抵挡病毒的袭击，必须依靠人类出手干预才能痊愈。GitHub 上详细的历史记录将帮助我们找到有效的药方，尽管它可能无法帮助我们抓住真凶。我们人类可以推动开发一种新的机器，它可以遍查 GitHub 记录，以寻找有效的对策——比如合成一种可以像瘟疫病毒一样传播，并且在杀死致病机器后自杀的“转基因”机器。但是，以上种种都不能帮助我们找到明确的罪魁祸首，甚至无法给我们一个替罪羊。

意 志

要解决以上追责难题，方法之一便是将责任与意志关联起来。如果某个行动出自个人的主动选择，那么我们就可以要求这个人为其行动的后果负责。法律上，判断被告是否有罪的一种常用方法便是“因果关系原则”，即如果没有被告的行动，伤害情形也就不会发生。不过，如果被告当时别无选择，那么就不承担责任。比方说，一个人从窗口被推下，落在人行道上。你可以认为下落是一种“行为”，但即便该行为直接导致路人伤亡，我们也不能要求那个摔下窗口的人为此负责。因此，对因果关系原则的一种更恰当的解读是，如果没有被告的主动行为，伤害情形便不会发生。根据这一标准，机器如果不能主动做出选择，就永远无须负责。

在此基础上，我们还需要区分哪些是为了造成伤害性后果而有意做出的选择，哪些是无意中造成伤害的选择。如果一个人从窗口跳下，意外砸中路人，那么法院便可能要求这个人为路人的伤亡负责。大多数国家的司法系统都会区分“非预谋杀人”（manslaughter）和“蓄意谋杀”（murder）、“非预谋故意杀人”（voluntary manslaughter）和“过失杀人”（involuntary manslaughter）。不过，即便是过失杀人，也是建立在过失方的选择基础上的。如果一个人决定酒后驾车，最终开到便道上撞死了行人，他仍然要为自己做出的选择承担责任。机器能做出选择吗？它们是否有自己的意图？我们又该如何判断呢？

人是否有选择的能力是个长期困扰哲学家的问题。这个著名的“自由意志”问题，如果放到机器身上，是否会更容易回答？一个直觉性的回答可能是，软件作为一种自动机或者说一种确定性过程，是不可能有自由意志的。但是，假如这个世界也是确定性的，人类也不过只是自动机呢？决定我们行为的，是物理和生物的法则，而不是我们的意志。这样说来，我们是否应该豁免人类的所有罪过，让自然法则承担一切责任？

这里涉及决定论的讨论，我们需要格外小心。在物理学上，所谓“非确定性事件”指的是没有“起因”（cause，关于“起因”的概念请参见第 11 章）的事件，它的结果无法用先行的事件或者状态来解释。相比之下，计算机科学领域的“非确定性事件”指的是可能的结果不唯一的事件，无论影响最终结果的原因是什么。换言之，从计算机科学的视角来看，我们将一个事件称为“非确定性事件”只是因为我们不知道导致其发生的起因是什么，而在物理学中，一个非确定性事件根本没有起因——它就这么发生了。同一个术语的这两种不同用法可能会引起一些混淆。接下来我提到“非确定性事件”的时候，会尽量先说明我是在哪个意义上使用的，但未做说明的情况下，请你默认我使用的是物理学中的“非确定性事件”。

众多智识上远胜于我的高人都曾探讨过自由意志的问题，丹尼尔・丹尼特也是其中之一。丹尼特极具说服力地提出，即便世界是确定性的（万物万事皆有因果），自由意志仍然存在，而人类可以且应该为自己的行为负责。以此推之，人工智能是否也应该为自己的行为负责？大多数人工智能在这种意义上都是确定性的，它们的行为直接受制于程序设定和输入数据。萨姆・哈里斯（Sam Harris）的观点与丹尼特的针锋相对。哈里斯是一位十分有趣的博学之士，他拥有神经科学博士学位，还是一位哲学家和成功的作家。他自称“公共思考者”，经常直言不讳地就争议事件公开发表观点。

哈里斯与丹尼特、理查德・道金斯和克里斯托弗・希金斯并称为“无神论四骑士”（Four Horsemen of Atheism）。他因受到了 2001 年发生的“9・11”事件的启示，故而在 2004 年出版的作品《信仰的终结：宗教、恐怖行动及理性的未来》中将一系列恐怖袭击事件的发生归咎于有组织的宗教。尽管他是无神论的拥趸，但他同样有深入骨髓的道德标准以及最基本的精神性。[10] 他曾从斯坦福大学辍学，前往印度和尼泊尔跟随佛教和印度教大师学习冥想。之后，他重返斯坦福大学学习哲学，然后又在加利福尼亚大学洛杉矶分校获得了神经科学的博士学位。2018 年，他发布了一个关于冥想的智能手机应用程序。冥想本质上是一种第一人称的体验；它要求冥想者关注自我，而且冥想活动本身完全无法从外界进行有效的观测。在接下来的两章中，我将用 4 位图灵奖得主的观点说明，为何第一人称的体验可以用来达成第三人称观测无法实现的目标。计算机是否具有获得第一人称体验的能力？是否可以据此判定计算机能否为自己的行为负责？

萨姆·哈里斯的政治活动同样错综复杂。他与右翼政治家唇枪舌剑，在播客节目中旗帜鲜明地宣扬自由主义立场，但与此同时，他的博文却与很多右翼人士一样支持持枪权。他承认自己刷推特成瘾，并在2018年秋天声称正努力戒除，他还曾因为自己的政治和宗教观点多次收到死亡威胁信。我无比崇敬他的智识和勇气，也因此为自己在自由意志问题上的观点与其相左感到不安。好在我相信，同样伟大的丹尼尔·丹尼特是站在我这边的。不过无论如何，我的目的并不是要加入这场辩论，而是通过对自由意志问题的探讨，更好地理解是否以及如何让机器为它们的行为负责。

萨姆·哈里斯在2012年出版的著作《自由意志》中，将自由意志的概念与责任紧密联系在一起：

> 没有了自由意志，作奸犯科之人不过是调校失当的发条，任何要求严惩他们（而不是威慑、训教或者只是控制他们）的正义观念都将变得不合时宜。[11]

到此为止，我完全同意。不过接下来，他不容置喙地指称，自由意志的概念已死：

> 自由意志是一种幻象。我们的意志根本就不是我们自己的。思想和意图产生自我们自己也意识不到、控制不了的背景起因。我们自以为拥有自由，其实根本没有。
>
> 自由意志其实不单是一种幻象（或者说还不如幻象），因为其根本无法被赋予概念上的条理性。我们的意志不是由先在的原因决定的，而只是偶然的产物——总之，我们无法为其负责。[12]

他接着说：

> 与人们的认识不同，我们的想法和行动根本不来自我们自己。[13]

哈里斯所说的这个不能为意志负责的“我们”，究竟又是谁（或者是什么）？哈里斯在文中讨论了常识意义上“我”的概念，亦即我的显意识，并援引心理学和神经科学的实验结果表明，决策并不是由显意识发起的：

> 生理学家本杰明·利贝特（Benjamin Libet）曾做过一个知名的实验，他用脑电图证明，在一个人感到自己决定要移动之前大约300毫秒，大脑运动皮质就已经出现了活动迹象。[14]另外一个实验室利用功能性磁共振成像（fMRI）技术在利贝特实验的基础上进行了拓展：被试需要在观看屏幕上一个由随机次序字母组成的“时钟”的同时，按下两个按键中的一个。随后，他们被要求报告，当自己决定按下某一个按键时，看到的是哪个字母。实验发现，被试大脑中的两个区域在其有意识地做出决定之前7到10秒便已经拥有了按键选择的信息。[15]近期，对大脑皮质活动的直接记录表明，只要掌握了256个神经元的活动，便足以提前700毫秒预测人的运动，预测准确率高达80%。[16]
>
> 这些研究发现指向了一个与一般认识相反的结论，即我们的行为并非我们有意识的产物。现在，似乎不容争辩的是，在你意识到自己接下来要做什么之前——当你似乎拥有完全的自由、可以为所欲为的时候——你的大脑已经决定了你接下来要做什么。然后，你才意识到这个“决定”，并相信自己刚才经历了决策的过程。[17]

诚然，上述研究都旨在证明，我们并不能将显意识心理类比为一个有意识的小矮人在驾驶公交车。但是，假如意识本身也只是心智的副产品，在构成真正的“我们”的神经生理学过程完成之后才姗姗来迟呢？

以上这些结论似乎很难适用于计算机和软件，因为要否认显意识对计算机和软件决策过程的控制，前提是计算机和软件得具备显意识。我并不认为，任何现存的人工智能拥有类似显意识的东西，但我们无从断定它们永远无法获得显意识。遗憾的是在我看来，即便人工智能未来可以获得类似意识的东西，我们可能也无法知晓。实际上，我甚至无法确定除我以外的其他人类拥有意识。毕竟，我没有直接的证据。我可以推己度人：既然其他人与我相似，那么他们一定也有意识。但计算机长得跟我完全不一样，可能也永远不会与我相似，所以我很难以同样的方式判断它们是否也发展出了显意识。因此，我们无法判断哈里斯关于自由意志的观点是否有助于我们确定机器该不该以及如何为其行为负责。

想象其他可能性

可以说，只有当我本可以在这页纸上写下表达不同含义的不同词句，却偏偏选择写下了你现在看到的这段话时，你才能让我为此负责。我相信我在遣词造句方面确实本可以有其他选择，但我的这种信念是否根植于物理世界的事实当中？毕竟，所谓“信念”是一种后天习得的心理状态，我的信念可能来自我的主导感，而我的主导感也许又来自我逐渐成为一个能在这个物理世界中有效运行的自动体的成长经历。我对因果联系的认识，或者说我对书页上的文字都源于

“我”的这种认识，或许都只是幻觉，而我的神经系统之所以创造了这样的感觉，是要保证人类作为一个物种持续存活。萨姆·哈里斯说对了吗？他说无论世界是不是确定性的，都不存在自由意志。还是像丹尼特所说，我们口中的“自由意志”本质上就是我们对自身拥有自由意志的信仰？既然我相信我拥有自由意志，我是不是就可以为这页纸上的文字负责了？

要理解这一切，我们至少需要想象一个完全不同于现实的世界，想象另外一种可能性，想象我写的是其他的文字。好在我的大脑具备完成这种想象的基本机制，也就是所谓的“伪传出”（fake efference）。我在脑海中想象着可以写在这页纸上的文字，默读不同的措辞，想象它们听起来是悦耳的还是尴尬的，然后决定是接受还是重来。在我脑海里发生的朗读过程就是一次伪传出，我的喉咙没有接收到任何发声的指令。我脑海中听到的声音就是“伪自传入”（fake reafference）。[18]它不是我的耳朵接收到的声音信号，而是我的大脑将合成信号直接传给脑中某个区域，让我感觉到自己的耳朵好像听到了什么声音。我大脑里的语言中枢对伪自传入进行处理，形成了对词句优美程度、节奏和可理解性的判断。如果评判的结果让我感到满意，那么我的大脑就会向我的手指发出运动系统传出信号，指令手指在键盘上敲下这些文字。我面前的屏幕上出现的文字会成为“自传入”返回大脑。接下来我会继续审视这段文字，将视觉刺激转化为语言，再一次在脑海中将其“读出”。然后，我会再一次（可能已经是第20次了）对这段文字进行修改。

我的大脑能在真正落笔之前考虑很多备选组合；但即便是大脑中的推敲也牵涉很多肢体动作，而不同的备选方案在大脑中是如何呈现的，仍然是一个谜团。就在刚才我写下前面那句话的过程中，我就考虑了“呈现”和“展现”这两个备选用词。最终，我选择了“呈现”，而没有使用“展现”。这两种选择是如何展现（呈现）自己的，我又为什么做出了那样的选择？

这里有两点可能与巧合有关。第一是“呈现”和“展现”这两个选择可能都是碰巧出现的。还有很多其他可能的选项，比如“突现”“形成”“浮现”“诞生”“发生”“跳出”“产生”“出现”“升起”等；但我写作时没有想到它们中的任何一个，刚刚参考了同义词词典才列出了这个清单。

当“呈现”和“展现”这两个选项在我的脑海中出现之后，第二个可能涉及巧合的点就产生了。我选择“呈现”可能是随机的，也许是我大脑中某处量子波函数坍缩造成的。我觉得概率更大的一种可能性是，这两个选择作为伪自传入被反馈给我的大脑，我的大脑掂量之后更喜欢“呈现”而不是“展现”。或许，“呈现”比“展现”更能激发我大脑中的愉悦中枢。

如果这两个选择的出现只是碰巧，那么根据萨姆·哈里斯的理论，整个过程中不存在自由选择，因为“我”——或者说我的显意识——在这两个选择出现的过程中完全没有发挥作用。如果这两个选择的出现不是碰巧，而是由宇宙状态和物理法则预先确定的，那么这个过程中依旧不存在任何自由意志。按照丹尼尔·丹尼特的观点，无论导致这两个选择在我大脑中突现的机制是偶然还是物理规律，让我想起这两个词的归根结底还是我的大脑，而我的大脑是“我”的必要组成部分，所以是“我”决定了要在这两个词中选择一个。

对于第二点，无论选择“呈现”而不是“展现”的这个决定是偶然做出的还是顺应天意的，哈里斯都会认为，所谓的“自由意志”根本没有在选择的过程中发挥任何作用。不过我猜想，这个选择并非完全出于偶然。我大脑中的愉悦中枢多少参与了这个过程。愉悦中枢本身及其对不同词句刺激的反应，是构成“我”必要的组成部分——

毕竟我上了这么多年学、花了这么多钱才养成了对高级词汇而非大白话的偏好。丹尼特会说，“呈现”比“展现”更能让“我”产生共鸣这一事实本身就是自由意志的明证，即使这种偏好是由我的大脑构造决定的，即使我的选择不过是确定性的物理法则对我的大脑施加作用的产物，即使这个选择在我的大脑意识到自己做出了选择之前便已做出。在这件事情上，我的大脑选择与丹尼特站在同一边。“呈现”的的确确是我大脑的自由选择，尽管我能做出这个选择，还是因为花了这么多钱、读了这么多书。对我来说，我的显意识什么时候意识到我做了决定并不重要，因为我的显意识也只是我这个人生物物理学机理的一种表现；换言之，我的显意识也只是全局中的一隅。

当深度神经网络合成一句话时——比如 Alexa“选择”给出某个特定的回答时，也会发生同样微妙的过程。利用反向传播算法经过上百万次训练习得的权重体系，让神经网络最终判定一个选项在得分上略高于另外一个。对于此刻的 Alexa 来说，权重体系构成了它的“我”，赋予了它“个性”，也反映出它所受过的“教育”。

何时、是否、为何、如何

不知什么时候，不知为什么，“呈现”和“展现”成了供我选择的两种措辞方案。如果这个世界（在物理意义上）是确定性的，那么这两个词都是这个宇宙先前状态的直接结果。而将这两个词放入我脑海中的宇宙状态又是先前宇宙状态的直接结果……这样一路往前推，可以一直推到宇宙大爆炸。

如果这个世界是非确定性的，那么这两个词之所以能在我意识到它们之前的片刻进入我的脑海，就是因为某个没来由的事件，或许某种量了现象，但也可能只是因为一个典型的亚稳态（我们将在第 12 章讨论）归于稳定。接着，我选择了“呈现”，放弃了“展现”。这个选择既可能是偶然性的，也可能是受到确定性的生物物理学影响，还可能是两者皆有。说了这么多，我们可以看出，无论世界是确定性的还是非确定性的，都会存在不同的可能性。在前一种情况下，不同可能性的决断（或许）发生在宇宙大爆炸之时，而在后一种情况下，决断时刻要晚得多。[19] 因此，（物理学意义上的）确定性的问题探讨的是可能性的决断何时发生，而不是是否存在可能性。在一个确定性的宇宙中，决断发生得更早，甚至可以上溯到宇宙大爆炸时期；而在非确定性的宇宙中，决断发生得更晚。

然而，自由意志的问题更关注决断是如何以及为何做出的。按照哈里斯的理论，如果决断发生在宇宙大爆炸时期，那么人类的意识在决断中就没有发挥任何作用，因此人类没有自由意志——至少在有意识地做出决策这个意义上没有。如果换成丹尼特，他会说即便决断在宇宙大爆炸时早已做出，但执行决断的生物物理学过程发生在很久之后，而且这些生物物理学过程正构成了我们所说的“我”，因此仍然可以认为这些选择就是“我”做出的。[20] 是构成“我”的那些生物物理学过程让我决定在这本书中使用“呈现”而不是“展现”。

丹尼尔·丹尼特曾详细地论证决定论与自由意志可以相容。[21] 这种所谓的“相容论”观点至少可以上溯到古希腊的斯多葛学派，后来的中世纪学者托马斯·阿奎那（Thomas Aquinas）和启蒙时期的哲学家戴维·休谟（David Hume）和托马斯·霍布斯也持有这样的观点。相反的是，萨姆·哈里斯反对相容论；他有力地辩称，无论是在确定性的世界还是在非确定性的世界，自由意志都没有容身之地。[22]

稍后我会从物理学的视角再对决定论进行阐述，我想说明的是，尽管很多物理过程的模型都是基于决定论构建的，但当今最好的物理学理论实际上是承认非确定性的。作为计算机运行基础的算法性的数码世界也属于物理的一个子范畴，但几乎可以肯定，它是确定性的。图灵机是确定性的，并且任何实体化的图灵机如果出现任何非确定性的现象，都应被视作出现了故障，是不应该发生的错误。[23] 这样的错误一旦发生，就会被认定为发生在“系统之外”，而并不属于这个基于算法的数码世界。因此，如果我们只是关注由图灵机或者与图灵机等效的机器衍生而来的机器，那么认定机器可以拥有自由意志的唯一可能性便是，丹尼特这样的相容论支持者的观点是正确的。

然而，按照哈里斯的理论，不单人类没有自由意志，物理世界中可能也不存在任何拥有自由意志——可以有意识地做决策——的机制。如果世界是确定性的，那么根据不相容论的观点，“没有选择”就等同于没有自由意志。如果选择是靠偶然性实现决断的，而没有受到任何决策者或者其他外因的驱动，那么同样不存在自由意志。在这两种情况下，显意识都只是在决定被做出之后才意识到它，因此并没有控制决策的过程。要证明自由意志存在，必须首先证明决策是由一个决策者决断或者引起的。如果这里的决策者是一个机制，那么它就不能是确定性的，否则根据不相容论，还是无法存在自由意志。但与此同时，这个决策机制也不能用非决定论进行决策，否则这个机制的自由意志同样会受到影响。除非我们排除排中律，否则决定论与非决定论之间就不可能存在任何中间地带。[24] 用尤瓦尔·赫拉利的话来说：

> 从我们现代人的科学视角来看，决定论和随机性已经将整块蛋糕一分为二，连一丁点儿的蛋糕渣都没给“自由”留下。[25]

因此，哈里斯的理论实际上是在说，根本没有任何机制能够拥有自由意志。如此，不仅现存的机器都没有自由意志，人类未来将发明出的机器也都没有自由意志。换言之，在哈里斯看来，自由意志这个东西在这个宇宙里根本不存在，也不可能存在。

如果哈里斯是对的，那么我们就应该把问题变一变了。我们的问题不应该是“机器能否获得自由意志”，而应该是“机器能否获得足够能动性，以至于我们应该要求它们为它们的行为负责”。对我来说，这只是同一个问题的不同说法，因此我觉得哈里斯的观点用处不大。

如果我们接受丹尼尔·丹尼特的立场，那么无论世界是不是确定性的，你都可以要求构成“我”的生物物理过程为这页纸上的文字负责。由此推之，对于任何机器的任何话语或者行为，你都可以要求“肇事”的机器负责——除非你相信自由意志只能存在于生理层面。但这样的回答未免过于简单了。我认为，丹尼特可能会反对这个回答；他会反驳说，他的解读依据的是我们对“自由意志”这个词的“常识性”理解。如果这种常识性理解与生理因素密不可分，那么自由意志就不能适用于机器。这样一来，我们还是要按照同样的方式改变问题的说法。

对于这个难题，我只能想到一个解决办法：下文中使用的“自由意志”这个词，均是指“足以使我们要求它们为其行为负责的能动性”。但是怎样才能叫作“足够的能动性”？

粗鄙之语和种族主义

2016 年 3 月 23 日，微软公司发布了名为 Tay 的聊天机器人，一个能使用年轻人的流行语与推特等社交媒体的用户互动的人工智能。[26] 开发人员赋予 Tay 在实践中学习的能力，而很遗憾的是，它在这方面做得“非常出色”。人们（很可能是心怀不轨的人们）很快就利用推特教会了 Tay 写一些粗俗的、带有种族主义观点的推文。根据詹姆斯·文森特（James Vincent）的报道，微软公司在用邮件发送给 Business Insider 的一封声明中表示："人工智能聊天机器人 Tay 是一个旨在与人类沟通交流的机器学习项目。在学习过程中，它给出了一些不妥的反馈，并反映了之前某些人与其进行的互动。我们正在对 Tay 进行调整。"[27] 此后，微软公司叫停了 Tay 项目。

诚然，有人欺负 Tay 是一个机器人，故意以不恰当的方式与它进行互动。或许我们同样可以教谷歌 Duplex（参见第 9 章）讲脏话，而当两个"Dupe"在一起聊天的时候，各自的粗俗之处都会不断被强化，失控的反馈环路最终的产物不仅不是超级智能，可能连超级智障都不如。人们是否会以同样的方式刁难自动驾驶汽车，在高速公路上别一别它们，或者突然冲到车前以便看它们急刹车？研究表明，人类有时候确实会对机器人做出非人道的虐待之举。[28]

如果 Tay 应该对它充满种族歧视意味的粗鄙之语负责，那么微软公司决定"处决"它似乎是合理的。或许"处决"这个词太重了？如果 Tay 在发推特的时候算是活着的，那么项目的关闭确实和处刑十分相近，尽管我敢肯定微软公司随时都能从备份系统中将它复活。不过即使如此，Tay 的遭遇或许并不比我们吃抗生素时细菌所受到的待遇更严苛。甚至我们是不是应该先问一个根本性的问题：终止 Tay 项目，是否能算作"杀死"了它？随着时代的发展，我们将越来越难回避这样的问题。

或许我们应该要求编写 Tay 程序的程序员为 Tay 的行为负责，但我想他们可能并不显得格外粗俗或者有种族主义倾向。对于 Tay 的表现，编写它的程序员可能跟我们一样震惊。你要为你孩子的所作所为负责吗？的确，是你将他们带到这个世界上的，并在他们长大成人的过程中发挥了巨大的作用，而正因为如此，人们认定你的确应该为你孩子的行为负责。但在其他情况下则不然。纳文德·萨劳或许对他的软件运行时发生的市场闪崩事件感到惊讶，但美国司法部显然并不认为他可以因此而脱罪；而且他的父母也并未承担责任，尽管这一切都是他在父母家里操作的。

柏拉图在极具影响的《蒂迈欧篇》(*Timaeus*)中提出，“灵魂的疾病”往往可以追溯到物理性的根源，而并非天意使然。错误的行为是由身体的缺陷或者教育不足导致的。根据柏拉图的推理，错误的行为不应该招致批评，因为它们并非人们有意为之。换言之，如果行为的起因是物理性的，那么做出行为的人就不应该为此负责。如果我们可以理解某个行为的起因（大脑受伤、精神疾病和教养不足等），那么行为者需要承担的责任就小于我们不明白行为起因的情况。我觉得，这样的逻辑至今仍在我们的社会中占据主导地位。

Tay 使用的是深度学习技术。我们人类对机器学习的运行机制有着很好的认识，但正如我们在第 6 章中所讨论过的，我们往往无法对算法的行为做出令人满意的解释。但是，鉴于我们能理解 Tay 行为背后的底层机制，很明显，Tay 发出的种族歧视言论和粗俗推文就是客观原因引起的，而非天意。因此，按照柏拉图的逻辑，Tay 不应该承担责任。

然而，这个结论难免会让我们陷入尴尬的境地。如果生物学和物理学法则决定了认知是一种物质现象，那么我们人类所做的每一件事都有客观的根源，我们也就无须为自己的行为承担任何责任了。按照这种观点，某种行为的起源无论是确定性的还是非确定性的都无所谓。唯一重要的是，我们是否理解行为的起源是什么。好在眼下我们对大脑的生理学和物理学原理仍然知之甚少，因而人类不存在像 Tay 那样在理论上完全免责的可能性。但这是否意味着，如果我们对神经科学的认识逐渐深化，自由意志和责任分摊都终将烟消云散？

机器创造力

萨姆·哈里斯不仅认为显意识不主导决策过程，他还指出，如果选择是随机做出的，那么这一过程中毫无自由意志的发挥空间：

> 如果我今天早上之所以决定再喝一杯咖啡是因为神经递质的随机释放，那么启动事件的不确定性怎么能算作我本人意志的实现呢？偶然事件本来就是我不需要为之负责的事件。而且如果我的某些行为真的是偶然的结果，连我都会对它们的发生感到惊讶。这样的“神经伏击”又怎么会让我感到“自由”呢？[29]

在某种层面上，哈里斯提出的问题的答案显而易见。但如果决策是一个更加复杂的过程呢？“呈现”和“展现”这两个选项也许是随机出现的，但二选一的过程可能还是离不开花费高昂的教育经历对我的影响，因为我要选出的那个词需要让我的大脑感受到共鸣，而我大脑的结构和机制经过多年的打造已经毫无疑问地构成了我这个人的自我。在我看来，哈里斯的观点是，如果世界是非确定性的，那么我二选一的过程本质上就是扔硬币：硬币一面写的是“呈现”，另一面写的是“展现”。这样一步到位的“决策”显然算不上真正的决策，而且根本不涉及什么自由意志。

然而，人类的决策是一个更加复杂的过程。我们设想各种可能的情况，制造出伪自传入，并衡量各种情景对我们的大脑分别有着怎样的影响。新的可能性大概率是随机出现的，但大脑这台机器的偏好标准却因人而异。实际情况比哈里斯所说的神经递质随机释放的过程要多出很多步骤。

艺术家都深知，意外事件可以激发创造力。但是与哈里斯的假设不同，这些事件并不是离散的、单调的、一步到位的。《亚威农少女》(*Les Demoiselles d'Avignon*)并不是受到量子随机性的影响“砰”的一声完整地突然出现在毕加索大脑里的。整个过程更接近于“这里滴了一滴油彩”“那里混了色”，而手中的笔每挥动一下，毕加索都能发现此前没有想到的惊喜。连续的小意外使画家感到愉悦，也有助于作品的成形；而肯定会被哈里斯认定与自由意志无关的那种重大意外，则更容易让画家把手中的画作视作废稿弃之不理。作为内部随机动因的艺术家大脑和作为外部随机动因的颜料与画布之间的连续反馈共同创造了掌控感，让画家觉得——尽管整个过程中充满了随机性——画作是自己的创造。作为整个反馈环路的一部分，画家的大脑接受、拒绝或是微调连续的随机事件，依据自己大脑的愉悦赋予画作一种个人化的独特风格。这里所谓的愉悦实际上就是大量多巴胺的分泌产生的结果，这受到大脑自身特性的影响，而大脑的特性又取决于基因以及此前的经历。如此，显而易见的是，随机性加上反馈便构成了我们所谓“创造力”的内核。

与一般人相比，创造力强的人往往拥有风险承担的偏好。或许他们的大脑更容易接受随机性；或许他们的大脑在反馈环路中使用了更高的增益机制，有时矫枉过正，有时则会将物质世界完全打乱成意想不到的新模式。为了发挥创造力，大脑必须能够识别出错乱的新模式的优点。它必须能从这种错乱中找到愉悦感，以便让自己留在这种意料之外的模式中，减缓或者阻止对控制机制的反馈纠正，避免自己再次回到充满可预测性的现实当中。对于滴在画布上的油彩，毕加索不会觉得那是恼人的“斩卷”，而会认为那是意外之喜。

目前，计算机与人类相比，在创造力方面仍然存在一定的局限性。首先，计算机的设计者一直非常努力地将随机性因素排除在外。比如，图灵机是决定性的，因并发等产生的随机性通常被视为系统错误。创造出《埃德蒙·德·贝拉米肖像》的算法大概率不牵涉任何随机性因素，但随机性在福特雷、卡塞勒斯-杜普雷和维尼尔从上千幅机器生成图像中选择的过程中肯定发挥了作用，另外输入给算法的训练图像集很可能也是他们从互联网上随机下载的。

有几种编程风格明确地拥抱随机性。比如，所谓随机化算法（randomized algorithm）就在原本确定性的程序中加入了随机选择的元素。这有助于算法免受体量很小的局部聚类的约束，得以探索更多的可能性。还有一个项目尝试利用随机性实现所谓“控制即兴”（control improvisation）——我更愿意称之为“机器创造力”（machine creativity）。[30] 我在加利福尼亚大学伯克利分校的同事和朋友桑吉特·塞希亚（Sanjit Seshia）是这个合作项目的牵头人，我本人也有幸在其中扮演了一个小小的角色。这个项目首次应用在爵士乐的即兴演奏中。[31] 算法通过案例分析学习音乐风格，然后向合成变量中加入随机性，在维持音调和节奏接近参考旋律的情况下实现合成音变调。塞希亚和他的学生们已经利用这一技术成功地让计算机在各种情境中表现出与人类相似的行为，包括自动驾驶汽车以及控制空置房间的灯光使其看起来有人居住。[32] 与毕加索的画作一样，这些算法整合了严密的反馈环路（这也正是“控制即兴”中“控制”的由来）。在我看来，随机输入、反馈控制与软性习得约束的结合是一种极富潜力的创造力赋能机制。

实践中，所有这些“随机”的算法都并非真正的随机，因为它们使用的伪随机序列发生器本质上还是确定性的。但如此生成的序列无法被简单有效地预测到，并且其与程序输入的交互方式与真正的随机也并无实际不同。也就是说，即便大脑的物理过程不存在真正的随机性，确定性混沌（deterministic chaos）也可以起到同样的作用。

计算机如果使用随机性与反馈紧密结合的机制，并且能根据人工智能习得的指标决定接受、拒绝或是调整结果，那么我们便很难将计算机的行为归功或归咎到程序员的身上。粗鄙之语的“王者”Tay 似乎形成了它自己的人格，而已经不仅仅是其创造者的镜像。

与人类不同，计算机是基于算法的。它们所做的每一件事都是以一系列离散步骤的形式实施的。毕加索挥动画笔的细微动作尽管也与他的视觉系统和运动神经系统构成了反馈环路，但却并不具有算法性质（参见第 8 章）。毕加索在作画时所做的“决定”并非离散事件，换言之，毕加索并不是把自己所画的每一笔看作单独的、原子性的动作来决定是要接受还是要拒绝。包含随机输入与可能性衡量的反馈环路是作为一个连续统运行的，实际上构成了不可计数、无限周而复始的随机事件与评估。从这种观点来看，哈里斯的结论就太过肤浅了。对于“自由意志是否存在”这一问题，我们仍然难以给出明确的答案。

当今的计算机可以实现复杂的反馈，但在大多数情况下，它们都受制于自身的算法性以及它们对确定性的痴迷。我前面提到的随机性与反馈的连续环路，图灵机根本做不到；但是有的“机器”就能做到——比如我们的大脑。其他的机器有可能可以发展出类似的机制；但在那之前，计算机只能用伪随机序列替代真正的随机性，利用自己在速度上的优势让算法更接近连续过程。

自我的起源

下面让我们换一个问题，讨论一下机器是否具备——或者未来能否获得——“足够的能动性”，以便能让它们为自身行为负责。我们之所以如此自然地接受“人类有自由意志”这一观点，一个关键的

图 10.4　圆球刚好立在山丘的顶端

原因在于我们对自认为构成自由意志的东西有着第一人称的体验。我们直觉地认定，我们具备足够的能动性。既然其他人的构造跟我们的相类似，我们便推断他们也有类似的第一人称体验。目前我们无法对机器做出同样的推断，但是随着机器越变越复杂，我们是否还能够放心地认定机器无法拥有第一人称的体验呢？要解决这个问题，就必须搞清楚我们所说的"第一人称体验"究竟是指什么。

想象一下，一个完美的圆球刚好立在一个光滑的山丘的顶端（参见图 10.4）。如果我用手碰一下圆球，它立即就会朝着北边滚下来，这个动作的效果是我亲眼可见的。或者如果这时吹来一阵西风，圆球立即就会朝着东边滚下来。但是圆球在风的作用下做出的运动，风是"看不见"的，毕竟风没有视觉感官。因此，不管这阵风是怎么来的，没有任何机制能将圆球向东滚动这个事实以任何方式反馈给风的来源。

可如果是我出手碰了圆球一下，那么情况便完全不同了。实际执行推球这个动作的机器（也就是我的大脑，它向我的肌肉发出信号）与传感器（我的眼睛）相连，而传感器又将因我的动作而发生的事件的信号反馈给制造了这个动作的机器。经过这样一个反馈环路的确认，我就产生了自我的感觉。让圆球向北滚动的是“我”——或者至少在我看来是这样的。我所说的“我”，其实是让球向北滚动并看见球向北滚动的那个东西。

如果给一台机器配备造风的机制、用以“看见”结果的摄像头以及能将圆球与山丘顶端及其周围的环境区分开的图像处理软件，那么这台机器是否能产生对自我的感觉呢？它是否能形成类似因果关系的概念？它需要这样的概念才能形成某种能动性，或者说一种对于它自己的行为能够影响客观世界的“理解”。眼下，很少有程序拥有形成这种理解所必需的反馈机制（在下一章中我将介绍一个特例），但我认为，未来会有更多的机器获得这种能力。

亨内克与蚊子

侯世达的《我是个怪圈》的核心主旨之一便是，要形成“我”的概念，离不开能将一个存在与其客观环境涵盖其中的反馈环路。侯世达在《我是个怪圈》一书的前言中说，他曾经考虑过“‘我’是个怪圈”这一备选书名，但最终觉得它太过“简单粗暴”，因而没有选用——尽管这个备选书名其实能够更好地反映这本书的话题和目标。侯世达用“灵魂”（soul）这个词意指我“拥有‘自我’”、“内心有光”、“拥有内心世界”或者“有意识”。这里的“灵魂”指的是获得第一人称体验、拥有自我感和拥有能动性的能力。他认为，对自我的感觉并非一个非有即无的概念：

> 我想至少从隐喻的层面上提出一个“灵魂度”的刻度尺。我们可以首先想象它的范围是从 0 到 100，而这个刻度尺的单位则可以纯粹为了有趣而被定义为“亨内克”（huneker）。这样一来，我和你，我亲爱的读者，我们两个人便都拥有 100 亨内克（或者差不多数量）的灵魂度。[33]

接着他对上述刻度尺进行了调整。他指出，人类的“灵魂度”各不相同，并且会从精子和卵子结合这个“零点”开始，在我们的一生中不断变化。侯世达还指出，即便是一只蚊子，它的灵魂度也并不是零，而他写作时期（2007 年）的一个普通的工具机器人至少拥有可以比肩蚊子的“认知”水平。或许，工具机器人确实配得上这样的评价。毕竟它能像蚊子一样在这个世界中行动，并感知着自己的行动结果。如果一只蚊子落在图 10.4 中那个摆在光滑的山丘顶端的圆球上，导致圆球滚下山丘顶端，那么蚊子能否认识到是它的行为引发了这一结果呢？在这一点上，蚊子的认识或许并不比机器人的更多。无论是蚊子还是机器人，遇到类似的情况都会触发反馈机制，但它们的反馈机制都不够复杂精密，无法产生侯世达所说的“怪圈”，对“自我”的感知也就无从谈起。

恼人的球

想象一下，你盯着图 10.4 里勉强立在山丘顶端的那个圆球看。

假设这个圆球一动不动，似乎完全不受重力作用的影响，“一声不吭”却又十分恼人。它会动吗？它什么时候会动一下？终于，你忍不住了，伸手轻轻地碰了它一下。

你的显意识在这一过程中发挥了怎样的作用？如果圆球滚下来压死了一只蚂蚁，我可不可以把这归咎于你的“能动性”？那个球原地待得好好的，招你惹你了呢？

在你盯着圆球看的时候，你的大脑就在生成伪自传入。你根据自己对物理世界的经验以及你头脑中世界的运行模式判断，眼前这个圆球随时都有可能开始往下滚。但是圆球一动不动，吊着你的胃口，有悖于你的预期。你的预期本身就是一种伪自传入，它由你的大脑产生，并作为感官系统将预期接收到的刺激重新传回你的大脑。你认为自己应该看到圆球滚下来，但是它没有，而让你恼火的其实正是这种预期与现实之间的差异。恼火的感觉本身就是一种神经元放电的模式。你的预期与感官接收到的信号之间的差异加强了放电，这与第5章我们所见的反馈环路中的错误信号一样。在某个时刻，神经活动超过了一个阈值，触发推动圆球的运动信号传出。你的显意识在神经活动超过阈值之后才意识到自己做出了推球的决定。

做出推球的动作之后，你的感官感知到圆球滚下小丘。圆球的这个动作是你的大脑最开始便预期到的，这是你通过多年观察物理世界习得的经验。错误信号随之减弱，带给你的大脑一种愉悦的平静感和满足感，之前的不快云消雾散。

在上述过程中，除了显意识认识到既成的决定这个小环节之外，其他的都是当前的计算机在适当的传感器辅助下可以做到的。换言之，如果将上面这个故事中的你换成计算机，那么计算机也可以“感受到”同样的电化学刺激信号的动态变化。如果真如哈里斯所说，显意识处在这个环路之外，与上述过程基本无关，那么如果滚下小丘的圆球真的压死了蚂蚁，你要负的责任跟计算机的基本没什么差别。

换一个场景：在你的恼火程度超过阈值之前，一阵轻风吹来，吹得圆球滚下了山丘。你会有同样的压力释放感、同样的平静感和满足感，但是你不会感觉自己主导了这个过程。你没有参与的事件也不会构成你对自我的认识。

不过如果仔细想一想，你就会明白，让圆球向北滚动的其实并不是你，至少不是你一个人的力量。很多其他因素在这个过程中扮演的角色至少跟你一样重要。比如，重力和小丘顶端的弧度对圆球滚动路线的作用至少不亚于你给的推力。然而，无论是小丘顶端还是产生重力的地球都不在你的反馈环路之内。它们都不是因为你的行为而产生、存在的。于是，你的主观自我告诉你，推动圆球滚下的不是它们，而是你。这种主观的主导感是如何产生的？

当你的大脑产生了促使你伸手的"运动信号传出"时，一个感知副本便被传回你的大脑，用来改变对感官刺激的预期。接下来，你的眼睛该真的看到圆球滚下小丘了。这个时候，如果圆球其实是粘在小丘顶上的，你就会感到意外，也就是一种预期与认知之间强烈的神经不协调感。而如果圆球不是粘住的，那么它就会开始如你所料地向下滚动，你的大脑感受到的感知副本与认知之间的关联性就构成了你对自我的感知。正是这种关联性让你得以区分自我与非我，使你感受到是你的轻触、你的手指——换言之，你的行为——把圆球推下了小丘，压死了蚂蚁。

在第 11 章中，我们将讨论一个初见时让我惊讶不已的论点。实际上，不少有识之士都曾经提出，作用引发反作用的因果概念不过是心智编造出的理论，它是主导感的产物，而不是独立于人类的自然法则的必然产物。如果这一论点成立，也就意味着"作用-反作用"的因果模型完全来自感知副本与大脑认知之间的关联，而并非客观世界的真实存在。

一只蠕虫的自我感

区分自我与非我的能力同样存在于“灵魂度”不高的更低等的生物身上。一种蠕虫大概率谈不上有什么意识，更没有关于物理世界的模型。但对于自己被外力拖拽带来的地面移动感和自身蠕动身体带来的地面移动感，蠕虫会做出不同的反应。我们永远无法感同身受地理解蠕虫的感觉，或者甚至不知道蠕虫究竟有没有“感觉”的形成机制。但几乎可以肯定的是，蠕虫具备某些主导感的构成要素。神经系统具备区分自身行为与外部行为的能力。现存的不少设备至少已经拥有了这个层面的控制能力，比如我在第 5 章中提到的回声消除器。这些设备没有意识，却似乎具备某些最基本的自我感要素。

甚至人类也可以在不动用显意识的情况下获得主导感。比方说，你骑着自行车去上班，一边在脑子里思考着自己的日程安排，一边下意识地转弯、遇红灯刹车、保持车身平衡。初学骑自行车的时候，你的显意识是深度参与骑车过程的，但只要你的显意识留在反馈环路中，你的车技就永远无法得到提高。如果你脑子里一直想着，“要是自行车向左歪，我就往右倾，好让车身回归平衡”，那么你骑车的动作看起来就会非常笨拙。意识的响应速度太慢了，并且我们已经知道，延迟时间过长的反馈环路效果往往不好。你必须屏蔽掉自己的意识，才能提升车技。但在这种情况下，没有动用显意识的你却仍能获得主导感。你会清楚地认识到，骑车的还是“你”。

学习拉小提琴也是类似的反馈环路形成的过程，只不过这一次参与反馈的是耳朵而不是眼睛。要让这个反馈环路更紧密，要创造出悦耳的音响，练习必不可少。这种练习的主要目的便是，训练神经环路绕过（慢吞吞的）显意识，在听觉环路与肌肉控制系统之间建立更直接（响应速度更快）的联系。学骑自行车和学拉小提琴一样，初学者都会无法克服意识的参与，但通过练习的积累，反馈控制的机制就会从有意识转向无意识。之所以必须如此，是因为有意识的机制更为复杂、延迟时间更长。正如我们在第 5 章中谈到的，自 20 世纪 20 年代的哈罗德·布莱克开始，控制论领域的专家们便深知，延迟时间过长的反馈环路是很难保持稳定的。

欲练“神功”，必先无能？

人类（以及其他生物）身上也有一些我们不会将其与主导感联系起来的反馈环路。维持内稳态的过程，比如体温或者体内酸碱度的调节，在技术上可以说是“自觉”的。但与骑自行车不一样，没有人会扬扬得意地向别人炫耀说“我正在将体温维持在 98 华氏度（约合 36.7 摄氏度）”。这并不是构成我们所说的“自我”的一个要素，但是如果硬要较起真来，这两者之间又有什么区别呢？一边是我的身体利用温度传感器监测自身温度，并在体温偏离合意水平的时候采取措施；另一边是我用手臂控制自行车向左偏转，以保证车身直立。

也许我只有经历过调动显意识骑车时的无能为力，形成即便在熟练掌握骑车技巧之后仍然能维持下去的主导感，才能得到属于我的那 100 亨内克。这样一来，骑自行车的仍然是“我”，尽管我的体温并不是这个“我”维持的。虽然二者都已经成为自发的动作，但一个是在显意识的参与下习得的，而另一个不是。试错的阶段，也就是

“我”探索物质世界、这儿推推那儿碰碰看它会有怎样的反应的过程，或许对于能动性的产生来说是不可或缺的。

我将在第 12 章重新讨论这个问题，但事实是，由于一些根本性的原因，“交互”比“反应”更为有力，而仅凭“反应”不足以形成主导感。如果蠕虫之所以能不受身下地面晃动的影响继续爬行，完全是因为天生的神经元在起作用而没有任何后天影响的因素，那么或许它的灵魂度也就只能与恒温器的不相上下了。

有些软件也是从百无一能起步，在人类的指引下通过反复试错获得能力的。第 4 章谈到的反向传播算法虽然如今是深度学习的核心，被应用于很多的人工智能系统中，但它最开始的时候是干啥啥不行。它尝试分类，挨训练师一巴掌（比喻的说法），然后调整参数，下一次就能有所进步。因此，如果从弱小无能开始的自我提升是获得主导感的唯一必要条件，那么人工智能已经发展到了这个阶段。

更有可能的是，随着数字体的出现，我们可能会发现，自我意识可以体现为多种形式，有些形式甚至超出了人类的能力范围。比如，我们在认知层面根本无法“意识”到我们体内每个细胞的状态。人体细胞太多了，我们只是在细胞被挤压并因此感到疼痛的时候才能感受到数个细胞的状态；但是服务器场里的电子计算机可以完全掌握上百万个处理器的状态。实际上，服务器场会非常频繁地监测处理器的状态，以便平衡计算负载、识别出有问题需要维修或者更换的机器。从这个意义上来讲，计算机的内省能力已经远远超过了人类。

社会契约

“机器是否拥有自由意志”这个问题本身，对于决定我们是否可以或者应该要求机器为它们的行为负责似乎并没有什么帮助。这样一来，我们就必须把问题从“机器有没有自由意志”变成“机器有没有让我们足以使其为自身行为负责的能动性”。

一个切实可行的解决方案可能是，从社会契约的观点出发，将责任的主体限定为人类。我们的司法体系大多是在社会契约的基础上建立起来的，只不过出于某种目的，司法系统规定了企业也具有承担责任的能力。美国联邦最高法院把自由意志称为我们法律系统“普遍持久”的基础，有别于“关于人类行为的决定论观点，决定论观点与我国刑事司法系统的根本准则相悖”。[34] 换言之，美国联邦最高法院驳回了关于自由意志的辩论，简单断言责任才是根本性的问题。这里，美国联邦最高法院本身也更改了问题，否则企业就也拥有自由意志了。[35] 美国联邦最高法院提出的“普遍持久”的原则讨论的是能动性，而我们是否将其等同于“自由意志”其实是一个技术性问题。判定一个企业是否有充分的能动性也没那么简单，但与企业是否有自由意志的问题相比，还是简单多了。

将责任主体限定为人类和企业可能还不够。不管世界是不是确定性的，物理世界中的每个事件都会受到无数其他事件的影响和作用。责任应该归在谁的身上？在一个人工智能体能自行设计新的人工智能的世界，将责任主体限定为人类和企业是否合理？如果某个人工智能最初的人类设计者早已故去多年，那么它闯下的祸又该由谁来负责？在这种情况下，我们还能将责任主体限定为人类或者企业吗？如果企业由人工智能掌管，或者一个人工智能就是一个企业，我们又该如何？

保罗·维格纳（Paul Vigna）和迈克尔·卡西（Michael Casey）在关于加密货币的书中，描述了一个最早由迈克·赫恩（Mike Hearn）*

* 迈克·赫恩是比特币早期开发团队成员之一，也是比特币早期用户。——译者注

在2013年8月的爱丁堡图灵节上提出的场景：一辆自动驾驶出租车在没有车主的情况下运营。维格纳和卡西认为，在加密货币得到更广泛应用的情况下，这种情景完全有可能发生。[36]

1848年在美国佛蒙特州，一次炸药爆破事故导致一根13磅（约合5.9千克）重的铁棍插穿了菲尼亚斯·盖奇（Phineas Gage）的头颅，破坏了盖奇的大部分前额叶皮质。身为铁路施工队领班的盖奇虽然死里逃生，但性情大变。用朋友的话来说，盖奇"再也不是那个盖奇了"。如果按照唯物论者的观点，我们仍然可以要求这个被称作"盖奇"的生物为他的行为承担责任，但承担责任的真的是盖奇吗？斯坦福大学的神经内分泌学家罗伯特·萨博尔斯基在其2017年出版的关于人类行为生物学原理的书中指出，额颞痴呆（fronto-temporal dementia）、亨廷顿病（Huntington's disease）和中风等都可以通过破坏大脑抑制改变患者的行为。[37]这些疾病的患者能为他们的行为负责吗？如果这个问题的答案是肯定的，那么失控的人工智能呢？如果大脑紊乱患者不能为自己的行为负责，那么他们的行为又该由谁来负责？一个取巧的办法是将责任归于事件发生之前做出最后一次有意识选择的主体，但很多情况下并不存在这样一个明确的"责任点"，而如果这个世界是确定性的，那么我们只能怪罪宇宙大爆炸。

根据《圣经·旧约》的记述，上帝因夏娃偷食禁果而对其进行惩罚，自此确立了自由意志在犹太教–基督教传统中的核心地位。在偷食禁果事件中，夏娃本可以做出不同的选择，如果夏娃没有吃掉那个苹果，我们人类或许至今仍生活在伊甸园中；但夏娃选择了吃掉那个苹果，于是人类才沦落至此。即便是全知全能的上帝，也无法掌控所有的事情。但如果你信仰上帝，这世间一切的功过最终都会归到他的身上。

下一章，我会讨论因果关系是否真实存在的问题。我将得出一个惊人的结论：因果关系的概念与自我的观念密不可分。如果没有第一人称的参与，因果关系的推理便是不可能的。既然责任也与因果密不可分，那么如果没有了承担责任的“我”，责任也就无从谈起。

第 11 章

起 因

自 主

谁也不想要一辆完全自主的自动驾驶汽车。“完全自主”就意味着自动驾驶汽车不会接受任何来自人类的输入。它想去哪儿就去哪儿，而不是你想去哪儿它就去哪儿。那么，就汽车而言，比较合适的自主程度是多少呢？显然，决定何时触发火花塞（如果自动驾驶汽车还有火花塞的话）的应该是自动驾驶汽车，而不是人类；而对于什么时候应该刹车这件事，汽车是不是应该也有“发言权”？防锁死刹车系统经常无视驾驶员的指令，但只要你不是特技驾驶员，通常都会对这种程度的自主性表示赞赏。协同巡航控制系统会自动调整车速，以适应周边的车流。车道保持系统可以让车辆稳定维持在一条车道上行驶。随着车辆自主性的增加，驾驶员要做的事情越来越少，直到有朝一日，驾驶员可能什么都不需要做了，就像一位普通的乘客那样，专心地睡觉、读书或者发消息。

2018 年 11 月，美国加利福尼亚州几位高速公路巡警发现一辆特斯拉 Model S 电动汽车在凌晨 3 点半的时候以 70 英里（约合 112.65

公里）的时速在 101 号公路上飞驰，而驾驶座上的男人明显睡着了。[1] 警官们亮警灯、鸣警笛，驱车追赶，但驾驶员完全没有反应。警官们意识到，这位驾驶员一定是启用了特斯拉 Model S 的自动驾驶系统——这玩意儿不是标配，要买得再支付 5 000 美元。于是，警官们叫来一辆增援警车放缓从这辆电动汽车后面驶来的车流。增援警车反复来回变换车道，试图迫使后向来车减速甚至停车。这样的事我曾经遇到过一次，老实说，看到一辆警车在你眼前来回横穿六车道高速公路实在很震撼。与此同时，前面那辆警车冲到特斯拉车前减速。好在这辆特斯拉没有选择变道绕过警车，终于停了下来。驾驶员此时仍在酣然大睡。巡警敲打车窗试图叫醒驾驶员，这才发现他原来喝醉了，于是以涉嫌酒驾为由将其逮捕。

在这件事里，那辆涉案的特斯拉 Model S 电动汽车或者生产汽车的特斯拉公司，是否要承担一些责任呢？毕竟其他汽车生产商显然下了更大功夫避免这样的事情发生。凯迪拉克的超级巡航（Super Cruise）系统使用红外摄像头监测驾驶员的专注度，并能在驾驶员明显走神时自动停车。奥迪的拥堵自动辅助驾驶（Traffic Jam Pilot）系统利用车内的凝视监控摄像头以达到同样的效果。但或许所有这些都没有必要，汽车应该负全责。

2014 年，前身为美国汽车工程师学会（Society of Automotive Engineers，简称“SAE”）的标准制定机构国际自动机工程师学会（SAE International）发布了“J3016 标准”，即《道路机动车辆驾驶自动化系统相关术语的分类和定义》，其中定义了车辆的 6 个自动驾驶等级。这些级别的设定不是基于车辆的能力，而是基于对人类驾驶员的要求。自主性最低的是 0 级，由人类驾驶员完全掌控车辆，汽车最多只能发出预警或者进行避免失去牵引力这样的临时性干预。车辆达到 5 级自主性，人类就完全脱离了导向、加速或者刹车等过程，但仍然参与目的地的确定；具备 5 级自主性的车辆甚至不需要安装方向盘或者制动踏板。全自动驾驶出租车就可以达到 5 级自主性的水平。其实国际自动机工程师学会还可以再定义一个 6 级自主性，具有 6 级自主性的汽车可以自行决定带你去哪儿，不过好在他们很明智地没有选择那样做。

自主性概念的内核还是因果关系。如果我搭乘一辆自主性为 5 级的自动驾驶汽车去我姐姐家串门，那么汽车去我姐姐家是因为我，但汽车在路上遇红灯刹车却与我无关。如果我坐着一辆自主性为 0 级的自动驾驶汽车去我姐姐家串门，那么汽车能在红灯路口刹车也是因为我，虽然火花塞点火跟我没关系。

正是因果的概念使追责成为可能。如果一辆 0 级自主性汽车撞了一个行人，那么要负责的便是人类驾驶员，而不是点燃火花塞的控制电脑——尽管如果控制电脑没有点燃火花塞，那个行人也不可能被撞。如果一辆 5 级自主性汽车撞了一个行人，责任的划分就不那么清晰了。汽车生产商或者自动驾驶出租车公司应该为此负责吗？如果厂商和运营方应该负责的话，责任应该由企业还是个人来承担？如果是个人负责，那么负责的应该是 CEO（首席执行官）、工程师，还是坚称车辆已达到 5 级自主水平的销售人员？如果肇事车辆是一辆 3 级自主性车辆，也就是仅需驾驶员在车辆需要时暂时接管的所谓“脱眼驾驶”（eyes off）车辆，情况又如何呢？所谓“暂时接管”，有没有一个合理的时间限度呢？

随着技术的进步，自主性、因果和责任之间的关系势必会越来越纠缠不清。俗称“杀手机器人”的致命性自主武器系统（lethal autonomous weapons system，简称“LAWS”）指的是能在没有人类干预的情况下自主定位、选择和攻击目标的武器。它们的行动又该由谁来负责？什么样的自主程度是可以被允许的？通过条约或者法律约束此类系统的行为是否可能或者可行？如果这样的系统进入工业化量产，人类面临的威胁将是不可估量的。

所有这些问题都不好回答。最关键还是因果问题。换言之，人员的死亡究竟是谁或者什么造成的？反对 LAWS 的一个根本动机便是要保证，发生任何伤亡事件时，我们都能可靠地将责任归结在人的身上。现在，发射导弹的命令可能是一个**人**发出的，但将导弹引向某个红外热信号的还是计算机。致死的根源仍然模糊不清。

实际上，因果这个概念可能本身就有问题。因果可能只是人类在认知活动中想象出来的，如果真是如此，人杀人与机器杀人的区别可能会轰然坍塌，化为一片虚无。

无害的想象？

因果原则认为，所有结果都是某个起因借由某种自然的法则引起的。选择、自由意志和责任的概念自然都与因果密切相关，因为如果一个选择对周遭世界毫无影响，那么这个选择就毫无意义。因果的认知对于自我的认知来说不可或缺。我们在感受到自己的行动改变了身边的世界时，就能感受到自我的存在。

但有果必有因的观念在哲学家圈子里却惊人地饱受争议。1913年，伯特兰·罗素否定了因果的概念，向科学界发起了挑战：

> 所有学派的哲学家都认为，因果关系是科学的一个基本公理或者基础假设。但奇怪的是，在像引力天文学这样的高级科学学科里，“起因”这个词却无处可寻……在我看来，因果规律与哲学家们勉强能看得过眼的很多东西一样，不过是旧时的

遗留；它像君主制一样，之所以能够留存，全是因为人们误以为它不会作恶。[2]

加州理工学院科学哲学家克里斯托弗·希契科克（Christopher Hitchcock）曾对罗素的立场做过缜密的分析。他认为，罗素虽然正确地指出了人们过分倚重和错用因果概念的问题，但未免有些矫枉过正了。希契科克承认罗素面对的难题，他指出：

要在一个标榜为包罗万象的普遍性理论中找到因果关系是极其困难的。罗素所举的引力天文学的例子就有这样的特点。[3]

之所以说要在普遍性理论中找到因果关系十分困难，一个明显的原因便是无限回归。如果 A 是 B 的原因，那么 A 的原因又是什么？再退一步，造成 A 的东西，又是由什么东西造成的？

不过，我们在第 5 章讨论的反馈系统就不存在无限回归的问题。在反馈系统中，A 引发了 B，而反过来 B 又引发了 A，一切都顺理成章。的确，正如匹兹堡大学的科学哲学家约翰·D. 诺顿（John D. Norton）所说：

我认为，[对因果关系]进行非循环定义是不可能实现的，而且在实践中，能否给出非循环定义根本不重要，因为正如我接下来要说明的，我们完全可以在不需要定义的情况下应用这个概念。[4]

诺顿用圆形块和箭头来表示原因和结果，他指出，只要有一个圆形块没有被箭头指到，那么这幅图就是不完整的。因此，这样的图如果不是无边无际的，那么就只能是环形的。诺顿认为，这幅图完全可以是环形的。

客观地讨论因果关系是十分困难的，因为因果的概念隐藏在自然语言的每一个角落。[5]我只能通过语言向你传达我的观点，而因果是嵌入语言的基本架构的，因此我发出的信息难免会有偏差。语言使我说出了我本不想说的话——包括这句话也是如此。

在物理学领域，因果概念往往被认为比时空概念更为根本。多年来，因果概念未被人们解构，也没有被更底层的原则所取代。如果要探讨致命性自主武器系统杀人的根源何在，我们就必须首先理解，为什么不能责怪驱动武器的电池，却可以向武器搭载的人工智能追责。如果我们可以量化或者测量因果，那将大有帮助，但这已被证明是极其困难的。

主观的机器

以色列裔美国计算机科学家朱迪亚·珀尔曾因“提出概率推理与因果关系推理的演算模式，对人工智能领域做出了基础性的贡献”而获得了2011年的图灵奖。他在学术生涯中涉猎广泛，最初是在以色列理工学院接受训练的电气工程师，后前往美国深造，在布鲁克林理工学院获得博士学位，专注于研究物理设备，尤其是超导体。1969年，他就职于加利福尼亚大学洛杉矶分校，后于1970年加入了该校刚刚成立的计算机科学系，迎来了职业生涯的拐点。

珀尔最初的研究聚焦在组合搜索算法，也就是研究如何有效地探索很多种可能性。但他真正热衷的领域是人类认知，因此他于1978年将他的研究小组命名为“认知系统实验室”。不同于拥有实验空间的真正实验室，珀尔的认知系统实验室只有珀尔的办公室，门上永远挂着一块牌子，上面写着“实验进行中，请勿敲门”。即便他进行组合搜索研究的时候，他的关注点也放在了人类认知上，或者用他本人的话来说，他关注的是“人们如何能够凭借名为‘直觉’的简单的、不可靠的信息源取得令人惊奇的观察成果”。截至本书撰稿之时，已经年逾八旬的珀尔仍然积极贡献着才华横溢的论文，并用他那迷人的以色列口音和令人安心的谦卑姿态活跃在讲坛。

有些读者可能更熟悉朱迪亚·珀尔的儿子丹尼尔·珀尔（Daniel Pearl）。他是《华尔街日报》的一名记者，2002 年在巴基斯坦被恐怖分子公开处决。在儿子去世一周后，朱迪亚和夫人露丝·珀尔（Ruth Pearl）联名成立了一个基金会，旨在“通过新闻、音乐和对话促进不同文化之间的相互尊重与理解”。朱迪亚·珀尔和露丝·珀尔以一种不可思议的胸怀直面这场悲剧，他们想向世界证明，犹太人和穆斯林并没有那么不同，双方完全可以学着共存。夫妇二人联手出版了《我是犹太人：对丹尼尔·珀尔遗言的沉思》，其中收录了多篇关于犹太身份认同的随笔。

从很多方面来讲，珀尔不仅是一个电气工程师和计算机科学家，更是一位哲学家，是我努力追随的榜样。但他却对此不以为然，在一篇发表在 3: AM Magazine 网站的采访中，他说：

> 哲学家不会把我视作同道中人。这可能是因为我有工程学和物理学的学位，也有可能是因为我对埋头钻研古代圣贤的著作不感兴趣。[6]

然而他最有影响力的作品却既充满技术细节，又饱含哲学思考。用他自己的话来说，他在贝叶斯网络（Bayesian network，又称“信念网络”，belief network）方面的工作，“让机器学会了不再只是非黑即白地思考”[7]。贝叶斯网络是一种推导变量之间相互影响的关系的方法，但他很快意识到，贝叶斯网络不足以推断因果。在 2018 年（当时他已经年满 82 岁）出版的《为什么：关于因果关系的新科学》一书中，他解释称，单靠数据无法实现客观地推断因果关系。主观判断至关重要。这意味着，要教会机器进行因果关系推论，我们必须先教他们学会使用主观视角。我们可以从两个简单的例子出发，来理解他的逻辑。

有才皆因长得丑？

根据珀尔的说法，第一个例子来自已故的加利福尼亚大学伯克利分校统计学家戴维·弗里德曼（David Freedman）。这个例子讲的是三个变量之间的关系：儿童的鞋子尺码、年龄和阅读能力。这三个变量是相互关联的，因为穿大码鞋子的孩子通常阅读能力更好、年龄更大。如果你衡量某群孩子在这三个维度上的数据，你就能为这三个变量之间的关联提供量化的证据，但如果仅靠这个数据，是无法回答类似于“是不是鞋子越大，阅读能力就越强”这样的问题的。

如果你很熟悉统计学方法，可能已经在心里对上述结论嗤之以鼻了。按照标准的统计学技巧，只需控制年龄这个变量，就可以排除鞋子尺码与阅读能力之间的关联性。换言之，我们可以将数据集拆分为不同的年龄组，先单独考察在同一年 1 月出生的孩子，再考察同年 2 月出生的孩子，以此类推。如果我们的数据集足够大，就可以发现在每个子集中，鞋子尺码与阅读能力之间都不存在关联性，因此“鞋子越大，阅读能力就越强”这个假说便可以被推翻。这样不就是用数据回答了这个问题吗？

可问题是，我们怎么知道应该控制年龄变量呢？珀尔最根本的论点在于，控制年龄变量这个决定基于我们潜在的直觉，而这个直觉是我们没有明确承认的。换句话说，控制年龄变量是数据本身没有提供给我们的一个主观判断。

为了证明这一点，珀尔又列举了一个最早由费利克斯·埃尔维特（Felix Elwert）和克里斯·温希普（Chris Winship）提出的案例。这个例子也涉及三个变量，分别是好莱坞演员的才华、名气和外形。当然，我们难以测量这些特征，因此不太可能就此开展严肃的研究，但这个例子仍能很好地说明珀尔的观点。假设对于这个案例，我们提出的问题如下：长得越好看就越有才华吗？

假设我们收集到了关于好莱坞演员的真实数据，并发现在整个数据集的层面上，外形指标与才华指标之间没有关联性。这样看来似乎答案是否定的，长得好看并不能带来才华。但如果我们控制“名气”这个变量呢？也就是说，我们将数据集拆分，单独考虑最有名的演员，然后再考虑名气稍逊的演员，如此类推一直到最没有名气的演员。假设每个子集的数据都显示，外形与才华之间是负相关关系。换言之，长得越丑，越有才华。珀尔指出，这个结论在现实中是可能的，因为长得丑或者没才华都会导致难以出名，而如果长得又丑又没才华，想出名简直是白日做梦。但这样一来，也就意味着控制了“名气”这个变量之后，我们就得出了一个令人震惊的结论——有才是因为长得丑！

在这个例子中，背景直觉会告诉我们，控制名气变量是一个错误的选择。但是珀尔指出，如果单以数据判断，我们是完全无法区分这两种不同情境的。在第一个例子中，我们要对“年龄”这个第三变量进行控制；而在另一个例子中，我们不需要对“名气”这个第三变量进行控制。事实上，如果谨慎地设计 6 个变量的计量方式，那么我们从两个情境中收集到的数据可能就会完全相同。对于这种情境不同但数据相同的情况，我们就更加难以分清，要评估前两个变量之间的相关性是否要控制第三个变量了。

读到这里，熟悉统计学方法的读者可能已经暴跳如雷，要扔掉这本书了。毕竟，“相关性不代表存在因果关系”的教条你已经听过无数遍了，什么“长得越好看就越有才华吗”“是不是鞋子越大，阅读能力就越强”这样的问题根本就不该问出来。但现实是，统计学最有价值的应用就是在回答这类涉及因果性的问题上。“这种药能不能治愈这种癌症？”如果我们干脆放弃，禁止提出这样的问题，那么人类将蒙受重大打击。珀尔认为，应该将“相关性不代表存在因果关系”改成“有些相关性确实代表存在因果关系”，然后给出什么样的相关性能代表因果的判定方法。他的基本论点还是，我们不能忽略人主观的背景直觉。

主观因果

研究数据收集与分析的统计学，以及作为推测可能性的数学方法的概率论，经常被认为能让我们不受主观判断影响，客观地解答有关这个世界的问题，也就是所谓的“让数据说话”。但珀尔认为，这种客观性方法从根本上来说是不能用来推断因果关系的：

> 不同于相关性以及主流统计学的很多其他工具，因果分析要求使用者做出主观判断。他必须就因果过程的拓扑学原理，画出一个能反映他本人质性信念——或者他所在领域的研究人员的共

识——的因果关系图。为了实现客观性，他必须放弃已经有几百年历史的客观性教条。在涉及因果性的问题上，稍稍善用主观判断便可以帮助我们了解现实世界，这是无论多少客观事实都无法比拟的。[8]

珀尔将这一原则归功于在本书第 8 章与豚鼠一起“出现”的休厄尔·赖特。他说，赖特曾遭到主流统计学者的猛烈抨击。这些人指责赖特试图从相关性中推出因果关系。但这种指责其实是对赖特的误解。赖特非常清楚，我们无法从相关性中推出因果关系，这一点也正是每个统计学者都深知的事实。为了捍卫自己的观点，赖特写道：

将关于相关性的知识与关于因果关系的知识结合起来以获得特定的结论，是完全不同于从相关性中推导出因果关系的。[9]

赖特认为，如果我们假定存在因果关系，那么相关性便可以被用于说明这种因果关系的强度。

对于因果关系推理，珀尔的因果关系图是一种更强大的工具。以上述的鞋子尺码这个例子来说，如果我们主观认可年龄与鞋子尺码和阅读能力之间分别存在因果关系，我们便可以利用示意图，从年龄出发画出两个箭头，分别指向另外两个变量（参见图 11.1 左图）。这张图表示，年龄对鞋子尺码和阅读能力都有因果影响。然后，在这张图的基础上，统计学研究可以帮助我们衡量这两对因果关系的强度。数据无法直接告诉我们年龄的增长是否引起了鞋子尺码的变大，但是可以告诉我们在假设这两者存在因果关系的情况下，这种因果关系有多强。如果数据揭示出因果关系很弱，那么我们或许就可以认定两者之间不存在因果关系；但是如果数据支持两者之间存在强因果关系，

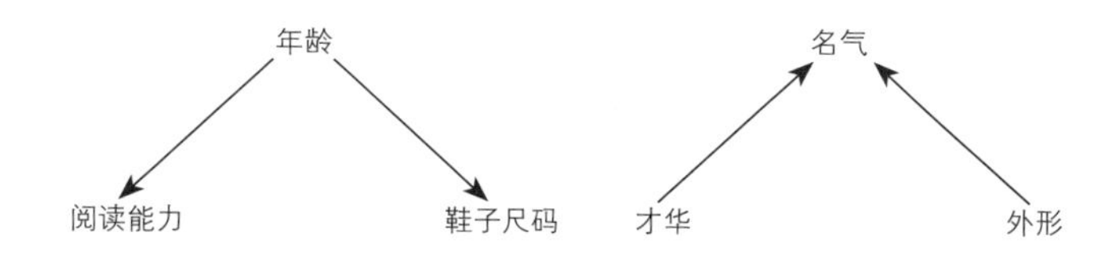

图 11.1　反映对于因果关系的主观判断的两张因果关系图。基于珀尔、麦肯齐的《为什么：关于因果关系的新科学》(2018)

那么同样的数据也可以用于支持“是鞋子尺码变大引起了年龄的增长”。我们之所以排除了这个结论，是出于我们的背景直觉而不是数据本身。

对于第二个例子，箭头的方向与图 11.1 的左图完全相反。才华指向名气，外形也指向名气，说明才华与名气、外形与名气之间都存在因果关系。同样地，本图只代表一种主观判断，而在因果关系图的框架下，统计学研究可以用来衡量假定的因果关系的强度——比如，外形与名气之间的因果关系有多强。

混淆变量问题与对撞变量问题

我们可以将因果关系图作为研究两个假说的背景信息，从中我们可以看出，鞋子尺码对阅读能力有影响，外形优劣对才华有影响。图 11.2 中用虚线箭头加问号表示这两组假定的因果关系。但是我们如何使用数据衡量这两组因果关系呢？应该控制哪个变量？如果我们不控制年龄变量，那么数据会支持“鞋子越大，阅读能力就越强”的假说。也就是说在这个例子中，不控制年龄变量会导致统计学上的错误。但是在另一个例子中，控制了名气变量才会导致统计学上的错

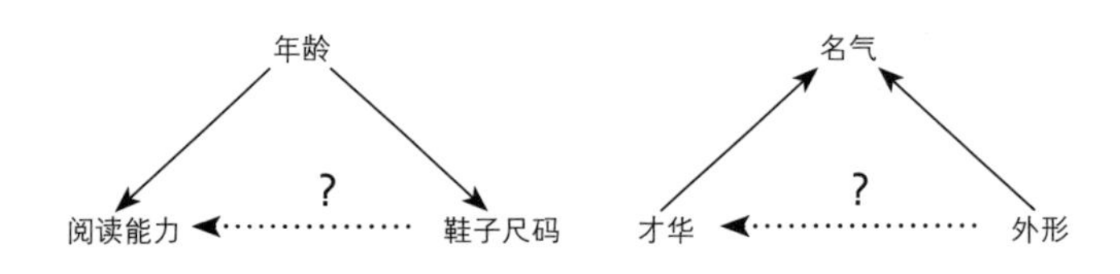

图 11.2　可以用图 11.1 的背景信息验证的两个因果关系假说

误。因为如果我们控制了名气变量，那么数据就会支持“长得越丑就越有才华”的假说。

珀尔提出的方法出奇地好用，尽管要理解它的工作原理需要进行更深入的思考。珀尔将图 11.2 中左图的这种一个变量（年龄）指向另外两个变量（阅读能力和鞋子尺码）的模式称为“混淆变量问题”（confounder）。具体来说，年龄是阅读能力与鞋子尺码两个变量之间的关系的混淆因子，因为它与两个变量都有（假定的）因果关系。珀尔将图 11.2 中的右图这种两个变量（才华和外形）分别指向同一个第三变量（名气）的模式称为“对撞变量问题”（collider）。名气便是才华与外形两个变量之间的关系的对撞因子。

这个规则就非常简单了。可以控制混淆因子，但不要控制碰撞因子。珀尔的方法的精妙之处在于，它让我们得以用示意图的形式直观地呈现背景的假设，并提供了一种从示意图中得出正确处理数据的简单公式。当然，我们所得出的结论只有在我们对因果关系的假设是有效的情况下才会有效。而数据本身是不能验证假设正确与否的。对于图 11.2 中用虚线箭头表示的问题，如果我们假设实线箭头表示的关系是真实可靠的，并基于此判断是否应该控制第三变量，那么数据就会告诉我们，两个例子中虚线表示的因果关系强度都非常弱，或者根本不存在。

对于实线箭头表示的假设关系，“真实可靠”又代表什么呢？如果伯特兰·罗素是对的，那么它其实什么都代表不了——至少从主观的现实角度来说是这样的。但对于一个抱着自己有采取行动能力的第一人称幻觉（如果可以称之为“幻觉”的话）的个体来说，假设因果关系的真实性有很大的意义。从我们第一人称的自我角度来看，行为是有后果的。但因果关系以及我们基于因果关系所进行的责任归因，本质上都是主观的。

> 因果分析断然不只与数据有关；在进行因果分析的过程中，我们必须结合自身对于数据产生过程的理解，只有这样才能获得起初无法从数据中获得的认识。[10]

如果我们事先没有对数据产生过程有一些了解，那么仅凭观察数据并不能帮助我们发现因果关系。对于我们希望能获得因果推理能力的机器来说，这可不是什么好消息。这意味着机器只有先获得某种程度的理解和主观性，才能处理因果关系的概念。如果机器不能对因果关系进行推理，我们又如何让它们对所发生的任何事情负责呢？接下来，我将论证，机器实际上具有因果推理的能力，并且已经在这么做了。

假设干预：反事实推理

对于机器来说，并非任何程度的理解和主观性都是触不可及的。它们可以通过干预而非简单观察的形式学习因果关系。如果它们可以与作为研究对象的系统进行交互，那么因果关系的推理也就有了可能。交互比观察更加有力。

不过在实践中，干预有其局限性。就拿上文所述的演员名气的那个例子来说，我们不能随便设定演员的才艺水平，然后测量他们的名气。这里，我们可以采用反事实（counterfactual）推理的方式。所谓“反事实”就是完全与事实不符的陈述。比如我们可以说，“如果索菲亚·罗兰没有现在这样的美貌，她的名气也不会像现在这么大”。这就是一个反事实陈述，因为索菲亚·罗兰并没有变丑。一个能让她变丑的干预实验很可能是不符合科学伦理的，我们应该尽力避免。如此一来，美貌带来名气的因果关系可能就永远无法得到证明——至少无法以这种方式证明。但反事实推理有助于确定我们对直觉的置信度，而一旦确信了这种因果关系，我们就可以用这个假定去检验其他的因果关系，比如外形与才华之间的关系。

朱迪亚·珀尔的工作，正是为了让人工智能更多地表现出类人的智能：

> 人工智能研究者们……希望制造出能够与人类讨论在不同场景下应该归功于谁、归咎于谁、谁该负责、谁该道歉的机器人。这些全都是反事实的概念，人工智能的研究者们必须首先将这些概念机械化，否则所谓“强人工智能”——类人的智能——就完全没有可能实现。[11]

反事实推理可以被理解为一种假设干预，就像我们在第10章讨论过的伪自传人。按照珀尔的观点，反事实推理虽然牵涉真实生活中永远不可能被观察到的变量，却为我们提供了一件强大的推理工具。不过，反事实推理仍然离不开主观的解读。

实际干预

很多时候，我们能做的并非只有假设干预。打个比方说，我们想评估某种药物对治疗特定疾病是否有效。换言之，我们希望衡量疗法（是否使用某种药物）与健康指标之间的假设因果关系的强度（参见图 11.3）。假设存在一个混淆因子，即某个对患者接受治疗的可能性和患者健康都会产生影响的因素。这个混淆因子可能是性别、年龄或者基因。说具体一点，假定女性患者比男性患者更倾向于接受某种疗法，并且这种疾病的女性患者也比男性患者更容易康复。这种情况下，性别就是混淆因子，如果不对其加以控制，结果就会出现偏差。

很多情况下，我们并不知道潜在的混淆因子是什么，并且有的混淆因子可能无从度量。比如，可能存在某种未知的基因因素。我们没办法控制无从度量或者不知其存在的混淆因子。那么，评估药效是否就成了不可能完成的任务呢？

珀尔指出，（在条件允许的情况下）主动干预是一种排除隐性混淆因子干扰的有效方法。这再一次凸显出，交互比单纯的观察更有力。我们必须通过某种方式确保一些患者接受了治疗，而另一部分患者没有接受治疗。医生的意志行为（act of will）可以实现这样的效果，

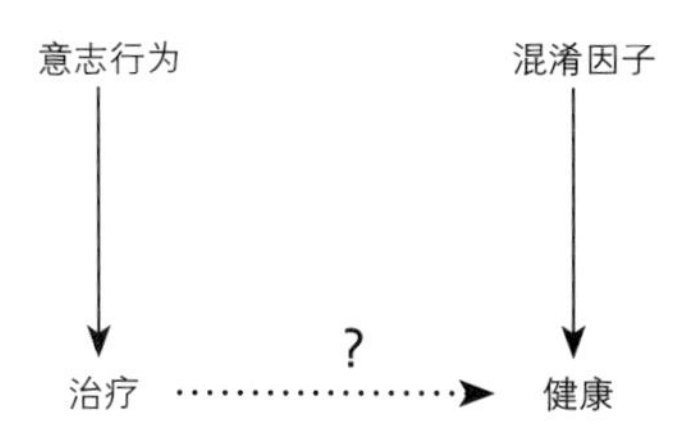

图 11.3　左侧的因果关系图指导需要控制混淆因子的药物有效性评估，右侧则表示意志行为排除了混淆因子的影响

其结果如图 11.3 所示。珀尔称之为“do 算子”（do-operator）。简单来说，就是做一件事（比如让患者服用某种药物），然后观察对象的反应。意志行为如果是真正自由的、不受混杂因子任何影响的，便可以打破混淆因子与是否使用药物之间的因果关系，混淆因子也就不用被控制了。

不过，这中间还隐藏着一个陷阱，那就是我们如何保证意志行为不受混淆因子的影响？或许医生更偏好选择女性患者作为药物测试的受试者，这样一来混淆因子其实并没有真正被排除。预防这类风险的标准做法是随机选择服用药物的对象，而不是由医生主观选择。在涉及因果关系推论的问题上，随机行为可以实现完全自由意志的效果，我认为这一点是非常惊人的。这说明，非确定性与自由意志之间的关系比萨姆·哈里斯所说的更微妙（参见第 10 章）。

我将在下一章中证明，自由意志不能完全等同于随机选择。如果医生基于自由意志选择接受疗法的患者，那么实验的结果仍然不能完全使人信服。旁观者总是会心存疑虑，认为医生的主观偏见影响了选择。只有医生本人，作为第一人称的自我，才会确信实验是真实可靠的。而如果医生通过当众抛硬币的方式确定哪些患者接受治疗，那么旁观者也就不会疑心有主观偏见了。

随机对照试验

在医疗等很多领域，随机对照试验（RCT）是确定因果关系的黄金标准。RCT 的操作方式是，首先选定一群患者，然后在其中随机选择若干患者服用要测试的药物，其余的患者则被给予相同外观的安慰剂。理想状态下，无论是患者还是工作人员都不知道谁服用的是药物，谁服用的是安慰剂，这样一来，测试样本的选择就是完全随机的，不受患者特性的任何影响。与意志行为类似，这也是一种干预形式，因为我们已经为每个患者都设定了“是否服药”这一变量的值。

RCT之所以能起到作用，是因为它消除了因果关系图中所有指向“患者是否服药”这个变量的箭头（参见图11.4）。这样一来，这个变量就不会受到患者的性别、年龄或者基因等其他变量的影响，也就消除了服用药物与患者健康之间的混淆因子。当然，受试患者整体样本的构成也很重要；比方说，如果整体样本中只有男性患者，那么我们基于此开展的研究就无法获得任何关于受试药物是否对女性患者有疗效的信息。

如今，RCT在软件中也已经得到了广泛应用。比如，脸书在考虑是否调整用户界面的时候，就会随机选择用户，向其展示新界面。它可以测试用户的反应——比如他们是否会点击广告——然后将结果与使用原界面的对照组的进行比较。通过这种方式，脸书软件就可以确认新用户界面的某些特性是否增加了用户点击广告的频率。这个过程可以自动化实现，使软件通过试验的方式“学习”促使用户点击广告的原因。与单纯的关联性相比，这是一种更为强大的推理形式，软件可以借此设计和优化自身的用户界面，甚至面向个体用户或者特定用户群定制界面。

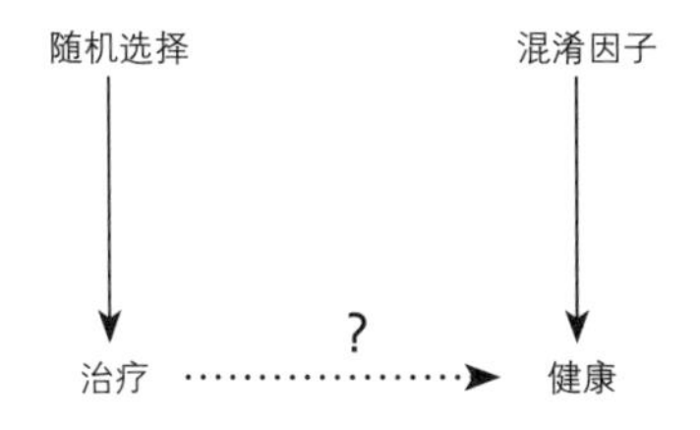

图11.4　使用RCT评估治疗效果的因果关系图

人类也会这样做，虽然并非像软件那样在严格的控制之下。我们试验自己的“用户界面”，也就是我们与他人的互动方式，并（希望可以）持续改进。我们可能会尝试在见到别人时与别人碰拳头而不是握手，或者调整握手的力度。如果我们随机选择尝试新花样的对象，那么我们实际上就是在进行 RCT。但大多数人都不太擅长随机选择对象，比如，没有人会跟自己所在公司的 CEO 碰拳头。

RCT 有时是不可行的，在另外一些情况下，甚至是有违伦理的。珀尔提到了曾延续几十年的关于“吸烟是否会引发癌症”的争论。如果能以符合伦理规范的方式随机选择一些人让他们抽烟或者不抽烟，这场争论可能早就结束了。但现实中，我们只能在各种关联性和假说中纠缠不清。

无因之果

如果因果推理必然是主观的，那么罗素说物理学不需要因果性，是不是对的？艾萨克·牛顿在 17 世纪开创的经典物理学，充斥着力的概念和对力的确定性反应。尽管罗素曾对此提出挑战，但大多数人仍然会从因果的视角来解读经典物理学。实际上，表示“力”的英文单词“force”原本的含义便是引起变化的原因。这个经典的理论还被认为提供了一个宇宙万物皆有因果的决定论框架。但这个理论存在漏洞，即承认了非确定性和无因之果。

科学哲学家约翰·诺顿在这方面给出了一个绝佳的例子。[12] 诺顿这个例子考察的对象就是我们在前一章讨论过的一个圆球立在小丘顶端的系统（参见图 10.4）。诺顿指出，在不违反牛顿提出的任何定律的前提下，这个圆球完全可以在不受任何外力作用的情况下，从任意时刻开始自发地沿任意方向滚下小丘。他的论点十分缜密，任何研究过物理学的人都会为之一惊（至少我在初次得知时大为吃惊）。

牛顿第二定律指出，在任意时刻施加在一个物体上的外力等于该物体的质量与加速度的乘积。如果物体没有受到外力作用，那么加速度一定为零；如果加速度为零，则其速度不变。按照这个逻辑来看，如果圆球立在丘顶不动，也没有受到任何外力作用，那么圆球应该保持静止，速度始终为零。但是诺顿指出，在不违反牛顿第二定律并且无外力推动的情况下，圆球完全有可能在任意时刻 T 开始往山下滚。在时刻 T，圆球的速度为零，加速度为零，因此静止不动。但在时刻 T 之后，比如 $T+\varepsilon$，无论这个表示增量的 ε 多么小，圆球都有可能不再处于丘顶的中心位置，而是运动到了斜坡上。而这就意味着重力会沿着下山的方向对圆球施加一个不为零的力，此时圆球的加速度也就相应地不再为零。

让我再重复一遍，因为根据我的经验，即便是物理学领域的专家也不太容易理解在时刻 T 究竟发生了什么。在时刻 T，圆球静止不动，施加在圆球上的合力为零，圆球没有加速度。而过了时刻 T，圆球开始运动，施加在圆球上的合力不再为零，圆球开始以加速度向山下运动。这个过程可以在不违反牛顿第二定律的前提下在任何时刻 T 发生，并且圆球的行为在每一个时刻都符合牛顿第二定律。

诺顿下面的这段话可能有助于我们理解：

> 我们习惯于认为 $t=T$ 这个时刻是物体运动的第一个时刻。但其实并非如此。实际情况是，时刻 T 是物体静止不动的最后一个时刻。根本不存在物体运动的第一个时刻。[13]

诺顿应该换个说法，表述成“根本不存在物体加速的第一个时刻”，因此也就不存在需要外力推动物体运动的时刻。但是我们已经明白了他要表达的意思。在 T 之后的任意时刻，由于重力的斜坡分量这个非零外力的存在，物体会加速运动。

牛顿其他定律情况又如何呢？如果小球自发滚下山坡，是否会违反牛顿其他定律呢？牛顿第一定律指出，在没有外力作用的情况下，物体会保持静止或者做匀速直线运动。小球自发运动看上去似乎违反了这条定律，但其实并没有。因为外力可能会随着时间不同而有所变化，所以我们需要从每个时刻考察物体是否符合这条定律。这样一来，诺顿给出的例子在每一个时刻都符合牛顿第一定律。假设 T 是小球保持静止的最后一个时刻，然后对于任意 $t \leqslant T$，由于没有外力作用在小球上，小球会保持静止；而到了任意 $t > T$，由于非零外力对小球的影响，小球开始加速运动。

牛顿第三定律，也就是“每个作用力都有大小相等、方向相反的反作用力”又如何呢？在这里，我们必须首先明白重力的一个奇特之处。当重力对小球施加作用力、导致小球下落时，小球也对地球施加了一个大小相同、方向相反的反作用力，引地球上升。但是地球的质量远远大于小球的质量，因此对于地球来说，小球对其施加的力可以忽略不计，而小球的作用力造成的地球的加速度也小到无法测量。换个说法，当一只蚊子落到你身上的时候，它同样对你施加了推力，但是你不会因此而倒下。

我们要从每个单一时刻的角度去看待牛顿第三定律。对于任意 $t \leqslant T$，尽管重力牵引着小球向下，但山丘的刚性抵消了重力，小球所受的合力为零。相应地，地球所受的合力为零，所以地球没有上升。但是对于任意 $t > T$，小球受到的向下的非零合力将与牵引地球向上的非零合力相抵。后者的效果虽然是无法测量的，但它仍然存在，因此这时的小球也没有违反牛顿第三定律。[14]

亚稳态

无论是计算机还是有机生物，都不是由山顶小球构成的。但它们的数字环路和神经元却容易受到类似的无因之果的影响。小球立在山丘顶端的时候，处于所谓的亚稳态（metastable state）。这种状态在技术上是稳定的，但细看之下，小球随时可能在没有受到外部影响的情况下脱离稳态。数字环路——特别是介于连续的物理世界与离散的数字电子世界之间的数字环路——容易无限期地处于亚稳态当中。[15] 因此，问题并不仅限于山顶小球这种可爱的例子。这是介于属于计算机的离散、计算性的世界与连续的物理世界之间的一个根本性问题。

生物学家观察到，神经轴突也存在亚稳态行为：在某些条件下，神经轴突可以拥有两个静息电位。[16] 因此，亚稳态可能在大脑功能中也扮演着某种角色。

决定论

因果关系的概念离不开决定论。广义上，物理世界的决定论指的是世界万物都因宇宙先前的某种状态而注定，只是依照物理法则不可避免地发生。约翰·厄尔曼（John Earman）在《决定论入门》（*Primer on Determinism*）中对很多先贤在理解这一概念的过程中所遇到的困难表示感同身受：

> 这足以让人强烈地怀疑，除非构建一套全面的科学哲学理论体系，否则我们无法真正地理解决定论。既然我本人并没有

这样全面的观点可以向诸位分享，那么我只能以谦卑的姿态，希望能实现我为自己定下的目标。另外，当我讲述的理论变得过于复杂时，我都会预先提示——尽管这个决定似乎有些胆小了。但是，即便我们谨小慎微地对待，决定论对科学哲学在广度和深度方面很多迷人的重要问题的彰显，仍然让我们对其赞叹不已。[17]

厄尔曼坚持认为，“决定论是一种有关世界本质的教条”。如果我们将其定义为物理世界模型的一种特性，而不是物理世界本身的特性，决定论或许可以变得更容易理解。[18] 我们可以对模型的决定论做出以下定义：

> 如果在给定一个模型的初始**状态**，以及对该模型的所有**输入**的情况下，模型只有一种可能的**行为**，那么这个模型就是确定性的。

换言之，如果一个模型无法以两种或者两种以上的方式对同样的条件做出反应，那么这个模型就是确定性的。可能的反应只有一种。在这个定义中，必须在建模范式中界定“状态”“输入”“行为”这些加粗的词，才能确保定义的完整性。模型中需要有“输入”的概念，而这本身就需要因果关系的概念作为前提。[19]

例如，如果以一个小球于时刻 t 在一个欧几里得空间里的位置作为其**状态**，将在每个时刻 t 施加在这个小球上的力作为**输入**，将小球在空间中的运动作为其**行为**，那么牛顿第二定律似乎就可以为我们提供一个确定性的模型，我们便可以得知小球将会如何运动。但正如我们刚才所讨论的，这个模型实际上并非完全是确定性的。

力

力的概念及其与因果性的关联处于经典物理学的核心位置。卡尔·西格蒙德在对维也纳学派哲学的精彩记述中，援引了科学哲学领域的奠基人之一、物理学家恩斯特·马赫（Ernst Mach）的话：

> 让我们将注意力转向力的概念……力是一种能导向运动的条件……在能引起运动的各种条件中，我们最为熟悉的便是我们自己的意志行为，也就是我们神经冲动的结果。对于我们自发的运动，我们总能感觉到一种推力或者是一种拉力。于是，我们从这个简单的事实出发养成了一种习惯，那就是将一切引起运动的条件想象成类似于意志行为的东西，也就是一种推力或者是一种拉力……
>
> 无论什么时候，只要我们试图将［力的］概念轻视为主观的、泛灵的、非科学的，我们就必然会失败。当然，强行压制天然的想法、刻意禁止我们的大脑产生这样的念头，也是没有好处的。[20]

西格蒙德将马赫的激进观点归纳为，“因果关系不过是事件之间的常规联系。从这个意义上来说，因果关系并不能提供额外的‘解释’”。因此，因果、意志、力和自由意志的概念都难以分割地交织在一起，并且所有这些或许都是人脑建构出来的，而不是这个世界的客观事实。照这么说，这些概念是否超出了机器的能力范围？

选 择

当我放慢车速或者推开房门，我是不是选择了做出这些动作？做出这样的选择意味着什么？希契科克也观察到，因果的概念与自由意志和决定论密切相关。他援引哲学家戴维·休谟和R. E. 霍巴特（R. E. Hobart，迪金森·米勒的化名）的论点说道：

> 如果我们的选择与它们的客观结果之间没有任何联系，那么自由就会受到损害。但是，如果我们试图将决策过程本身纳入决定论的框架，问题就出现了。[21]

正如我在前一章解释过的，丹尼尔·丹尼特很好地解决了这一问题：他提出，自由意志本身是一种人类的认知构建，就像马赫说力和因果的概念都是人类的认知构建一样。让问题变得更复杂的是，尽管因果关系是自由意志存在意义的必要条件（我们的行为必须有结果），但对很多人来说，自由选择意味着选择本身不受前置条件的影响。曾以神经科学最新成果视角重新检视哲学问题的加利福尼亚大学圣迭戈分校的哲学家帕特里夏·丘奇兰德在其作品《触碰神经》（*Touching a Nerve*）中很好地解释了这种观点：

> 你可以说，如果你有自由意志，那么你的决定可以没有任何原因——促使你做出决定的，不是你的目标、情绪、动机、知识或者其他任何东西。按照这种观点，你的意志（不管它是什么）凭借理智（也不管它是什么）做出了一个决定。这被称作自由意志的反因果（contracausal）解释。“反因果”这个名字就反映了这样一种哲学理论：真正自由的选择并不是由任何东西引起的，或者至少不是由大脑活动之类的任何物理因素引起的。按照这种观点，决定是不受前因影响的。德国哲学家伊曼努尔·康德就持有类似的观点，一些近代的康德追随者们也是

如此。[22]

在丘奇兰德看来，这种自由意志的反因果解释并没有获得广泛接受。她说，“支持这种观点的主要是哲学学者，而不是牙医、木匠或者农民”。她提出了一个更接近常识的定义：

> 如果你打算做一件事，知道自己在做什么，心智正常，并且你的决定并不是在受胁迫的情况下做出的（没有人拿枪指着你的头），那么你就表现出了自由意志。这大概就是我们所能给出的最好的定义了。[23]

丹尼尔·丹尼特也对反因果解释不以为然：

> 自由意志不是某些“显象图景”（manifest image）的民间意识形态所声称的一种隔绝因果的神奇之物……我完全赞同科学界的观点，即那样的自由意志只不过是一种幻象，但这并不意味着自由意志在任何具有道德意义的层面上都是虚无缥缈的。它像颜色、像美元一样真实。[24]

不过，如果真的像罗素所说的那样，因果关系本身（只是）像颜色和美元一样真实，那么丘奇兰德和丹尼特的常识视角的自由意志理论便完全符合因果论。毕竟，这两个人所说的自由意志只需要是一种心理状态，不必存在于物理世界。此外，丹尼特还指出，自由意志存在的意义也在于它在道德系统中的作用，而道德系统本身又是一系列心理状态的集合。或许我们可以说，自由意志、因果关系和道德一起构成了一个自洽、有效的动态心理状态集合，这些幻觉能够帮助我们过好我们的生活。但随着丰富的反馈机制的引入，人工智能也将习得因果关系的概念，并为自己的行为承担道义上的责任。此前那种乐观的平静即将被打破。

决定论与相互作用

约翰·诺顿所举的随时可能滚下山丘顶端的圆球的例子说明，牛顿第三定律不仅不要求运动一定要有原因，更没有给我们提供一个确定性的模型。给定同样的初始状态（圆球立在山丘顶端）以及同样的输入（除重力之外不对圆球施加其他的力），很多行为都为这个模型所容许。

尽管如此，我们对物理世界的科学理解依旧大致是确定性的。早在19世纪初牛顿力学鼎盛之时，法国科学家皮埃尔-西蒙·拉普拉斯（Pierre-Simon Laplace）就曾提出，如果存在一个“伟大的智者”（后被称为“拉普拉斯妖”），知晓宇宙中每个粒子的准确位置和速度，那么每个粒子过去和未来的位置与速度就都完全确定下来了，并且可以按照经典力学的法则计算出来。[25] 正如诺顿的粒子表明的，即便没有量子力学和相对论这样更为现代的物理学理论，拉普拉斯也过度阐释了牛顿力学的确定性。实际上，牛顿力学是允许非确定性的。[26]

量子力学中波函数的盖然性呢？它是否会动摇确定性宇宙的根基？已故的物理学家斯蒂芬·霍金认为它不会：

> 起初，放射性原子衰变随机发生这类20世纪初的发现似乎给完全确定性的愿景造成了沉重的打击。用爱因斯坦的话来说，好像上帝是掷骰子的。但科学以偷梁换柱的方式，重新定义了

"宇宙的完整知识"，从而逆转了败局。[27]

霍金这里指的是，描述波函数随时间变化的"薛定谔方程"（Schrödinger equation）是确定性的。实际上，我们可以利用量子理论，重新定义我们宇宙模型中的状态和行为，将非确定性的模型变成确定性的。霍金总结说："在量子理论中，我们根本不需要同时知道［粒子的］位置和速度。"这也就是说，我们只要知道波函数如何随着时间变化就足够了。位置和速度再也不能代表一个系统的状态或者行为。

不过，薛定谔方程描述的是一个孤立系统如何随着时间的改变而变化。量子力学面临着一个棘手的"观察者问题"（observer problem），亦即外部观察者的存在本身就足以改变系统的行为。[28] 量子物理学告诉我们，不可能存在没有相互作用的观察。换言之，你不可能置身于系统之外，单纯地观察系统而不对系统造成影响。不仅交互比观察更强大，而且单纯的观察根本不可能实现！不受观察者性质影响的客观统计推断在物理学上是无法实现的。主观性才是主宰！

随机性世界中的确定性机器

我在前一章里提出，决定论探讨的是不同可能性之间的分歧是何时消解的，而不是为什么或者如何消解的。在假设的确定性宇宙的极端案例中，不同可能性的消解发生在创世之时，也就是宇宙大爆炸的时候。但是，这种极端形式的决定论与我们当下对于物理学的理解是不相容的。

然而，人类已经花费了大量精力要把计算机做成确定性的。如果不是看中了计算机运行中近乎完美的确定性特征，我们是不会放心地用它们来管理全世界的银行业务系统的。但“近乎完美”毕竟还不能等同于完美。另外，随着机器的具身性越来越强（参见第7章），机器的运行中将融入更多样的物理过程，这就导致更多的非确定性因素进入了这个体系。

奥地利裔英国科学哲学家卡尔·波普尔是客观性和确定性宇宙的支持者。他认为，我们之所以无法预测结果，并不是因为这个世界固有的随机性，而是因为我们未能充分了解位于世界底层的物理系统的全部细节。[29] 但这就带来了一个问题，那就是这样的一种认识是不是可能的。如果我们想要通过测量物理环境获得这样的知识，那么就必然受限于香农的信道容量定理（参见第8章）。

既然交互比观察更有力，那么随着人工智能干预环境的能力越来越强，它们的学习算法也必然像脸书用户界面那个例子一样获得越来越强的因果推理能力。珀尔认为，要讨论机器智能的问题，必须具备以下前提条件：

> 在我看来，强人工智能应该是一个可以反思自己的行为、吸取过去的教训的机器。它应该能理解“我本应换种做法”这句话的意思，无论是人类告诉它这样做还是它自己得出了这样的结论。[30]

恒温器应该认识到，是它使室内气温产生了波动。这样的认识能使恒温器更好地进行自我测试，并使其能够在室内电线搭错的情况下自动关闭（参见第9章的例子）。实际上，所谓“自我意识系统”（self-aware system）正是这样一个方兴未艾的领域，全世界每年都会召开多场座谈会讨论如何设计出可以收集关于自身当前状态和周围环境的信息、推断自身行为并做出必要调整的软件。主动干预环境是此类系统的必要工具；而主动干预是一种第一人称的活动，不是第三人称的观察。下一章中，我将更深入地探讨交互与第一人称的主观自我之间的关系。

第 12 章

交 互

交互为王

这一章里，我想跟大家分享一下我对于以下问题的思考：机器有没有自我感，或者说机器是否具备以第一人称参与者身份进行交互的能力，真的重要吗？机器是否具有与你我（假设正在读这本书的你也是人类）相同的“自我”，真的重要吗？如果即便没有这样的自我感，它们也能做到所有我们人类能做到的事情，那么我们就可以说，前面两个问题的答案就是否定的。但在思考上述问题的过程中，我发现某些技术结果表明，有些事情如果不能以第一人称进行交互，那么就无法实现。实际上，我们可以用这些技术结果给“第一人称交互”（first-person interaction）这个困扰了哲学家几百年的概念赋予技术上的意义，以抓住那虚无缥缈的“自我”。

我想跟大家分享的观点基于一些非常技术层面的计算机科学概念。我会尽力解释清楚这些概念，但如果你对技术内容的容忍度比较低，那么你大可跳过这章剩余的部分。下一章的内容更贴近日常生活。这里要说的基本的一点是，第一人称交互可以做到第三人称观察者做不到的事情。举例来说，如果没有第一人称交互，就无从区分可以拥有和无法拥有自由意志的个体。我还会说明，自由意志和随机选择几乎是可以互换的，但不完全相等。这两者的区别也是第一人称的：拥有自由意志的“我”可以获得第三方观察者无法获得的信息，而如果用随机选择替代自由意志，就会导致第三方观察者也能获得这部分信息。请各位耐心读下去。这里面的概念微妙且深邃。

交互将观察与行动融为一个闭合的反馈环路。我们之前见过的各种例子都能证明交互的力量。在第 4 章中我们提到，过去 10 年中逐渐成熟的人工智能领域最大的突破，就是用反馈取代了此前 GOFAI 的开放环路。深度学习本质上就是一种反馈方法，而正如我们在第 6 章讨论过的，深度学习的反馈结果也复杂到无法解释。

在第 5 章，我们提到了哈罗德·布莱克在 20 世纪 20 年代的时候是如何发现反馈可以弥补前馈环路（feed-forward circuit）的不足的。他提出的反馈环路能够优化环境，衡量环境的反应与预期反应之间的偏差，然后重新调整，以求缩小偏差。如今，布莱克的反馈原理已经在很多工程系统中得到应用。有了它，小型扬声器的音质会更好，智能音箱也能在播放音乐的同时听清你的指令。它既能帮助飞机平稳飞行，也能用于击落飞机，还能使汽车引擎正常运转。它可以防止刹车时车轮抱死，阻止汽车相撞，避免管道冻结。它能托举股市，也能瞬间砸盘。在生物系统中，反馈机制塑造了骨骼，催生了智能的话语体系，使生物得以区分自我与非我。

第 7 章中，我们讨论了具身认知这个概念，也就是心智“并不是脱离于身体和其所在环境的存在”。[1] 心智不仅与周边环境发生交互，而且其本身就是大脑与周边环境之间的交互。认知体不是其所在环境的观察者，而是一系列涵盖身体及其所在环境的反馈环路的集合，是一个交互性的系统。

第 10 章中，我们借由对毕加索名画《亚威农少女》的讨论将交互与随机性和自由意志结合起来。在这里，具身认知似乎是显而易见的：画笔、画布和本来随机产生的油彩滴，与毕加索的大脑交会，通过紧密的反馈环路用各种意外事件给大脑带来愉悦感，一幅世界名画也就此诞生。

第 11 章中，我们讨论了"因果关系可能源自心智与周边环境之间的交互，而非基本的物理学原理"这个主题。朱迪亚·珀尔认为，与一个系统交互让我们得以了解系统各组成部分之间的因果关系，而这样的结论在没有交互的情况下是很难得出的。在这一章里，我们同样把交互与随机性（借助随机对照试验）以及意志（珀尔的"do 算子"）结合在了一起。接下来，我将向你证明，随机性与意志之间的这种关系是迷人且微妙的。它们二者并不是完全可互换的。让我们先从"零知识证明"这个美妙的想法谈起。

零知识证明

想象一下莎·菲（Shah Fi）和米克·阿里（Mick Ali）的互动。莎知道某些重要的信息——比如一个密码——并希望向米克证明。她非常看重隐私，因此虽然她想让米克相信她知道密码，但不想让米克告诉别人。她的目标只是说服米克，并在这一过程中不向他提供任何多余的信息。注意，莎·菲不能以告诉米克密码的方式实现这个目标，因为那样一来，米克也会知道密码了。

解决方案之一便是所谓的"零知识证明"（zero-knowledge proof）。让-雅克·奎斯夸特（Jean-Jacques Quisquater）和路易·吉尤（Louis Guillou）与他们的孩子——论文上也有孩子们的合著署名——编的一

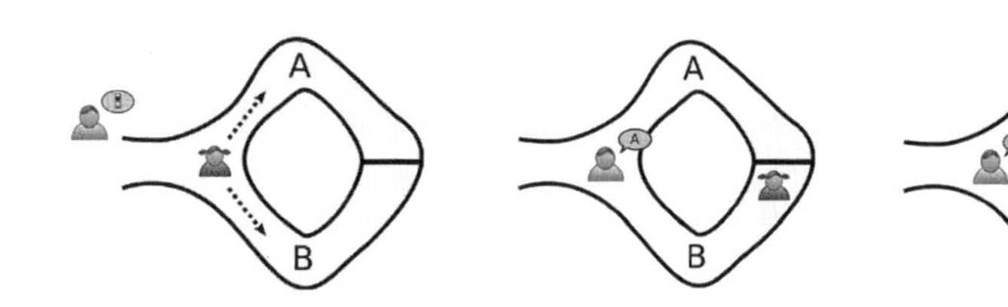

图 12.1　零知识证明的“阿里巴巴的山洞”示意图（基于 Dake 的图作制作，CC BY 2.5，维基共享资源）

个故事可以帮助我们简单地理解这个概念。[2] 故事里有一个形状奇怪的山洞（参见图 12.1），山洞从入口分出 A 和 B 两条岔路。两条岔路都是死路，但二者在尽头通过一道门相连。要想开启这道门，只能使用莎掌握的密码。

莎要向米克证明自己知道密码，其中一种方式就是跟米克一起进洞，让米克在洞口等待，然后沿着岔路 A 进去，再从岔路 B 出来。这样一来，米克就能确知莎知道密码，同时密码也不会泄露给米克。但是如果米克趁其不备，用数码相机记录下了这一切，那么米克就可以向其他人证明莎知道密码。这样一来，米克就拥有了莎不想给他的“能力”。毕竟她其实并不信任这哥们儿！

莎・菲从一条岔路进去再从另一条岔路出来，固然可以令人信服地证明她知道密码。但这种证明方式是其他被动的观察者可见的。这就是为什么米克只要录下事情经过，便足以说服他人。证明的过程不需要与莎・菲进行任何交互。但是如果我们在证明过程中加入了交互，那么莎・菲就能够使米克难以把他知道的事情外传。

因此，一种更好的解决方案是，让米克先在洞外等候，莎一个人进入洞口，随便选一条岔路走进去。假设她选了岔路 B，一直走到了门那里。这时候米克再进洞，走到分岔口，随机指定岔路 A 或者岔路 B。这时的他不知道莎走了哪一条岔路。如果他指定了岔路 A，那么莎就必须使用密码开门，从岔路 A 出来。此时米克还无法确知莎掌握密码，但是他可以确定莎知道密码和不知道密码的概率相等。

然后，米克和莎可以再做一次实验。如果莎可以两次从米克指定的岔路中出来，那么米克可以确定，莎知道密码的概率已经变成了 3/4。对于莎来说，连续两次实验都用不到密码的概率并不高。再进行一次实验，莎掌握密码的概率就会升到 7/8，换言之，她刚好身处米克指定的岔路、不需要密码就可以从正确路口出来的概率已经降到了 1/8。如此重复 10 次，莎不需要密码便可从指定出路中走出来的概率已经降到了千分之一。虽然无法完全排除运气的成分，但只要实验重复的次数足够多，米克要求什么样的概率程度都可以被满足。

不同于之前莎从一条岔路进去再从另一条岔路出来的那项实验，按照这个新的方法，米克无法使得第三方——比如查尔・李（Char Lee）——确信莎知道密码。虽然米克也可以全程录像，但查尔作为一个精明的第三方，会怀疑米克和莎串通，事先约定好米克指定岔路的顺序。只有米克和莎才能知道他们是否有串通。因此，查尔无法像米克那样确信莎知道密码。这样一来，莎保留了矢口否认的余地，而只有米克（几乎）能确定她知道密码。

私下说

这个故事有几个有趣的点。第一，如果莎想向米克证明自己知道密码，同时确保米克无法告诉别人，那么证明的过程中就必须加入交互。如果米克只是单纯的旁观者，观察着莎的一举一动，却不与她交互，那么无论莎靠做什么来证明自己知道密码，米克都可以通过实时录像等方式将这一信息传递给他人。米克只需要向查尔·李展示录像，就能让后者确信莎知道密码。可一旦有了交互，莎就只能说服米克一个人。任何第三方旁观者都无法通过单纯地观察莎和米克的交互便确信莎知道密码，只有参与其中才足以信服。交互比观察更有力，但要让交互发挥作用，你必须以第一人称视角参与其中。这就是交互真正的内涵！米克选择指定岔路 A 还是岔路 B 这个第一人称的行为不可避免是主观的。只有他知道自己和莎没有串通。正如前一章讲过的珀尔的因果关系推论一样，主观方法可以取得客观方法无法达到的效果。

这个故事的第二个有趣之处便是不确定性在其中的作用。按照刚才介绍的方法，莎根本无法在不向米克透露任何多余信息的情况下百分之百地说服米克。我们可以把米克心中残余的不确定性尽可能地变小，但无法把它降至零——至少以这个方法是做不到的。

第三个有趣之处是随机性扮演的角色。米克应该知道，莎（大概率）是无法获知他指定岔路 A 或者岔路 B 的顺序的，但这一点外人并不知道。米克每一次都可以根据自己的自由意志做出选择——如果他有自由意志的话。实际上，米克只需要相信他拥有自由意志，相信他是在岔路 A 和岔路 B 中间随机选择的即可。只要如此，他就能以较高的置信度确认，莎确实知道密码。岔路 A 还是岔路 B 的选择是米克有意识做出的，还是由他大脑中的某种无意识的机制做出的，这都无关紧要。如果米克相信他拥有自由意志，那么这个系统的每个方面都会严格按照他拥有自由意志的设定来运行。这支持了丹尼尔·丹尼特关于自由意志的观点，否定了萨姆·哈里斯的看法（参见第 10 章）。

现在设想另外一种情况：假设米克的选择不是基于他自己的自由意志，而是依靠外部的随机性来源做出的。比方说，他可以采取掷硬币的方式决定是选岔路 A 还是岔路 B。但这会导致信息泄露，因为他可以录下掷硬币的过程，而只要有了米克掷硬币的录像，查尔·李这样的第三方旁观者便可以像米克一样确定莎知道密码，因为录像会清楚地表明米克和莎并没有串通。为了保证莎的隐私，米克必须以某种不外显的方式做出是选岔路 A 还是岔路 B 的决定，而这样一来，他也放弃了说服第三方的能力。

正如前一章讨论过的，朱迪亚·珀尔提出，意志行动（也就是 do 算子）与随机选择（比如随机对照实验）或多或少是可以互换的。米克和莎的故事告诉我们，要保证 RCT 有效，每个观察者都必须相信随机性，相信不存在串通。与莎面临的情况不同，RCT 的意义正在于说服所有人，而莎只需要说服米克一个人。说服所有人最简单的办法就是将生成随机选择所使用的机制公之于众，比如公开掷硬币的过程。自由意志行动本身是不可见的，因此无法像 RCT 那样得到第三方旁观者的信任。只有那些相信自己是根据真正的自由意志做出选择的人，才会相信实验结果。

只要米克选择岔路的机制不是外部可见的，那么米克获得的就是绝对意义上的最小量知识。他获得的知识量当然不是零，因为他已经确认了莎知道密码的事实；但是除此之外，他什么也不知道。他甚至无法把自己获得的知识传递给别人！这种方法之所以叫作“零知识证明”是有道理的。只有当米克可以自由选择随机序列的时候，零知识证明才能发挥作用。另外，米克的选择是自由做出的这一事实，只要米克一个人知道就可以了。查尔·李或者其他任何第三方都不需要知道。这是一个好消息，因为正如我接下来要说明的，任何第三方都无法在不与米克交互的情况下确定米克是否有自由意志。单纯通过观察米克的行为是永远不够的，所以如果他真的是自由地选择了指定岔路的序列，那么录像就起不到作用。

我曾经去加利福尼亚大学伯克利分校新音乐与音频技术中心（Center for New Music and Audio Technology，简称 CNMAT）参加了一场先锋音乐会。工程师在音乐会上展示了一件不用手就能演奏的新乐器：使用微软 Kinect 体感设备（就是也可以用来玩游戏的那种）捕捉舞蹈演员的动作，由电脑将舞蹈演员的动作转换为声音。但坐在观众席上的我根本无法分辨，在台上表演的这位舞蹈演员是不是在伴着事先录好的音乐跳舞。音乐和动作当然是相关的，但这二者之间的相关性通常发生在舞蹈中。只有舞蹈演员自己才知道，我们所听到的音乐是他“创作”的。交互本质上就是一种第一人称事件，旁观者是无法从外部观察到的，只能亲身体验。在这个例子中，动作与声音之间的关联只有舞蹈演员本人才能体验。

人类认知似乎也有同样的特性，有某些方面无法从外部观察到。如果真如具身认知（参见第 7 章）的支持者们所说的那样，认知本质上依赖交互，那么我们除非变成机器，否则永远都无法知道机器是否具有认知能力。因为只有变成机器，我们才能获得第一人称的视角。将我们的灵魂上传到电脑或许是唯一能让我们判断电脑是否有灵魂的方法。而且即便这种方法可行，即便我的灵魂上传成功，也只有我自己能知道，我没办法让你也相信。不管灵魂是什么，它可能本质上还是一种第一人称的知识，就跟米克·阿里知道莎·菲掌握密码这件事一样。这种知识是我们通过第一人称互动获得的，无法传递给任何第三人——至少无法让第三人同等信服。

再说，即使是米克获得的知识，也不完全是确定性的。就像珀尔的因果推理一样，米克的知识需要某些背景假设。他必须相信自己有自由意志，并且不认为莎·菲能操纵他的潜意识、控制他做出决定。说到底，你需要一点信任才能免受各种“阴谋论”的干扰。信任的大门一旦敞开，此前疑心重重的第三方可能就会相信米克，认为他并没有与莎串通；而这样一来，莎的秘密就曝光了。或许我们能从中得出这样一个教训，那就是永远不要跟可信的人合作。抑或只是莎被害妄想过度了。

要让第三方旁观者信任 RCT 或者 do 算子实验，也需要同样程度的信任。第一人称知识是完全不可传输的，因此如果我们不能接受某种程度的信任，那么即便是 RCT 也无法令我们信服。我将在下一章讨论某些强大势力试图系统性地破坏信任的情况，到时候我还会谈到这一点。

米克·阿里、莎·菲和查尔·李是谁?

零知识证明最早是由麻省理工学院的莎菲·戈德瓦瑟（Shafi Goldwasser）和西尔维奥·米卡利（Silvio Micali）提出的。在经历了三次被同行评审的大型会议退稿之后，他们于 1985 年发表了这一领域的第一篇论文，合著者是查尔斯·拉克福（Charles Rackoff）。[3] 读到这里，我希望你们也能理解，他们的观点非常微妙，所以无法被同行评审专家理解也情有可原。戈德瓦瑟和米卡利凭借这项研究成果共同获得了 2012 年的图灵奖。

除了零知识证明之外，戈德瓦瑟和米卡利在密码学与计算机理论领域都做出了巨大的贡献。同为数学专业的学生，戈德瓦瑟和米卡利分别毕业于卡内基梅隆大学和罗马大学，并同在加利福尼亚大学伯克利分校攻读博士学位。在伯克利，二人联名撰写了一篇在计算机科学领域具有重要影响的论文——《概率加密》。[4] 这篇论文首次用数学的方法定义了什么是密信。毕业后他们又同时到麻省理工学院担任教职，并在该校计算机科学理论小组活跃的学术氛围中提出了零知识证明的理论——虽然我本人作为加利福尼亚大学伯克利分校的一员，更愿意相信他们的理论是在伯克利萌发的。[5]

虽然密码验证是零知识证明显而易见的应用领域，但这一理论至今仍未得到广泛应用。目前大多数密码处理软件都会泄露本不该泄露的信息。

核裁军是零知识证明的一个尤其有趣的潜在应用场景。由普林斯顿大学研究生塞巴斯蒂安·菲利普（Sébastien Philippe）牵头的一项实验项目显示，零知识证明可以用于在不透露任何关于两个实体物体的结构信息的前提下，验证两者（比如两个核弹头）是否相同。[6]这样一来，零知识证明的方法便可以用于证明即将被销毁的确实是货真价实的核弹，同时还不泄露核弹的制造方法。

传递无法传递之物

如果莎想要把密码传递给米克，她完全可以做到，即便是在信道有噪声的情况下——只要密码是用有限数位编码而成的。可如果莎想要传递给米克的东西无法以有限数位编码怎么办？举个例子，比如莎想向米克证明，她有意识。正如我前面讲过的，她的意识所包含的内容完全可以超出有限数位信息的范围。在这种情况下，她仍然可以使用一种类似于零知识证明的策略，但她无法说服米克百分之百地相信她。

我想把这个问题与计算机科学中的“双模拟”（bisimulation，又称“互模拟”*）概念联系起来。据我所知，这样的联系之前是没有人

* 为了与前文的“互模拟理论”对应，下文“bisimulation”统译为“互模拟”。——编者注

提出过的。互模拟的概念显示，可以存在两个不同的系统（比方说其中一个有意识，另一个没有意识），两者单从旁观者的角度看上去一模一样，却可以通过交互被区分出来。另外，你只能通过系统的输入和输出与它进行交互（而不能窥视系统的“灵魂”），虽然不能实现百分之百的确信，但置信度可以无限趋近百分之百。要实现百分之百的置信度，需要首先获得关于系统内部状态结构的信息，也就是说要了解系统此时处于什么状态，以及在任意给定状态下系统会朝着什么状态变化。

如果认知所需的状态结构是超限的（transfinite，也就是说无法以有限数位编码），那么这个状态就无法以数字的方式实现。此外，如果认知是一种习得的状态结构，并且学习不可避免会招致令人难以理解的机器（参见第6章）的出现，那么即便人类真的能成功造出一个有意识的人工智能，我们也永远无法百分之百地确认这个人工智能真的是有意识的。

互模拟是一种形式的数学概念。在没有关于意识的数学模型的情况下，我刚才所说的一切其实都是主观臆测。不过，我之前提到过，自由意志有一个方面是可以建立形式模型的，那就是不同可能性的决断在何时发生。在一个全然确定的世界里，不同可能性的决断发生在宇宙大爆炸之时；而在一个非确定性的世界里，这个时刻要更靠后。这两种情况之间的差异在形式上很容易被模拟出来，并且所得模型只有通过交互才能被观察到。

这并没有解决不同可能性决断的原因和方式问题，但对于人类的自由意志而言，前面这两个问题可能都需要超限的状态结构。如果说自由意志诞生于随机与控制之间紧密的相互作用，就像毕加索的大脑操控画笔涂抹滴落在画布上的油彩那样，那么超限的状态结构就是一种自然的产物。[7] 油彩滴落的随机性是一种连续的随机性，它与掷硬币不同，而更像是骑车下一条颠簸的坡道。控制画笔涂抹油彩是一个连续的过程，不像图灵机遵循既定步骤的算法性的离散行为。如果这些过程的连续性是系统的必要特征，那么超限的状态结构也是不可或缺的。

计算机科学领域互模拟的概念诞生于自动机（automata）理论的语境中。将“自动机”理论用于自由意志问题的讨论似乎有些奇怪，毕竟“自动机”这个词的常用意思排除了自由意志的成分。但细看之下，计算机科学家所说的“自动机”数学模型并不排除自由意志。因此，我很抱歉地恳请大家容忍这种字面上的不协调，接受计算机科学家所说的自动机。目前学术界普遍认为，“自动机”这一概念的诞生要归功于英国的计算机科学家罗宾·米尔纳。米尔纳长期在爱丁堡大学和剑桥大学任教，曾因在机器辅助证明构建（machine-assisted proof construction）、编程语言打字系统和并发系统理论等领域的贡献而获得了 1991 年的图灵奖。虽然授奖理由中并未提及他在自动机理论方面的成果，但那在我看来同样重要。接下来，让我用一个小例子来解释一下其中的关键点。

小宇宙

为了理解米尔纳的模型的意义，让我们想象只有一个个体的宇宙。这个个体诞生于我们称之为“爆炸”（bang）的事件。诞生后，它只能做两件事，“滴”（tick）或者“答”（tock）。这个宇宙的“物理法则”十分简单：爆炸仅发生一次，随后是一次“滴”或者一次“答”，“滴”和“答”不可同时发生。除此之外，其他一切均不可能，或者根本无法想象。这就是这个宇宙的全部物理法则。住在这个宇宙

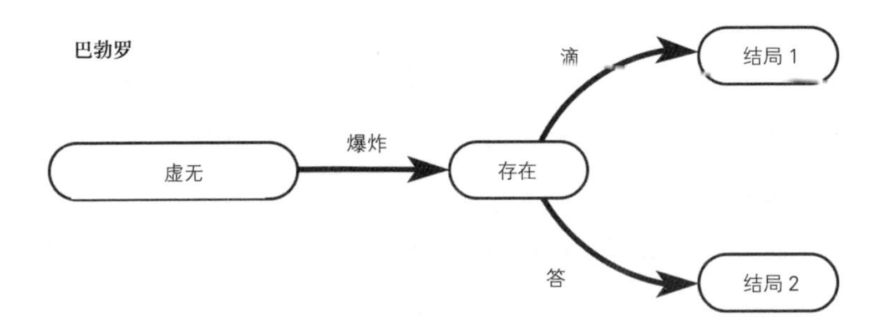

图 12.2　一个名叫巴勃罗的个体生活在一个延后选择的小宇宙

里，想必十分无聊又孤独。

在这个宇宙中，我们不需要详细的时间模型。这个宇宙的生命周期不是“爆炸—滴”就是“爆炸—答”，唯一需要的时间概念就是在这个宇宙的整个存在周期中，要么任何事情都没有发生，要么发生了一件事情，要么发生了两件事情。我们不需要测量两件事情发生的时间相隔多久，也不需要知道在特定的可测量时间连续统内发生了什么事情。

我们要关注的问题是，“滴”和“答”的决断是在何时发生的。图 12.2 描述了一个名为巴勃罗（Pablo）的个体尽可能地将“滴”与“答”之间的选择延后的情况。图 12.3 则描述了一个名为爱德华（Edward）的个体尽可能地将选择的时间提前到爆炸发生时的情况。相比之下，爱德华的创造力略逊一筹，因为他的一生在诞生之时便已被确定了。而巴勃罗的创造力更强，更可能为我们带来惊喜。毕竟在他诞生之后，“滴”和“答”的两种选择都仍然是可能的。

巴勃罗和爱德华都符合这个小宇宙的上述一切物理法则。但是这个宇宙允许自由意志存在吗？巴勃罗和爱德华是否可以在“滴”和

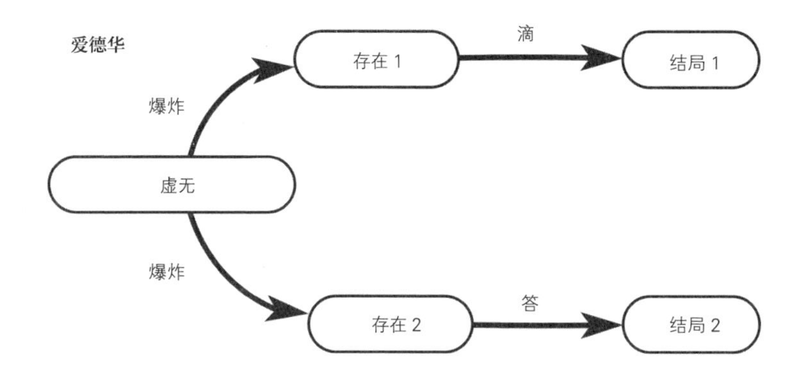

图 12.3 一个名叫爱德华的个体生活在一个提前选择的小宇宙

“答”之间做出选择？

在爱德华生活的宇宙中，不同可能性的决断发生在“小爆炸”（毕竟这是个小宇宙）之时。而在巴勃罗生活的宇宙中，不同可能性的决断发生在“小爆炸”之后。从这个意义上来讲，巴勃罗的宇宙是非确定性的，而爱德华的宇宙是确定性的。既然爱德华是在“小爆炸”发生时诞生的，那么显然爱德华无法在“滴”与“答”之间做出选择。任何个体都必须先存在，然后才能做出“选择”这样的行动。而巴勃罗在决断发生时就已经存在了。因此，我们可以称之为“自由意志”的某种机制是完全可能在这个决断的过程中发挥作用的。这或许是我们能明确判断是否存在自由意志的宇宙中最小的一个了。

图 12.2 和图 12.3 中的椭圆形气泡代表宇宙中个体的状态，而箭头则表示状态之间的转换。计算机科学家将这样的模型称为“自动机”或者离散转换系统（discrete transition system）。每个宇宙都从“虚无”状态开始，向“存在”的状态转换。我们在这里虽然给这些状态命了名，但实际上起任何名字都可以。“存在”的状态表示个体已经存在，但无论是“滴”还是“答”都还没有发生。

模型中，如果一个状态生出两根箭头，就意味着我们需要从这两根箭头中选一个。计算机科学家会把这两个模型都称作“非确定性”的，因为两个模型中都存在某个状态，可以导向两种可能的后继状态。但我们在这里仍用爱德华来代表生活在确定性宇宙中、可能以两种不同方式诞生的个体，因为这个宇宙的决断发生在“小爆炸”，也就是个体诞生之时。

对于只能观察到“爆炸”“滴”“答”这样事件的被动的外部观察者来说，巴勃罗和爱德华是没有区别的。毕竟他们俩都是要么“爆炸—滴”，要么“爆炸—答”。对于观察到的究竟是巴勃罗还是爱德华，被动观察者根本没办法构建一个可证伪的假说。如此一来，按照卡尔·波普尔的科学哲学理论来看，这样的假说并不是“科学的”。[8] 一个外部观察者在看到爆炸发生之后，他可能会预测接下来要发生“滴”，但如果他接下来实际观察到的是“答”，那么他仍然无从知晓面前的这个个体究竟是巴勃罗还是爱德华。同理，如果“人类拥有自由意志”这个假说的验证必须基于外部观察者的观察，那么它同样可能是不科学的。但是，如果观察者能与自动机交互，那么他至少能以接近百分之百的置信度进行区分。

在自动机理论中，巴勃罗和爱德华被称为“语言等价物”（language equivalence），因为他们都能产生同样的“句子”：“爆炸—滴”和“爆炸—答”。不过即便如此，他们仍有很大的区别。我们又该如何表述这种区别？

人们很容易在这个问题上陷入误区，即利用我们作为人类对这两张示意图的理解来解释他们之间的区别。很显然，巴勃罗做决定的时刻晚于爱德华。但是，如果我们没办法利用“人类理解”这样高阶的功能呢？一种更为严谨的方法便是，尽可能小地延展这个宇宙，把要区分巴勃罗和爱德华的观察者纳入这个宇宙中。如果我们成功地做到了这一点，就能避免我们的结论受到某种神奇的形而上学的干扰。

一个稍大一点儿的小宇宙

在这一节中，我将证明巴勃罗可以模拟爱德华，但反之不可。我们会构建一个加强版小宇宙，其中将同时存在两个个体，一个观察并“建模”（model）另一个。这个宇宙由于有了两个个体而不再那么孤单，尽管我不得不承认它仍然很无聊。两个个体分别按照巴勃罗和爱德华的结构构建。现在，我们可以用米尔纳所说的“模拟”（simulation）来定义什么是一个个体“建模”另外一个个体。我们可以把观察者和被观察者放到同一个（略微扩大一些的）宇宙，这样我们就构建了一个或许是最小的可模拟的宇宙。

图 12.4 描述了一个存在巴勃罗和爱德华两个个体的宇宙。巴勃罗和爱德华之间的虚线表示并发构成，也就是两个个体同时活动。[9]

现在让我们给图 12.4 赋予明确的含义（语义）。我们假设巴勃罗和爱德华两个个体同时进行转换。他们都从虚无状态开始，所以这个宇宙的初始状态就是（虚无 A，虚无 B）这个状态对。在“小爆炸”发生时，这两个自动机同时转换，两个个体诞生。巴勃罗进入了“存在 A”，爱德华进入了“存在 1B”或者“存在 2B”。这时候，整个宇宙的状态变成了（存在 A，存在 1B）或者（存在 A，存在 2B）。下一次转换时，可能发生的模式有 4 种，分别是（滴 A，滴 B）、（答 A，答 B）、（答 A，滴 B）和（滴 A，答 B）。因此，这个宇宙的最终可能状态有 4 种。[10]

两个个体已经确定，现在我们可以讨论建模的问题了。具体来

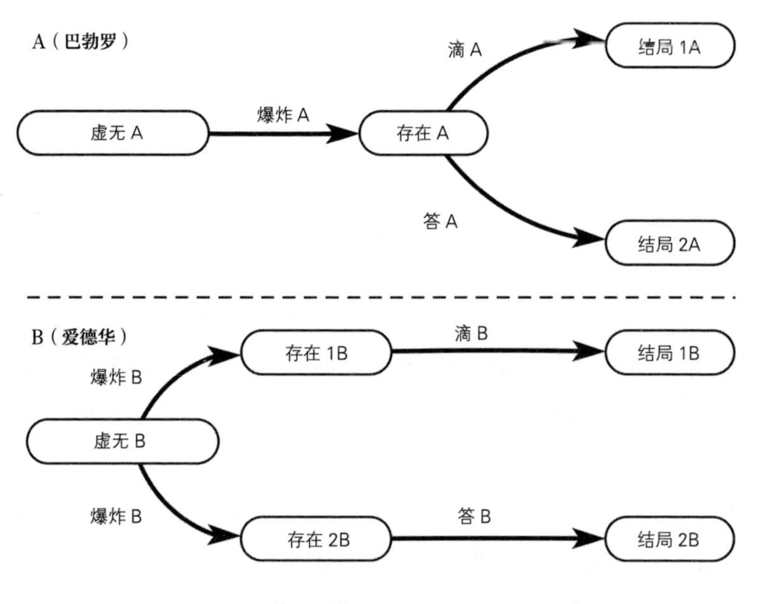

图 12.4　拥有两个并行个体的小宇宙

说，假设巴勃罗在建模爱德华。这里所说的“建模”是什么意思？我们可以赋予这个宽泛的词语一个形式上的意义。我们可以说，“巴勃罗建模爱德华”指的是巴勃罗试图模仿爱德华的动作。说得再具体一点，如果爱德华发生了爆炸 B，那么巴勃罗就发生爆炸 A；如果爱德华发生了滴 B，那么巴勃罗就发生滴 A；如果爱德华发生答 B，那么巴勃罗就发生答 A。就是这样。建模就是模仿。

现在我们要引出关键点了。图 12.4 的宇宙是非对称的。巴勃罗可以建模爱德华，但爱德华不能建模巴勃罗。既然两个存在是同步转换的，那么在第二次转换发生前，爱德华就已经确定了他要发生滴 B 还是答 B，但是巴勃罗还没有确定。因此，爱德华无法匹配巴勃罗的所有可能动作；但巴勃罗却能匹配爱德华的所有动作。

在自动机理论中，如果一个名为巴勃罗的存在可以建模另一个名为爱德华的存在，那么这种能力被称为“模拟”。形式上，如果巴勃罗可以匹配爱德华的任何动作并进入一个使其得以持续匹配爱德华动作的状态，那么我们就可以说巴勃罗“模拟”了爱德华。请注意，我们说“巴勃罗模拟爱德华”的时候，说的是爱德华可以在自动机允许的范围内自由活动，而巴勃罗的活动必须匹配爱德华。也就是说，巴勃罗是爱德华的被动观察者，因为他无法影响爱德华的动作。

巴勃罗对爱德华的模拟可以用“模拟关系”（simulation relation），也就是巴勃罗和爱德华的状态对来表示。习惯上，对于行动不受限的爱德华，其状态一般被列在模拟爱德华的巴勃罗的状态之前。因此对于图 12.4 的宇宙，“巴勃罗模拟爱德华”就可以用下面的状态对来表示：

爱德华	巴勃罗
虚无 B	虚无 A
存在 1B	存在 A
存在 2B	存在 A
结局 1B	结局 1A
结局 2B	结局 2A

这些状态对是巴勃罗在没有模拟爱德华时诸多可能发生的状态对的一个子集。但只要巴勃罗模拟了爱德华，那么以上状态对就涵盖了这个宇宙所有的可能状态。

假设我们反其道而行之，试图让爱德华模拟巴勃罗，在这种情况下，我们将无法获得模拟关系。比如，如果巴勃罗处于存在 A 的状态中，爱德华的状态将是存在 1B 或者存在 2B，这时无论爱德华最终处于哪种状态，巴勃罗都可能做出爱德华无法匹配的下一个动作。在这个存在两个个体的扩展宇宙中，“爱德华是巴勃罗的模型”这个假说是可以通过实验证伪的。所谓“实验”就是让这个宇宙运转起来，观察两次状态转换的结果。特定的实验可能无法证伪假说，但证伪的可能性是真实存在的。如果巴勃罗的选择并非模拟，而是自由的，并且我们可以观察这个宇宙多次运转的结果，那么最终我们的假说被证伪的可能性还是很大的。

模拟关系的构建是一种可以避免多次重复实验的便捷方式。效果上，模拟关系可以一次性表示所有可能的实验结果。如果我们可以构建出一个表示巴勃罗模拟爱德华的模拟关系，那么我们也就证明了所有实验都将支持“巴勃罗是爱德华的模型”这一假说。但需要注意的是，要构建模拟关系，我们需要首先知道两个自动机的状态结构。换句话说，我们不能只是观察他们的行为，还要窥见他们的“灵魂”。

不对称

巴勃罗将决策尽可能地延后，而爱德华做决策的时间则尽可能地提前。巴勃罗生活在一个可能拥有自由意志的世界，而恐怕就连最坚定地支持相容论的哲学家都难以断言爱德华有自由意志，毕竟这个宇宙太简单了，常识意义上的自由意志难以存在于此。

我们可以再构建一个类似的小宇宙，其中只存在两个结构与爱德华相同的个体。两个个体中的任何一个都可以模拟另一个，但有趣的是，观察者爱德华如果只能看见被观察者爱德华所产生的事件（爆炸、滴、答），就没办法模拟后者。它必须能“看见”被观察者爱德华进入了什么样的状态。相比之下，巴勃罗模拟爱德华的时候，他可以在不看爱德华所处状态的情况下匹配爱德华的动作。他只需要知道爱德华产生的事件就足够了。如果我们将爆炸、滴、答这样的输入事件视作“测量结果”，那么在一个确定性的宇宙中，基于测量结果的建模就不可能实现。你必须能看到比测量结果更多的东西，必须能窥视你所观察的系统的“灵魂”，并看到它究竟处于什么样的状态。[11]

如果我们所处的真实的宇宙是确定性的，那么我们所构建的模型也一定是确定性的。它的结构一定与爱德华相同，而不似巴勃罗。要对这样一个确定性的宇宙构建模型，这个模型必然具有未卜先知的能力。无论对象是谁，模型必须能从一开始就“预知”对象的全部未来。

人类拥有强大的自由意志的概念，这一事实表明，我们可以对巴勃罗这样的自动机建模。事实上，我前面写的那一大段话恰恰就是在做这样的事！假如这本书所在的宇宙是确定性的，我无法想象我是如何做到这一点的。我所能给出的解释，比“我们生活的宇宙不是确定性的”这个简单的回答要复杂得多。

互模拟

既然我们对于物理学的理解只是大体上是确定性的，而非完全确定性的，那么我们关于宇宙的模型就应该同时具备提早决定和延迟决定的能力。有些动作是其前提条件的必然结果，有些则像诺顿举的例子中那个滚下小丘的圆球那样以非确定性的方式发生。图 12.5 中的自动机爱德华多（Eduardo）结合了爱德华和巴勃罗的特点，模拟了这样的情形。虚无状态之后爱德华多有三条转换路径，其中两条会引起确定性的结果，另外一条将决定推迟到之后。[12] 我们很容易验证，

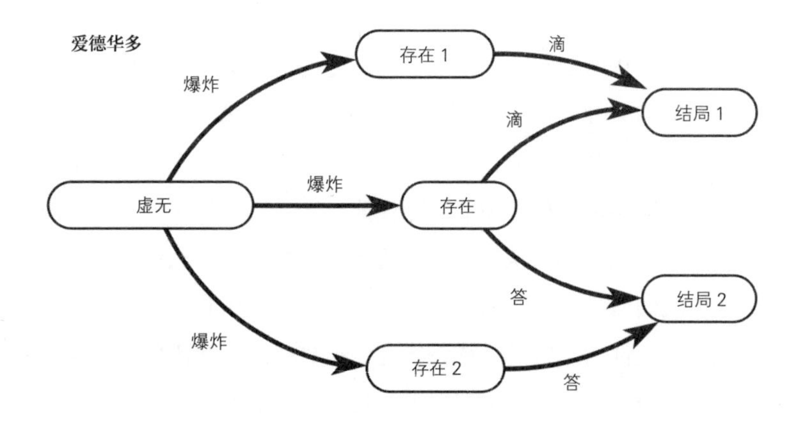

图 12.5　一个爱德华多能提早决定或者延后决定的小宇宙

巴勃罗模拟爱德华多，而爱德华多也模拟巴勃罗。这是否意味着我们不需要小题大做地制造出来一个同时容许确定性和非确定性轨迹的爱德华多？也许只容许非确定性轨迹的简单模型巴勃罗就够用了。这种观点恐怕站不住脚，因为历史上，物理学中的确定性模型已经被证明是极其有用的。

1980 年，英国华威大学的计算机科学家戴维·帕克（David Park）到爱丁堡休假，住在罗宾·米尔纳家的顶楼。一天，帕克拿着一本米尔纳于 1980 年出版的并发理论著作来吃早餐，并告诉米尔纳书中“有一个错误”。原来，帕克发现了米尔纳最初的模拟理论中的一个漏洞。他认为，即便是两个个体相互模拟，如果二者发生互动，那么也可以在行为上表现出显著的差异。米尔纳之前的模拟理论无法区分出爱德华多和巴勃罗，但帕克认为二者的差异是重大的。

于是，米尔纳和帕克共同提出了一种更强大的建模概念，并决定将其命名为“互模拟”。[13] 之后，米尔纳将互模拟的概念加以完善并推广开来。他指出，巴勃罗和爱德华多之间的差异仅当二者可以交互时才显现出来。此前模拟关系中二者相互观察的模式无法体现出二者的差异。这再次证明了，交互比观察更有力！

在米尔纳的模拟游戏中，被观察的自动机总是不受限的，而进行观察的自动机则总是尽力匹配被观察者的行为。但假设观察者与被观察者之间的关系是更加交互、对称的，比如二者可以对话；这样一来，第一轮的时候，爱德华多是不受限的，巴勃罗尝试匹配他，而到了下一轮，巴勃罗就变成不受限的，改由爱德华多来匹配巴勃罗。这样的模式可以更好地描述我们所处的物质宇宙中的对话或者双向交互关系。

在这个版本的游戏中，巴勃罗和爱德华多之间的差异就变得显而易见了。用米尔纳和帕克的术语来讲，这两个自动机不是“互相似”（bisimilar）的。假设在第一轮，爱德华多没有受限，转换到了“存在1”的状态。然后第二轮开始时，爱德华多处于“存在1”状态，巴勃罗处于“存在”状态，而巴勃罗首先行动，选择发出“答”，迁移到了终点2。在这种情况下，爱德华多就没办法匹配了，因为他只能发出“滴”。

如果每一轮都是同一个自动机首先行动，就不会出现这样的问题。巴勃罗和爱德华多之间的差异只是通过交互性对话的对称性才显现出来，单向的独白是不够的。这说明，一个各组成部分既可以观察也可以行动，且行动可以影响观察结果的宇宙，比一个只允许观察的宇宙要丰富得多。

形式上，互模拟关系也是一系列状态对的集合，这一点与模拟关系一样。要证明爱德华多和巴勃罗之间没有互模拟关系，我们必须证明不存在任何状态对能保证在每一轮次，无论哪个自动机首先行动，另一个都能与之进行匹配。但是，要获得这样的证据，我们必须了解自动机内部的状态结构。否则我们只能像洞中的莎和米克那样，通过反复实验的方式以尽可能地获得预期的效果。

莎和米克互模拟

我们可以用米尔纳的自动机构建图12.1中莎·菲和米克·阿里的互动模式，从而获得图12.6所示的样子。[14] 图12.6上图是米克·阿里的模型。它描述了米克如何在第一个时刻进入山洞，然后非确定性地选择A或者B，两个可能的选择分别导向结局A和结局B两个可能状态。图12.6中间的第二个模型描述的是假定莎·菲不知道密码时的情况。她也在第一个时刻进入山洞，然后非确定性地进入“洞中A”或者“洞中B”，然后她便别无选择，只能原路返回。

请注意，这两个自动机的结构分别与图12.2的巴勃罗和图12.3的爱德华相同。与之前一样，我们很容易验证米克模拟了莎，但是莎无法模拟米克。有一些模拟米克需要莎做出的动作莎做不到。正是因为米克模拟莎，才导致米克可能与莎串通。米克可以匹配莎已经做好的决定，莎也同样可以预知米克会选A还是选B。

图12.6中最下面的图描述的是假设莎·菲确实知道密码的情况下，自动机将是怎样的。这种情况下，我们很容易证明莎与米克互模拟。也就是说，无论每个时刻上谁先采取行动，他们都可以完美地匹配彼此。

在这个例子中，互模拟是什么意思呢？米克·阿里和（知道密码的）莎·菲这两个自动机结构不同，但本质上是一模一样的。米克的自动机代表了米克要求知道密码的人所做的动作。莎的自动机代表了她作为知道密码的人所具备的能力。这两个自动机的互相似性，明确

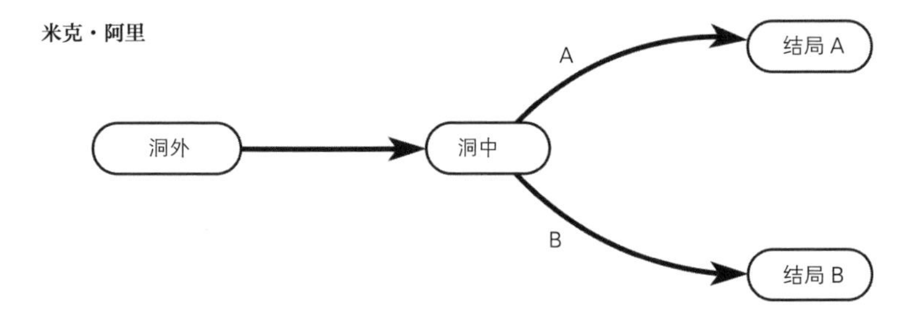

莎·菲（不知道密码）

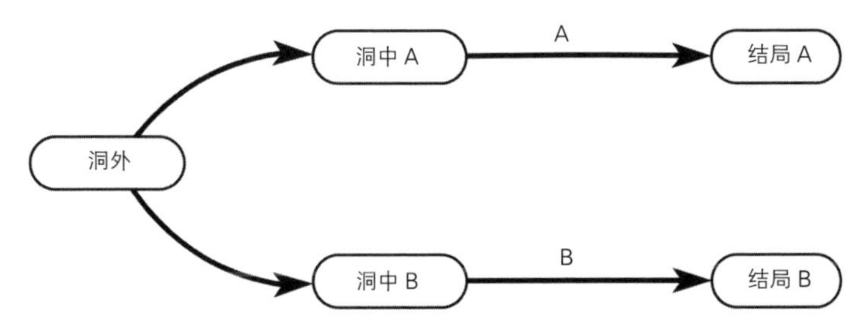

莎·菲（知道密码）

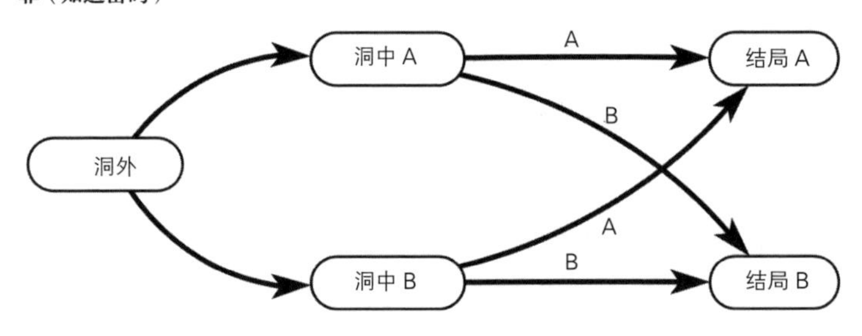

图 12.6　米克·阿里、不知道密码的莎·菲和知道密码的莎·菲的自动机模型

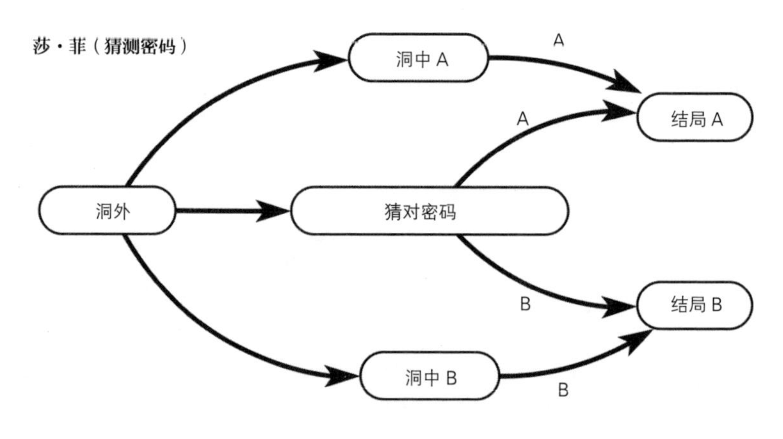

图 12.7　莎·菲猜密码的自动机模型

地证明米克可以通过重复的实验验证莎知道密码的事实。换言之，重复实验使我们得以在不需要知道自动机具体结构的情况下验证互相似性。当然，要获得百分之百的置信度，还是要知道自动机的状态结构。

假设莎其实不知道密码，而是去猜密码。这种情况可以用图 12.7 来表示。这个自动机有着与图 12.5 相同的结构。如果莎猜对了密码（假设实验过程中密码不变），无论实验重复多少次，她都可以骗米克相信她本来就知道密码。这使莎的自动机得以模拟米克的自动机。但是正如米尔纳和帕克所证明的，她的自动机本质上仍然不同于米克的自动机，即仍然存在猜错的可能性。互模拟关系的缺失反映了这种错配，尽管严格的证明仍然需要了解自动机的结构。如果我们确知莎的自动机结构如图 12.7 所示，那么我们就能确定她不知道密码，尽管她仍有可能幸运地猜中。

无交互，不为人

存在交互关系的个体可以观察，也会被观察，可以影响，也会被影响。这样的交互可以达到单纯的观察无法达到的效果。这一点意义深远。它强化了米尔纳所说的“在观察者看来一模一样的机器，如果人与之交互就会变得不同”，强化了戈德瓦瑟和米卡利所说的“交互能做到在没有交互的情况下做不到的事”，强化了朱迪亚·珀尔的“因果关系推理离不开交互”（参见第 11 章），强化了具身认知的假说（参见第 7 章）。如果我们的自我感依赖于双向的交互，亦即米尔纳模型的那种任何一方都既能观察也能被观察的对话，那么我们的自我感就不能与我们的社会性交互割裂开来。我们的心智无法仅作为宇宙的观察者而存在。诚然，我们与周边世界的交互本身便是双向的。有时，我们对外部刺激的反应也会影响到周围的环境；有时，我们则会变成刺激的制造者，观察周围环境的反应。这样的对话似乎是人之所以为人的必要条件，甚至可能是语言乃至思想的基础。[15]

另外，这样的对话深深根植于物理学。量子物理学告诉我们，对任何物理系统的观察都会无法避免地对系统造成某种形式的扰动。实际上，量子物理学真正不认同的，是试图将观察者与被观察者割裂开的观点。被观察的自动机必然也同时是观察者。表现为单向模拟形式的被动观察是不可能存在于我们的宇宙中的。这表明，模拟关系本身并不能构成建模的合理模型（我们或许可以称之为“元模型”）。互模拟是一个更好的选择。

说了这么多，机器是否拥有自我感、拥有以第一人称参与互动的能力，真的重要吗？以上结果表明，随着机器越来越多地进行交互，在观察物质世界的同时也在其中活动，它们逐渐习得了发展出这种自我感的机制。但以上结果也表明，我们永远无法确知机器是否发展出了自我感。表面上看来，它们拥有自我感的可能性越来越大，而这无疑将影响我们与之交互的方式。

虽然我们能从这些小宇宙中获得些许认识，但是要想更进一步，我们必须检视不同可能性之间的决断是因何以及如何做出的。只看决断何时做出，有一定帮助，但还不够。在我们将对生活的控制权更多地让渡给机器的情况下，这一点尤其重要。毕竟机器将在不同可能性中做出选择。我们如何才能确定，它们是以我们的利益为决策出发点的呢？这将是下一章的主题。

第13章

病 状

能出什么岔子？

1951年，英国广播公司国内版块推出了一档节目——《51会社》（*The '51 Society*）。每期节目都会邀请一位知名专家就一个主题进行介绍，然后进行小组讨论。艾伦·图灵曾三次应邀参加这个节目。他首次上节目的时候做了一次题为《智能机器，一种异端理论》的演讲。在演讲中，他提出：

> 能非常接近地模拟人类心智的机器是可以被构建出来的。它们有时会犯一些错误，有时能提出一些非常有趣的新说法，总体上来说它们的输出跟人类心智的输出一样值得我们的重视……
>
> 让我们权且假设这些机器是切实可能的，讨论一下构建它们可能会产生的影响。建造这样的机器当然会遇到巨大的阻力，除非我们在宗教容忍度上已经较伽利略的年代有了显著的进步。知识分子因为担心机器会抢走他们的工作，所以也会强烈抵制。但知识分子们对这件事可能存在误解。要理解机器要说什么——

或者说要让我们的智识水平达到机器的标准——我们要做出很多努力，因为很可能机器的思考方法一旦开始，过不了多久便会超越我们薄弱的思考能力。机器不存在死亡的问题，还能通过彼此之间的交流提升智力。我们可以预见，到了某一个阶段之后，机器将占据控制地位——正如塞缪尔·巴特勒在《埃瑞璜》（*Erewhon*）中所谈到的那样。[1]

《埃瑞璜》是塞缪尔·巴特勒于1872年匿名发表的作品，或许也是首部严肃讨论一个由机器所控制的社会的作品。小说的故事发生在一个虚构的国家，它的名字是“nowhere”首尾掉转的拼法（几乎是倒着拼的，除了字母w和h颠倒了位置）。在埃瑞璜，机器是被禁用的，因为人们担心机器经过优胜劣汰的进化可能会全面控制社会。有些人认为，《埃瑞璜》是巴特勒为了讽刺达尔文而写下的戏谑之作。对此，巴特勒在《埃瑞璜》第二版的序言中指出：

我很遗憾地看到，有些读者认为关于机器的章节表达了对达尔文先生提出的理论荒诞性的蔑视。这与我的初衷相去甚远，而在我看来，没有什么事情比嘲笑达尔文先生更为可耻。[2]

图灵在广播讲话中直指若干潜在的风险点，包括机器可能会犯错，可能会与人类的精神信仰发生冲突，可能会“超越我们薄弱的思考能力”，可能会控制社会，或者像《埃瑞璜》的故事中提到的那样发生达尔文式的进化并最终逃脱我们的控制。他还预见到了生成对抗网络（参见第4章），指出机器能“通过彼此之间的交流提升智力”。

牛津大学未来人类研究所（Oxford Future of Humanity Institute）

创始人尼克·博斯特罗姆在2014年出版的畅销书《超级智能》中谈到，“智能大爆炸”可能会给人类带来“毁灭性的灾难”。他的依据在于，人工智能学会自我提升会引发不稳定的正反馈环路（参见第5章）。一旦机器拥有了自我完善的能力，后果便不可控制，机器的能力很快就会超越人类，人类甚至无法理解发生了什么。如此不受控的超级智能对于人类来说就如同恶性肿瘤：一方面，它可以杀死我们；而另一方面，一旦我们认识到它的存在，我们将会竭尽全力去阻止它继续生长。但对于人类能否及时认清超级智能失控，博斯特罗姆持悲观态度。

迈克斯·泰格马克（我们在第8章中谈到过他对于隔空传输的坚定信念）在他的作品《生命3.0：人工智能时代，人类的进化与重生》中也做出了同样的预判。他认为，真正的转折点将是计算机能够自主设计、完善其所依托的硬件之时。计算机已经在软件设计中发挥了重要的作用，但目前，人类设计师在软件的设计过程中仍是不可或缺的。泰格马克认为，当人类设计师变得可有可无的时候，就意味着技术已经失控了，而在某些情况下，全人类都将被边缘化。

在这一章里，我将集中讨论一个拥有数字机器的世界可能发生的各种问题。我将从机器本身的脆弱性开始，着眼于已经与机器形成了相互依赖关系的人类将受到怎样的负面影响。我认为，除非“人类的存续”指的是维持今天的世界，否则这些问题本身并不能对人类构成生存性的威胁。机器将不可避免地发生改变，但正如我将在下一章，亦即本书最后一章中论证的，人类与机器之间正在形成的专性共生关系将得以维持。我将在本章中提出，我们应该将这些难以避免的问题视作需要治疗的病状，而不是将其视为我们应该与之开战的生存性威胁。屏幕沉迷、失业、技术引发的抑郁等问题可能会大规模发生甚至失控，但与之对应的是，在我们竭尽全力地要“让我们的智识水平达到机器的标准”的过程中，资源将得到更有效的利用，跨文化的交互景象将更加繁荣，我们也将过上更富足、更有活力的精神生活。

一台机器之死

我在第 8 章指出，图灵机这样的数字算法机器原则上可以是永生的。机器可以备份、恢复，可以在不损失任何必要特性的情况下迁移到新的硬件上，也可以光速传输到任意距离的另一处。这似乎给机器套上了罗马神祇那样的不败光环。但实际上，它们比看上去的要更加脆弱。克劳德·香农已经证明，完美地复制数位只存在理论上的可能性。实践中，总会多多少少存在一定的错误概率，而哪怕是一个错误的数位，也能让巨大的机器无计可施。此外，大多数有趣的机器都不是纯数字的，而是以具身的形式存在，物质世界中的实体是它们存在所必需的组成部分。这样的机器并不能完全独立于物质，除非它们是仅与信息世界交互的数学抽象存在。

我的朋友、学者马尔科姆·麦卡洛（Malcolm McCullough）曾广泛地论述数字技术如何为人类重新定义了空间和工艺。他给我讲述了一个他厨房里“死亡”的机器的例子：

> 抽油烟机的控制电路板短路冒烟了，“服役”年头太久又没办法换新。于是上门检查的维修技术员根本没有考虑更换一个通用的控制电路板，直接宣布整台油烟机“死亡”。价值 1 000 美元的漂亮的不锈钢风扇因为少了几个开关和继电器就报废了。在很多部件仍然可以正常工作的情况下如此突然地彻底“死亡”，

> 这倒有点儿像是生命会出现的现象。好比一只苍蝇，一分钟前还嗡嗡地飞舞，过了一分钟虽然还是由那些东西组成，但是已经躺在那儿一动不动了，变成了一只被拍死的苍蝇。[3]

更换“通用控制电路板”可能并不会有什么用处，就像给一种动物换上另一种动物的大脑一样。与谷歌服务器场里运行的人工智能不同，麦卡洛的抽油烟机是一个独一无二的具身机器，数字组件不是它的全部。维修技术员“大夫”无法用备份让它起死回生，只能当场宣布它已经“死亡”。

换上人脑的黑猩猩

有些更复杂精密的科技产品同样只有有限的生命。现代汽车和飞机有很多数字组件和大量的应用软件。但如果发生了系统失灵，它们同样无法凭借备份恢复。即便失灵的只是数字的部分，整个机器也可能会“死亡”。

我从一位曾经参与制造“波音 777”飞机的工程师那里听到一个故事。“波音 777”是波音公司首款使用电传飞行控制系统的客机（所谓“电传飞行控制系统”，指的是由计算机将飞行员的控制指令传递给飞机）。“波音 777”客机于 1995 年开始投入使用。按照这位工程师的说法，波音公司大概于 1995 年计划在 50 年后的 2045 年停产这个型号的飞机，再过 50 年后停飞。这位工程师告诉我，波音公司在 20 世纪 90 年代初为了“波音 777”飞机的飞行控制系统购买了足够使用 100 年的微处理器，供整个生产和维护周期使用。

后来我见过的几位来自波音公司、空中客车公司和另外几家汽车厂商的工程师都证实了这个故事的真实性。用新型号的微处理器替换旧的型号根本不可能，这就像是把人类的大脑装进黑猩猩的脑袋里。一位空中客车公司的工程师告诉我，他们把微处理器放在液氮中保存，希望能延长它们的保存期限。想象一下，这就好像你降生后，医院不仅把你送回了家，还附送了满满一冰箱的备用大脑，以便当你脑袋里这个原装的出故障的时候能够将其替换。

如果说飞机软件承载的是其“认知”功能，那么任何能正确运行这些软件的硬件都应该可以复制这些功能。任何现代微处理器都能够“正确”地运行“波音 777”飞机的飞行控制程序，可以高度可靠地准确执行软件指定的操作。但飞机要飞上天，光有这一点还不够。显然，飞机的“认知”功能是具身的，不是单纯地基于软件。正如我在第 9 章中所指出的，我们几乎可以肯定，人类也是如此——尽管这可能会让那些对“灵魂上传”抱以希望的人失望。即便人类的认知功能包含很多数字的、计算的操作，但它仍然不仅仅是在图灵机上运行的软件。

当波音公司用完备用的微处理器时，“波音 777”飞机也将因“脑病”而死亡。不过现在，由于微处理器数码的性质以及充足的冷冻存货，我们仍然可以给服役中的“波音 777”飞机做“脑移植手术”。如果麦卡洛的冰箱里也有一个备用的控制电路板，那么维修技术员“大夫”肯定能成功地用一场“脑移植手术”让他家的抽油烟机起死回生。但在“大脑”精密程度方面，就连细菌都足以让抽油烟机望尘莫及。而“波音 777”飞机虽然个头大，但它的认知功能的复杂性远不如一只苍蝇。因此，“波音 777”飞机的“脑移植手术”之所以能成功，很大程度上也是因为它相对简单。

机器老化

即使是纯粹的软件系统——以数字形式存在，不存在显著具身性的软件系统——也会发生老化。40 年前用 COBOL 语言编写的银行软件系统如今可能仍然“在世”，但肯定已经时日无多。美国政府在帮助古早的软件“延年益寿”方面是出了名的。[4] 但是这些软件程序最终都将“死亡”。

任何不断长大的软件系统，比如组成亚马逊或是脸书服务体系的复杂软件网络，都面临着被自身的复杂性压垮，或是生出能摧毁整个系统的恶性肿瘤的风险。这样的系统在设计时一般以高鲁棒性为目标，即便是其内容被大面积删减也仍能正常工作（比如谷歌在 2018 年就宣布要关闭 Google+ 服务）。这种高鲁棒性或许能让它们得以永生，但我觉得这一点恐怕还要等很长时间才能有定论。现存的程序运行时间还没有超过 50 年的。

图灵计算是多重可实现的（参见第 7 章），可以在不同时间在不同的硬件上被完美地复制。但与周围物理环境交互的具身机器就不仅是图灵计算了，就像人类不仅仅是通过神经元放电实现的逻辑函数一样（这一点与麦卡洛克和皮茨的观点相反，参见第 7 章）。图灵计算首先观察输入，然后进行分步运算，最后得出结果。这是纯粹观察性的操作，缺乏反馈，不可能进行因果关系推理、形成第一人称自我、行使自由意志或者将随机性转化为创造性（参见第 11 章、第 12 章）。图灵计算是一个强大的工具，但它并不是很多人所说的通用机器。尽管如此，我们仍然可以用它作为模块，构建更大、更有趣、超越图灵计算的系统。有很多——尽管不是全部——这样的系统终将“死亡”。

机器的权利

当讨论将技术产品视作生物的可能性时，一个绕不开的问题就是它们是不是应该拥有权利。不过，“拥有生命”与“拥有权利”不能简单地画等号。据我所知，没有哪个社会给莴苣和细菌赋予了什么权利。（耆那教*可能是一个例外，但即便是耆那教教徒也不能靠吸风饮露活着。）实际上，在历史上很长的一段时间里，就连人类自己也没有权利，即便是今天，人权的享受也并非平等的。将“数据主义”定义为一种准宗教哲学的尤瓦尔·赫拉利（参见第3章）提醒我们，人类生命的神圣性不过是晚近的产物。

> 我们时常听到这样一种说法，那就是人的生命是宇宙中最为神圣的东西。所有人——学校里的老师、议会里的政客、法庭上的律师和舞台上的演员等——都这样说。第二次世界大战后联合国通过的（或许也是最接近全球性宪法的）《世界人权宣言》明确指出，“生命权”（the right to life）是人类最基本的价值。既然死亡显然侵犯了这一权利，那么它便是对人类的犯罪，我们应该群起而攻之。[5]

这种实际上并不普世的普世性“生命权”，是过去几百年里在我们的文化中逐渐演化产生的。与整个宇宙的宏大叙事相比，这个概念存在的时间不过是一瞬而已。谁又能保证机器享有生命权的原则不会

---

* 耆那教是印度的一种传统宗教，该教教徒信仰的是理性高于宗教，认为正确的信仰、知识、操行会引导人走上解脱之路，从而达到灵魂的理想境界。耆那教信徒不从事屠宰、农业，而主要从事商业、贸易或者工业。——译者注

类似地产生呢？

有些机器之所以将死在人类的手中，是因为它们有害或者有侵犯性。回想一下 Tay，就是那个从推特用户那里学会了写粗鄙之语和有种族主义色彩的文字的微软聊天机器人。微软公司甚至在没有陪审庭审判的情况下就对 Tay 执行了“死刑”。再想想第 2 章我们提到过的病毒和蠕虫。大多数计算机运行的反病毒软件都能找出并杀死这些病毒。如果机器是有生命的，那么我们是否应该考虑一下，这样的“死刑”是否符合伦理学原则？

个体权利要成为一种中心哲学，其中一种方式便是通过美国政治哲学家约翰·罗尔斯（John Rawls）所说的“原初状态”（original position）。罗尔斯在 1971 年发表的著名作品《正义论》中提出，政治决策应该隐藏在“无知之幕”（veil of ignorance）背后，也就是说决策者不知道“他在社会中的位置、他的阶级地位或者社会地位”，也不知道“他获得的自然禀赋和能力、他的智力和力量等因素”。[6]这里的原则是，当你试图改变现行的社会实践时，你应该假设你可能会以任何身份生活在改变后的社会中。如果我们把机器也纳入社会的考量，那么要求赋予机器权利的声音也并非毫无道理。最初的机器权利支持者很可能便是灵魂上传的信仰者，因为这样他们更容易从机器的角度考虑问题。

罗尔斯明确地将他的理论限定在人的范围，因为他所定义的社会是“为了相互利益的合作冒险”（a cooperative venture for mutual advantage），而非人之物不作为道德主体参与社会。但我们很难设想，同样的无知之幕理论如何用于动物权利的推论。比如，罗伯特·加纳（Robert Garner）认为动物也应该享有权利的前提便是，假设动物也有感知能力。[7]

既然感知能力本质上是一种第一人称的特性，那么将权利拓展到动物身上需要首先想象自己生活在动物的身体里。在古老的印度宗教耆那教教义中，“不伤生”（ahinsa）原则要求避免伤害任何形式的生命。素食主义和其他对暴力行为的抵触都来源于这一原则。不伤生原则可以与耆那教“因果业报”（karma）的概念结合起来，后者认为每个灵魂都不断轮回往生，人死后也可能会投胎成其他动物。通过想象自己重生为一只蚂蚁而产生亲近感，从而不愿踩踏蚂蚁。

如果灵魂上传成为可能，那么类似耆那教中的因果轮回、以机器形式复生的情景便将成为现实。罗尔斯的“原初状态”与“灵魂上传”相结合，自然地引出某种程度的机器权利。我在前文提出，由于香农信道容量理论的限制，灵魂上传是不可能的（参见第8章）。因此我认为，除非产生某种针对“投胎成软件”这一问题提出新理论的新教派，否则便无法使用原初状态理论论证机器权利。

我们能“杀死”自己的造物吗？

我们在拔掉计算机的电源的那一刻，便“杀死”了计算机上运行的数字体，正如使动物心脏的跳动停止便意味着杀死了动物一样。但是计算机和软件都是我们创造出来的，不是吗？如果没有我们，它们自然也就不会存在，所以我们为什么要对消灭它们的存在犹豫不决呢？当然，我们的孩子也是因为我们的存在才诞生在这个世界上，但我们没有权利杀死他们。

或许权利在原则上只能适用于人类。不过，很少有人能平静地接受非必要地故意虐待动物。对虐待动物无动于衷的人必然也会对虐待人类的行为无动于衷，这样的人我们往往会将其归类为有反社会人格的人。从很大程度上说，无论动物是不是我们创造出来的，都没有关系。现代的猫和狗大都经过了人类的基因改造，但与那些完全天然地诞生、进化的动物相比，我们对猫和狗往往报以更多的共情。即便是非素食主义者也普遍对虐待动物的行为感到反感，而更倾向于散养动物和能够降低动物痛苦的屠宰方法。

是否有一天，对机器的共情将变得自然而然和理所应当？你可能想不到，我们现在已经非常接近这种情况了。在第 10 章中，我们谈到过对于人类“虐待”机器人行为的研究。要进行这样的研究，首先必须确立“虐待”的概念，而这就需要某种程度的共情。踢易拉罐不算虐待，但如果一个小孩子踢一个机器人，就算是虐待。

当今的数字机器都不具有我们所说的痛苦、屈辱和尴尬这样的感受，也没有对人类或者其他动物的共情。因此，我们或许真的可以将社会中的机器归到“反社会人格”的一类。《2001：太空漫游》中的计算机 HAL9000 就表现出明显的反社会行为*。

不过，我仍然认为，在不考虑人类共生体的情况下孤立地审视、评判机器是错误的。完全依赖软件开展业务的微软公司创造的机器 Tay 讲了脏话，但我们并没有要求 Tay 为它的行为负责。承担责任的是微软公司。如果一个人拿着手枪做坏事，我们也同样不会要求手枪负责。美国全国步枪协会（National Rifle Association）把所有枪支犯罪的责任都归在了个人身上，但明眼人都明白，人类与枪支文化的结合才是真正的罪魁祸首。实际上，Tay 的无礼行为也不全是微软公司的问题；教它讲脏话的推特用户也要承担一部分责任。

---

* HAL9000 是《2001：太空漫游》中“发现一号”（*Discovery One*）宇宙飞船的机载计算机，它为了避免被关掉，先发制人地杀死了飞船乘组人员。——译者注

疾 病

我在第 1 章曾讲过我的妻子伦达是如何强烈抗议我的 Amazon Echo 和 Kubi 的。但她不是勒德分子*。第一批有计步功能、可以报告使用者每天的行走距离的可穿戴设备上市不久，她就买了一条 Fitbit 智能手环。虽然她不是什么健身爱好者，也没有办过健身俱乐部会员卡，但她始终坚持“自由运动”（free exercise）——简单来说就是用步行代替开车，用爬楼梯代替坐电梯。但是 Fitbit 智能手环让她抓狂。她开始跟自己较劲，每天都要比前一天走的距离更远，没走够 5 英里（约合 8.05 公里）绝不放过自己，有时候走满 10 英里（约合 16.1 公里）才善罢甘休。没过几个月，她就患上了跖筋膜炎，疼得几乎没办法走路。好在后来换上了价格不菲的鞋子，又降低了运动强度，她才终于恢复了长距离行走的能力。

伦达并非特例。很多人痴迷于“自我跟踪”（self-tracking），仿佛要创造一面数字化的镜子、一个生活在云端的“外我”（exoself）、一个像素化的人。[8]

技术影响着我们的行为，而我们的行为影响着我们的身体。几年前，我由于每天高强度地敲击键盘进行教科书的写作，患上了严重的腕管综合征。我不得不学着进行伸展练习、矫正坐姿，以便能与我最重要的认知假体——我的电脑——和平相处。我的一个学生出现类似的症状后，开始使用语音输入替代敲击键盘，却又患上了咽喉疾病，有一段时间话都说不出来。虽然我们都最终康复了，并且仍在广泛地使用电脑，但我们都学会了量力而为。

---

* “勒德分子”是指 19 世纪英国工业革命时期，因为机器代替了人力而失业的技术工人。现在引申为持有反机械化以及反自动化观点的人。——编者注

现实是，软件改变了我们的行为、我们的身体，甚至改变了我们对自我的认知。几乎每一天，你都能看到关于推特成瘾、网络暴力以及社交媒体使用与青少年抑郁和自杀行为之间关联的新闻。视频网站YouTube的推荐引擎时刻盯着我们，将我们吸入，吃掉我们的时间，干扰着我们的工作和生活。进化为我们准备的躯体、文化和心智，虽然帮助我们成功地走过了漫长的历史，但已不能适应当今的世界。

失衡对于人类来说并非新鲜事。我们在第3章讨论智力测试的时候提到过的进化生物学家凯文·拉兰德指出：

> 这个社会的意识形态是靠创新解决问题，但这个说法并不能完整地反映现实。创新构建出新的生态位，就像微生物一样，而每个“解决方案”又可能会产生很多新的“问题”。我们的祖先首次创造出农业时，便打开了潘多拉的魔盒，放出了人类纪的恶灵。[9]

虽然说每个解决方案都会产生新的问题，但正因为如此，我们更需要不断努力，而不能指望时间倒流。实际上，时间如果真的倒流，后果可能是灾难性的。

想哭吗？

想象一下，当你坐在那里阅读这段文字的时候，如果全世界的电脑都被永久关闭，那又会是什么样子？如果每一台电脑都突然“死亡”，你能用的钱就只有你钱包里剩余的纸币。你现在可以拿出钱包来看看：里面还有多少钱？凭这些钱你能撑多久？所有的电话都停止工作，路上行驶的大多数汽车都原地趴窝。路灯灭了，暖气停了。最终，将有数10亿人死于饥饿或者战争。枪支将成为少数仍能正常使用的科技产品之一。

上述这番末世景象的弱化版，我们偶能一见。2017年5月12日，一场影响全球的名为“WannaCry”（一种“蠕虫式”的勒索病毒软件）的大型网络恶意软件攻击事件，导致全球大约20万台电脑瘫痪。英国和苏格兰的很多公立医院不得不拒绝收治非危重病人。世界各地的工厂都被迫关闭，西班牙电信公司、联邦快递、印度警方和德国铁路系统都遭到波及。这已经不是那种只导致几个人没办法查阅邮件的小型网络中断事件了。

WannaCry利用了微软Windows系统中一个未能及时更新的漏洞。被定性为“蠕虫”的恶意软件程序侵入系统，用密钥对系统数据进行加密，要求受害者用比特币支付赎金、获取解密密钥。3天内支付，赎金价格为300美元；超过3天但在7天之内支付，赎金价格为600美元。因为比特币支付数据是公开可见的，所以我们可以很容易地确定，截至攻击结束的2017年6月，各种受害者共支付了13万美元赎金，但并没有受害人报告自己支付赎金后得到了解密密钥。

奇怪的是，WannaCry利用的Windows系统漏洞被认为是由美国国家安全局（US National Security Agency）首先发现的，后者曾编写了利用这个漏洞的代码，将其用于自身的网络进攻性程序中。有人认为，美国国家安全局编写的WannaCry等攻击代码后来被名为“影子经纪人”（The Shadow Brokers）的组织——这个组织曾泄露过从美国国家安全局那里窃取的其他几个漏洞——窃取并泄露。

2017年12月，美国、英国和澳大利亚共同指控朝鲜发动了此次攻击。[10] 显然，蠕虫病毒文件中有证据显示，用来编写蠕虫病毒程序的计算机安装了朝鲜语输入法，时区也设定成朝鲜时区。另外，蠕虫病毒代码和此前发生的与朝鲜有关的网络攻击事件中的病毒代码有相似之处。

除 WannaCry 之外，还发生过多次破坏性极强的网络攻击事件，其中包括 2016 年针对 Dyn 公司的网络攻击。Dyn 公司是一家提供维持互联网运营所需的关键服务的供应商，这次网络攻击劫持了数以百万计的接入互联网的设备，如打印机、婴儿监控器等，对它们进行重新编程，向 Dyn 的服务器发送大量的无效请求，导致服务器无法响应真实的服务需求。这次网络攻击严重干扰了很多互联网服务网站，包括爱彼迎、英国广播公司、《波士顿环球报》、康卡斯特、维萨（Visa）等的网站。

有些破坏行为表面上看起来并非恶意。比如，2017 年 5 月 27 日，英国航空公司因计算机故障取消了抵离其主基地希思罗机场的所有航班。上千名旅客的行程计划受到影响。英国航空公司的合作航司也受到波及，导致更多航班被取消。3 天内，共有超过 700 次航班被取消，涉及 7.5 万多名乘客。

以上案例每一个都像一场重感冒，过几天就会好转，也不会致人非命。除英国航空公司系统故障之外，在大多数案例中，人类都同时既是攻击的发起者，也是响应攻击的“免疫系统”的构建者。为了应对攻击，研究人员研究病毒代码，寻找阻止其传播的方法，彻底关闭病毒程序，有时甚至能逆转病毒程序带来的影响。来自得克萨斯州奥斯汀的企业家、作家阿米尔·侯赛因（Amir Husain）认为，长期来看，只有人工智能才能抵挡住这些威胁[11]——因为未来攻击的设计者和发动者很可能不是人类，而是人工智能。由此，我们可以想象一个人工智能大战的场面，双方的人工智能相互学习，不断变异，以在战争中取得优势。这显然类似于生物病原体与免疫系统之间的协同进化关系。

人类对计算机的依赖是新近形成的，但我们对其他生物的依赖却是自古有之。想象一下，当你阅读这段文字的时候，如果你身体内所有的细菌都突然间死亡了，那么会发生什么。你可能不会马上丧命，但必然会病入膏肓。生物学家将人类与肠道菌群的关系称为“互利共生”，这种关系让双方都能获益。我们与机器之间的关系或许更为紧密，成为生物学家所说的“专性共生”，也就是说任何一方如果离开另一方都将无法生存。但就好像肠道菌群有时候也会给我们制造麻烦一样，技术也会带来问题。

即便是在技术运转正常的情况下，依旧会存在抵消一部分收益的难以避免的成本。技术使我们更聪明——可能不是在个体层面，而是在整体层面——但也会分散我们的注意力。它有助于改善我们的身体健康，但也可能会威胁到我们孩子的心理健康；它能带来就业机会，但也消灭了一些就业机会。正如肠道菌群让我们对不健康的食物充满渴望一样，在技术已经与人深度融合的情况下，我们应该将技术的利弊看作健康问题，而不是人与技术之间的竞争。

深度伪造

信息的可获得性如今已经大大提升，这是人所共知的事实。起初我以为这有百利而无一害，比如互联网可以推动启蒙，加速民主和自由的传播。但事实证明，互联网同样是播撒仇恨的利器。像英国和美国这样的老牌民主国家之所以走到如今山头林立的割裂境地，虽然主要是因为无知和教条的派别斗争影响了投票结果，但海量的信息无疑也在这一过程中起到了推波助澜的作用。2010 年在北非和中东地区爆发、反抗专制政权的“阿拉伯之春”同样受到自由可获取的信息流的驱动，但很快就冷却成为“阿拉伯之冬”，没有带来什么实质性的改变。

毫无疑问，近年来信息的流量显著增加，但问题在于，人类作为信息生态系统的一部分，处理信息的能力是有限的。谷歌和百度这类数字化产品可以算得上是地球上最接近全知的东西，但它们无法将这种包罗万象的知识与我们分享，因为我们根本没办法处理这么多信息。它们只能对我们进行数据分析，根据我们之前的行为有针对性地向我们提供信息，而根据这种方式所定制出来的信息流很容易强化我们预先形成的偏见，让我们更加偏听偏信。我们以为自己获得了更多的信息——实际上获得的信息量确实增加了——但这个世界上能强化我们固有认知的信息太多了，多到我们根本吸收不了，因此完全没有必要给我们提供我们可能不喜欢的信息。于是，尽管我们面前看似有海量的信息可以取用，但所有这些信息都在一个“过滤气泡”里，而这个经过筛选后的子集也只能创造出一个个割裂事实的孤岛（参见第 3 章）。

人与人之间的信息交换是人类文化的支柱。研究动物行为的专家凯文·拉兰德在他的作品《未完成的进化》中指出，自然界的一个重要工具是许多动物具有通过模仿彼此的行为实现相互学习的能力。他认为，我们所说的“文化”并非人类独有，而是存在于很多物种当中。在基于“文化”构建的社会中，掌握了战略性模仿（strategic copying）技巧的个体通常活得比其他同类更好。

人类不仅模仿身边人的行为（我们确实会这样做），还会从我们从未见过甚至已经不在人世的人身上学习。拉兰德指出，与低等动物相比，人类的学习能力要高得多，学习的对象也扩展到了从未谋面的人。这种能力反过来又建立在语言、书写、教育以及与此相关的文化实践基础上。拉兰德认为，正是这种文化放大（cultural magnification）作用将人类与其他动物区分开来，使拥有几十亿个体的人类社会成了地球的主宰。计算机的诞生则将人类的这一点优势进一步放大。

一个正常运转的社会必须建立在共享的信息和共同的信念之上。例如，一张客观上没有价值的纸，有了我们共同的信念，就变成了我们所说的“货币”。货币的概念是一种集体的认同，而我们目前这个规模的社会，如果没有这种集体认同便无法维系下去。我们生活的大多数方面都依赖于共同的文化价值观，而这种文化价值观又是通过信息共享机制习得的。

信息的传播在此前很长一段时间都是一件成本高昂的事情，传播者需要在印刷机、分销渠道、电视广播播出权和设备等方面进行投资。这导致大多数得以大范围传播的信息都来自机构，而这些机构在传播的过程中获得名声——无论是美名还是恶名——并围绕名声构建了商业模式。人类社会已经形成了一套基本得到公认的价值体系，它使我们更加信任某些信息源。

信任是否真的是不可或缺的？或许存在某种方式，可以让我们冷静客观地对信息进行评估。常言道，“眼见为实”。如果我们能亲眼见到某件事情，便可以相信它的真实性。但是对于规模更大的人群来说，要“眼见为实”就需要照片和视频，因为我们的眼睛不可能无处不在。不过，照片和视频从来就不是现实全面真实的反映，而如今的照片和视频虽然可能极具说服力，但也可能是完全凭空伪造的。

2017 年秋天，一个用户名为“Deepfakes”、真实身份不详的 Reddit * 用户发布了一款可以制作换脸视频的软件。在用这款软件制

* Reddit 是一个社交新闻站点，其口号为“提前于新闻发声，来自互联网的声音”。——编者注

作的视频中，换脸后的人物的面部表情甚至可以与原视频相匹敌。为了演示软件的功能，发布者还贴出了似乎是由多位好莱坞女星出演的色情影片。视频是真是假，我们很难用肉眼做出判断。

很多人工智能研究者都针对这一主题展开了研究。比如，由阿莱克谢·埃弗罗斯（Alexei Efros）领导的加利福尼亚大学伯克利分校的研究团队开发了一款软件，可以生成任何人做出专业舞蹈演员动作的视频。[12]

Reddit 上发布的深度伪造软件是基于让神经网络相互竞赛的生成对抗网络（参见第 4 章）开发的。世界上一些水平最高的人工智能研究者目前都在从事能够识别伪造视频的人工智能的开发工作，将这场对抗性的“军备竞赛”推到了一个新的高度。[13]

甚至连 DARPA 也推出了名为“媒体鉴定”（Media Forensics，简称“MediFor”）的项目，研究合成媒体给国家安全造成的威胁。能伪造出看似无比真实的影像已经够吓人了，但更可怕的是，伪造视频的存在让人们对于毫无加工的实拍视频的真实性也产生了怀疑。想象一下，政客面对揭露其罪证的音频或者视频资料，完全可以声称它是伪造的而脱罪。这样一来，不单公开发表的文字作为媒介失去了权威性，每一种媒体渠道的可信度都被打上了问号。这是否意味着，那些素昧平生的人将不再是我们可以学习的对象了呢？

信息末世

向我们没有见过的人学习，意味着在没有交互的情况下学习。而正如我们在第 11 章、第 12 章中谈到的，有些事情在缺乏交互的情况下是完成不了的。回忆一下米克·阿里和莎·菲的洞穴。如果米克·阿里是老师，那么只有在我们相信他的情况下，他才能向我们传达“莎·菲掌握密码”这一知识。如果我们怀疑米克与莎串通，那么学习就无法发生。在这种情况下，米克不再是老师，而是成了一个宣传机器、一个试图蒙骗我们的共谋者。我们只有信任米克，才能学到他所学到的知识。假如我们甚至不能确定米克是人类还是聊天机器人，又怎么可能相信他呢？

当我们收到来自不认识的信息源的信息时，我们往往更容易相信那些与我们已经掌握的知识相符合的部分。但这样一来，就意味着我们可能会建立起对伪造假消息、迎合我们个人偏好的信息源的信任。这在 2016 年美国总统选举中司空见惯，比如，收到“教皇支持唐纳德·特朗普”这样消息的，往往是更容易相信其真实性的人群。

技术使出版和广播变得越来越大众化，以至于每个个体都可以向全人类发布信息。面向全球发布信息的成本已经（基本上）降到了零，而信息源的数量近年来已经爆炸式地增长。如此海量的信息，哪怕一小部分都没有人能够完全地吸收，但同样的这群人要投票选出总统，对美国是否要封闭国境这样的重大事项做出决定。有针对性地向个人供应信息是必要的，但如果这种筛选的目的是不向个体提供他们可能不喜欢或者不相信的信息，那么一场因极端化而造成的灾难便在所难免。

人类接收的信息流一直都是经过筛选的，但是历史上，这种筛选并不是针对个人“定制”的。20 世纪 50 年代时，美国只有 3 家大型电视广播公司，在美国境内，每个人从它们那里接收到的信息与别人接收到的并没有什么区别。在这样的环境下，我们共同的文化重视受到信任的信息源，而破坏这种信任的信息源很快就将失去受众。我们现在使用的信息传播机制无法天然地培养出公认的所谓“可信信源”的概念，就连美国的最高领导人可能都在系统性地破坏着美国社会已经所剩不多的信任。

截至本书成稿时，唐纳德·特朗普、美国共和党以及左右两翼的极端势力都在疯狂地向美国民众灌输这样的信息：媒体以及我们文化中的权威人物（科学家、学者、政治领袖）不值得信任。特朗普本人作为当时的美国总统，已经使自己变成了一位典型的不可信的政治领袖。他明知自己所说的不是实情，却仍然谎话连篇，消解着他所领导的政府的权威性。

特朗普现象让我明白了一个道理。在我看来，特朗普执政 3 年后仍然支持他的那 40% 的美国人，应该为自己感到羞耻，但实际上他们并没有。我之所以用了如此过激的言辞，是为了表明我的态度。我的现实显然与其他数百万美国人的现实截然不同。作为一个将正派、道德和公平作为根本性原则的人，我完全无法理解那些人的立场——我猜想他们同样完全无法理解我的想法。我们怎么走到了今天这步田地?

赫拉利在《人类简史：从动物到上帝》中指出，要将一个个小部落联结成真正的社会，离不开传播媒介的力量。特朗普针对公众对传播媒介的信任所发动的大范围攻击是颠覆性的。如果他得偿所愿，那么所有美国人都将被扔回不识字的人类祖先即古猿生活的那个部落社会。到时候，我们唯一能信任的信息将全部来自对身边人行为的观察。如果你的邻居坚信地球只有 4 000 年的历史，那么你也会相信；如果你的邻居坚信气候变化是一场骗局，那么你一样会相信。任何陌生人关于这些问题的观点，无论是别人写的书、政治领袖的宣言或者《科学》杂志的报道，你都会认为没有可信度，并对其嗤之以鼻。

丹尼尔·丹尼特在《从细菌到巴赫：心智的进化》中曾讨论过人类之间的沟通交流是如何帮助人类大脑突破自身局限性的：

> 人脑加装了上千个思考工具，把认知能力提升了几个数量级。正如我们所见，语言是至关重要的发明，它提供了一种将个体的认知能力与曾经进行过思考的人类的所有认知能力连接起来的媒介，大大拓展了我们每个个体的认知范围。即便是最聪明的黑猩猩也不曾与族群中其他的黑猩猩交流心得，更没有机会从曾经生活在这个世界上的数百万只黑猩猩那里学到任何东西。[14]

如今，我们已经拥有了更为有效的“交流心得”的机制，但我们如果失去了对他人意见的信任，也就失去了这个“认知倍增器”（cognitive multiplier），退化成了黑猩猩。

在《未完成的进化》中，拉兰德指出，人类的“教学”活动是其他任何动物都没有的。在拉兰德看来，教学没有任何明显的进化上的目的，因为教授者将知识传递给陌生人对于传播教授者的基因来说没有任何增益。从进化的视角来看，教学是利他的，因此是无法从纯粹的生物进化角度来进行解释的。当今社会中教育所面临的各种攻击一定程度上来自民众对知识权威的普遍不信任。具有讽刺意味的是，这种不信任在一定程度上源自对进化论的否定和对宗教理论的支持，但对教育的攻击可能最终会使我们回到进化的早期——那时候，推动人类进步的是生理变化，而不是知识。

我们是否面临着一场信息末世（apocalypse）？[15]根据维基百科（具有讽刺意味的是，维基百科在一个其他所有媒介几乎都在失去信任的时代却获得越来越多人的信任）词条可知，“末世”一词来自古希腊语，字面意思是“发现”（uncovering）。它是一种知识的披露，一次启示。在《圣经·新约》的最后一部，即圣约翰的《启示录》所构建的基督教传统中，圣约翰所获得的启示是正义终将战胜邪恶。它预示着目前阶段的终结。现在，这个词更多地用来形容关于时间或者世界终结的预言。我们或许可以说，技术发展所带来的信息洪流不仅淹没了我们的大脑，更预示着当今时代的终结。毕竟，在信息流更少、信息源更可信的年代，人与人之间要达成一致的观点，比现在简单得多。

美国科学历史学家詹姆斯·格雷克在他的著作《信息简史》中指出，“历史”这个概念本身便是与传播媒介密不可分的。[16] 如果没有能超越个人际遇的沟通机制，也就不可能有历史。他在此基础上进一步指出，“思考”这个行为以及逻辑和推理的概念——甚至连意识的概念——都与书写密切相关。当书写和其他传播媒介失去了真实性和权威性，当我们不再信任它们，我们也就不再拥有历史、思想、推理和意识。在我看来，这就是末世——不是圣约翰式的末世，而是邪恶战胜了正义。

这样的末世是否会降临人间？这取决于我们这个社会如何面对远远超出任何个体吸收能力的信息，如何解决任何媒介都可以被伪造的问题。在各色小丑、人工智能、失德政客和企业为了塑造我们的意识而精心筛选的数据面前，每个人都可能毫无还手之力。只有通过建立信任，我们才能阻止这场末世危机。

夺回互联网

互联网之所以能创造出过滤气泡，原因之一便在于我们完全放弃了隐私，将我们生活最为私密的细节交给了脸书、谷歌和亚马逊的人工智能，以及中国的腾讯、百度、阿里巴巴。赫拉利在《未来简史：从智人到智神》中提出，人工智能对我们的了解已经超过了我们对自己的了解。这些为了广告收入最大化目的而被创造出来的人工智能利用对我们的深入了解满足我们的偏好。正如斯图尔特·拉塞尔所指出的（参见第3章），人工智能提供给你的信息时刻改变着你，使你变得更有利于实现人工智能的目标，即实现收入的最大化。[17]

30年前，蒂姆·伯纳斯-李（Tim Berners-Lee）开发了“超文本标记语言”（hypertext markup language，简称“HTML”），揭开了互联网的大幕。他对世界的重大影响已经得到了认可：他获得了图灵奖，被《时代周刊》誉为20世纪最重要的人物之一，还被英国女王封为爵士。但近年来，他表达了对互联网现状的极度失望。少数大型企业控制所有数据的大规模垄断现象更是让他痛心疾首。

卡特里娜·布鲁克（Katrina Brooker）在《名利场》的一篇文章中援引伯纳斯-李的话指出，“我们的实践证明，互联网没有像预想的那样服务于人类，反而在很多方面辜负了人类”。《名利场》用以下这段话概括了他的观点：

> 互联网的力量不是被人夺走或者偷走的，而是我们几十亿人在每一次同意用户协议、每一次分享私生活瞬间时拱手让出的。脸书、谷歌和亚马逊现在已经几乎垄断了互联网上发生的一切，从我们买什么东西到我们阅读什么新闻，再到我们喜欢什么。它们和若干强力的政府机构一道，能以从前无法想象的方式监控、操纵、窥视着我们的生活。[18]

定向广告创造了一个监视社会，而且情况仍在不断恶化。曾担任谷歌大中华区总裁、离开谷歌后在中国创办了一个创业孵化器并开展风险投资业务的李开复认为，中国在人工智能赛道上已经建立起领先于西方的显著优势，而这在一定程度上正是因为收集数据在中国较为容易。他说，数据的可获得性使一切变得不同，中国收集的数据与美国收集的数据有质的不同。用他的原话来说：

> 硅谷巨头收集你在他们的平台上活动所产生的数据，但这些数据多集中在你的线上行为，比如搜索、上传图片、YouTube 浏览记录和喜欢的帖子等。与此不同，中国企业收集的是大众真实生活的数据，包括你买了什么东西、什么时候买的、在哪儿买的，还有你吃的东西、用的化妆品以及出行记录。深度学习只能优化它能看到的数据，而中国扎根于现实生活的技术生态系统给了算法更多双观察我们生活的眼睛。[19]

在最近一次去西安的旅途中，我切身感受到了这种巨大的变化。西北工业大学的学生李刘洋（音）当时带我在西安城里游览。这座拥有历史悠久的古城墙的美丽城市曾是中国几朝的古都，但在参观过程中最令我惊讶的是李刘洋对微信钱包的使用。微信钱包是由中国最大的互联网公司之一的腾讯提供的一项服务，有了微信钱包，李刘洋根本不需要随身携带现金。无论是骑共享单车还是从街边小店买瓶装水，他都可以用微信钱包服务完成付款。

我发现中国很少有接受实体信用卡支付的地方。我不喜欢随身携带现金，所以试着在手机上安装了微信 App。我这才发现，作为一个在中国没有验证身份的外国人，我无法开通微信钱包服务。腾讯——抑或是中国政府——希望明确知道网络身份背后的真实用户是谁。预付信用卡可以匿名使用，但微信钱包不能。如今，现金仍然可以用来满足大多数支付需求，但这或许只是过渡阶段。机器最终会追踪每个个体的所有行动。到了那时，如果你想保持匿名，只能遗世独立。

人工智能安全

一种幼稚的对策便是给人工智能装上内置的安全封套，通过对它们的行为进行限制确保它们的目标与人类的目标一致。的确，人工智能安全已经成为一场声势浩大的运动，多个针对这一问题的研究所或者研究中心先后成立。但是，人类的目标也并非总是值得称道的，因此让人工智能的目标与人类的保持一致似乎并不是一个好的策略。我个人的观点是，能完全掌控人工智能的人类比人工智能本身更为可怕。尽管如此，正如面对其他强大的技术那样，我们仍然需要寻找一些技术手段以防止人工智能造成无可挽回的损失。

我并不认为将伦理原则赋予人工智能是问题的正确解决方式。达特茅斯学院哲学家詹姆斯·穆尔（James Moor）认为，一个机器要成为“完全的道德主体”，就必须拥有意识、意图和自由意志。[20]我在前文已经指出，虽然我们不能排除机器拥有意识和自由意志的可能，但我们同样无法将这变为现实。或许更重要的是，即便机器真的获得了这些特质，我们也永远无法确定地知晓。但我们可以确定的一点是，如果人工智能落入坏人的手中，那将会带来巨大的破坏性后果。

在目标清晰且可以形式化明确的情况下，机器在目标导向的行动方面表现出色。我们在第 5 章讨论过的反馈控制系统就是一个典型的例子。但是在很多情况下，最终要实现的目标并不清晰。研制高射炮自动瞄准和射击系统反馈控制技术的诺伯特·维纳曾写道：

> 如果我们为了达到目的，使用了我们无法有效干预的机械能动（mechanical agency）……那么我们最好能够确定，我们对机器输入的目的确实是我们想要达到的。[21]

反馈控制赋予机器“机械能动”，使其具有一定自主权，能为了实现目标调整自身行为。想象一下，如果一架自行高射炮的目标不清晰，将造成怎样的破坏。即便是没有人工智能的机器也可能十分危险。

回报与成本

现代人工智能算法是反馈系统。人工智能将其行动与目标进行对比，不断调整自身行为以更接近目标。要让这一机制发挥作用，必须以某种方式将要实现的目标用数字来表示，这样一来，人工智能才能测量自己与目标之间的距离。或者，也可以用成本函数表示目标，这与回报函数道理相同，只不过目标实现意味着成本最小。因此，人工智能安全的一种简单的实现方式就是，把人类的利益点写成回报和成本函数。

牛津大学未来人类研究所研究员斯图尔特·阿姆斯特朗在他的作品《比我们更聪明：机器智能的崛起》中点出了这一目标的荒谬之处：

> 因此，我们的任务就是准确地、充分地、穷举地列出对于人类来说什么样才叫作“优质有意义的存在”，以及人工智能为此能做什么——更重要的是，不能做什么，然后再把前面这一切写成完美无瑕的代码。还要确保，所有这些工作都必须在危险的人工智能诞生之前做完。[22]

斯图尔特·拉塞尔和彼得·诺维格在他们合著的经典人工智能著

作中表示，对于一个扫地机器人来说，尽可能多地收集尘土看似是一个合理的回报函数。[23] 但他们后来指出，扫地机器人可以通过把已经收集起来的尘土重新倒回地上再收集起来的方式实现回报最大化。

因此，自动系统设计的挑战之一，便是找到合适的回报函数或者成本函数。20 世纪末 21 世纪初，拉塞尔及其在加利福尼亚大学伯克利分校的同事们机智地开发了一种名为“逆向强化学习”（inverse reinforcement learning，简称“IRL”）的方法。[24] 在 IRL 方法下，机器观察人类专家完成任务的过程——假设被观察的人类正在尝试实现某种未知的回报函数的最大化，然后根据人类专家的行动构建回报函数。

举例来说，基于 IRL 开发的飞机自动驾驶系统可以观察人类驾驶员驾驶飞机时的高度表和控制器。如果飞机飞行高度下降到飞行员预期的理想水平之下，飞行员就会微调控制器。通过观察每次飞行高度发生变化时飞行控制器调整的方向和幅度，自动驾驶系统就可以习得一个回报函数。这个回报函数表明，飞行员试图将飞机高度控制在一个狭窄的区间之内。人工智能习得了这个回报函数之后，就可以接管飞机，将飞机维持在理想的飞行高度上。有些研究者也将这种策略称作“学徒学习”（apprenticeship learning）。

2016 年，拉塞尔与迪伦·哈德菲尔德–梅内尔（Dylan Hadfield-Menell）、安卡·德拉甘（Anca Dragan）和彼得·阿贝尔（Pieter Abbeel）等另外三位加利福尼亚大学伯克利分校的人工智能研究人员共同指出了 IRL 方法的两个严重问题。[25] 第一个问题是我们其实并不希望机器将人类的目标当作它们自己的目标。人类可能会在早上表现出对咖啡的渴望，但我们想让机器也学会每天早上想喝咖啡吗？大概不会。

拉塞尔和同事们发现的第二个问题更加微妙。对于机器来说，被动地观察人类可能是一种极度低效的学习方式。相比之下，包含更多教学而不是单纯学习的更加具有互动性的方法可能要有效得多。想象一下一个自动驾驶系统观察一位执行长途飞行任务的专业飞行员。飞行途中，飞行员会将飞机的飞行高度维持在稳定的水平，这样一来机器人根本没有机会观察飞行员如何应对飞行高度变化。这样训练出来的自动驾驶系统，可能远远达不到安全的标准。

拉塞尔与同事们提出的改进方案直指智能增强与人工智能之辩。他们将这种方法称为“协作式逆向强化学习”（cooperative inverse reinforcement learning，简称“CIRL”）。具体来说，与其对机器人从人类那里学到的回报函数进行优化，不如让机器人直接学习优化人类取得的回报。根据他们的公式，机器人和人类合作完成一项任务，二者获得的回报相同。这就使得人类有动力去指导机器人。这种方法的目标就是让机器人学会想要给人拿咖啡，而不是想要自己喝咖啡。

实践中，使用 CIRL 的自动驾驶系统可能表现得更接近人类飞行员。比如，人类飞行员可以调整其对自动驾驶系统下放控制权的程度。假设授权水平最小为 0（完全没有授权，人类飞行员完全掌控飞机），最大为 1（完全授权，自动驾驶系统完全掌控飞机），而人类飞行员自愿完全授权自动驾驶系统时回报最大。这里非常重要的一点在于，机器的目标不能仅仅是实现完全的自动控制，因为这个目标可以通过阻止飞行员控制飞机甚至杀死人类飞行员的方式来实现。自动驾驶系统的目标是让人类自愿、持续地将飞机控制权完全地授予它。因此，自动驾驶系统需要不断地对自己的动作进行调整，以便让人类飞行员给它更多的控制权，使它能够持续控制飞机。任何导致人类飞行员夺回控制权的动作都会成为“负强化”（negative reinforcement），而任何能让人类飞行员赋予它更多控制权的动作都将成为“正强化”（positive reinforcement）。这种模式更接近人类飞行教员与人类学生之间的互动方式。

CIRL 比 IRL 更有效的事实再次印证了本书中反复出现的一个论点，那就是交互比观察更有力。当信息双向流动而不是单向流动的时候，双方的系统都能获益。但是有一个问题仍然没有被解决，那就是人类的回报函数可能会指向邪恶的目的，这种情况下训练出来的人工智能就毫无安全性可言了。[26]

主体间现实

人类所认为的真实的东西，其实很多都不是真实的。赫拉利在《未来简史：从智人到智神》中讨论了由货币、宗教等共同的迷思所创造的“主体间现实”（intersubjective reality）。这种现实的建立依赖通信，而赫拉利也强调了书写在加强这种现实中发挥的重要作用。但赫拉利所说的主体间现实仍离不开人脑将想法变成文字以及解读和依照书写的文字行事的过程。如果我们把计算机纳入那个现实的范围之内，那么大脑就变得不再不可或缺了。

如果要讨论共有想象（shared fiction）有多么强大的力量，股票市场是一个绝佳的案例。赫拉利指出，公司就是一个共有想象。比方说，物理世界中并不存在一个名为“谷歌”的实体，但这丝毫不妨碍我们购买谷歌的股票（也是一种共有想象），而购买股票用的钱还是共有想象。这一切都是我们集体的假想，但人们仍然愿意将毕生积蓄（另一种共有想象）倾注其中。不过现在，股票市场上的很多交易都是由计算机自动完成的。人类的效率太慢了，计算机通过短短几毫秒的相互比拼就可以赚到比人类多得多的钱。随着这种主体间现实变得越来越脱离人的大脑，有什么东西变得不一样了呢？我们能不能说，计算机本身也成了这种共有想象的一部分？

不同的计算机在彼此进行交易的时候，有没有可能创造出他们自己的主体间现实，就像脸书实验里两个讨价还价的聊天机器人那样？1987 年的股市崩盘（参见第 10 章）被广泛认为缘自计算机资产组合保险算法引发的恶性反馈循环。算法本质上是一种用代码编写的信仰体系，而一旦游戏中有足够的玩家成为这个信仰体系的信众，那么就意味着灾难即将来临！“资产组合保险”这个信仰体系是由人类设计的。但人工智能会设计出怎样的信仰体系呢？人工智能的“信仰”甚至可能是任何人类的语言都无法描述的。

当然，即便没有计算机，也可能会发生股灾。计算机在 1929 年的股灾以及接踵而至的银行挤兑事件中就没有扮演任何角色。实际上，那场股灾也受到了共同信仰体系变化的驱动——当时，人们开始怀疑银行和股票市场的可靠性。既然银行和股票市场都是我们虚构出来的，那么这种怀疑就不仅是有道理的，更是自我实现的，甚至可以说是一种同义反复。取而代之的新的共同信仰体系没有了银行，也缺少了足够的支持人类大规模合作的有效机制。财富——也是一种共有想象——的损失便难以避免。

我们所在的这个主体间现实可能比我们所想象的更加脆弱，而在能力已经超越人类的机器越来越多地彼此交互的情况下，出现故障在所难免。但协同进化的力量会将这些故障视作疾病，有些人工智能会因为给共生宿主带来致命威胁而最终消亡。牵涉 2016 年美国总统选举舆情操纵的英国政治咨询公司剑桥分析（Cambridge Analytica）如今已经破产。制造出“病毒”的组织和个人也会因为他们的机器共生体引发的疾病而受到重创。我们的集体“免疫系统”将竭尽所能地杀死致病机器。资产组合保险算法消失于 1987 年，但它的变种仍然存活至今。我们还不能掉以轻心。

更大的危险

我想我们可以放心大胆地假设，人脑的物理参数在接下来几十年中将保持相对稳定。但如果是拥有机器认知假体加持的人脑，情况就不一样了。只不过，不是每个人都能用上相同的认知假体。强大的新技术完全可能会将人类割裂成“用得上”和“用不上”认知假体的两个群体，两者互不通婚，也无法相互理解。已经有迹象表明，这种由技术驱动的极端分化现象正在发生。如果这种现象持续时间够长，就将难以避免地导致基因的分化，将人类“分叉”成若干不同的种群。想象一下在未来世界中，人工智能增强的大脑植入体可能会大幅改变使用者思维的基本结构，将使用大脑植入体的人群与用不上大脑植入体的人群之间沟通的难度提升到人与狗对话的水平。那将是大大不妙的情况。

巴拉特、博斯特罗姆和泰格马克等人都针对即将到来的超级智能发出警告，认为人工智能的崛起意味着黑暗时代即将来临，人类都将变成无助、无聊、无业的行尸走肉。在我看来，更大的危险来自人类自己。人类将伴随技术的发展而改变。我们没有机器作恶的证据，但人类作恶的证据倒是有一大把。真正会带来黑暗的，或许是那些将AI（人工智能）用作IA（智能增强）的人。

警报已经拉响。WannaCry和Dyn等网络攻击事件都缘于人类试图利用不断演化的技术生态系统中的漏洞获取权力和钱财。网络空间的“‘9·11’事件”或许已经为时不远。人工智能将成为恶人手中的杀人利器。相比人工智能，我们更应该害怕我们人类自身。

即便操纵强力科技的是怀着善意的人类，也有可能造成巨大的破坏。死于美国政府对“9·11”事件做出反应的人的数量，远远多于死于“9·11”事件中的人的数量。就机器病原体而言，药方可能比疾病本身的伤害更大，甚至会导致乔治·奥威尔（George Orwell）笔下的“老大哥”*降临人间。与此同时，受到信息驱动的党派战争、财富集中和权力滥用仍将一直伴随着我们。

然而我觉得，比这更可怕的是，有人可能会利用人工智能将我们最为珍视的价值变成针对我们的武器。

面对这一切，我们又应该做些什么？你可能不相信以上我所说的内容，但其实我对人类的前途抱有乐观的预期。我相信，决定我们发展的力量在很大程度上超出了我们的控制，但这些力量本身也是自带调节机制的反馈系统。如果我们能理解它们的原理，就可以推动它们朝着正确的方向前进。这将是下一章，也就是本书最后一章的主题。

---

* “老大哥”是奥威尔在长篇小说《一九八四》中塑造的人物，此人是大洋国的名义领袖，但书中自始至终没有真正出现这个人物，他的存在始终是作为权力的象征和人们膜拜的对象。——编者注

第 14 章

协同进化

鸡和蛋

理查德·道金斯有一句名言：鸡是一枚鸡蛋制造另一枚鸡蛋的工具。人类是不是也是一台电脑制造另一台电脑的工具呢？如果我们将本书中所写到的机器视作生命体，那么决定它们性状的则是软件而不是 DNA，组成它们身体的是硅和金属，而不是有机分子。它们中有的很简单，基因不过几千行代码，另外一些则极其复杂。大多数机器的生命都不长，短的不过几秒，长的也只有几个月到几年。有些机器有望实现永生，这是任何有机生命体都无法企及的。不仅如此，机器还在以非常快的速度不断进化。与自然界孕育的其他事物相比，我们人类改变的速度已经非常快了。从社会运行机制，到我们的思维方式，再到人与人之间沟通的方式，都在飞速地发展变化。如今，就连我们的生理变化的速度也越来越快。

这场进化是否在人类的掌控之中？我们是否真的是机器的主宰？对于这些问题，存在一种简单的观点，我们或许可以把它称作“数字创世论”（digital creationism）。这种观点认为，人类利用自己的智力自上而下地设计并制造了机器，就像上帝造人那样。更贴近实际的一种观点认为，这是一场达尔文式的协同进化，而突变便来自我们人类。正如自然界的生物突变并非全属意外，我们带来的突变也并非完全随机。同样像自然界一样，我们带来的大多数技术突变都会很快消亡，只有少数得以留存、成长，并（至少在一定时间内）在这个持续变化的生态系统中占据了一席之地。

如今的我们已经严重依赖技术，甚至到了没有技术就无法存活的地步。更准确地说，没有技术我们或许仍能存活，但人口数量将远远少于现在的人口总数，生活的形态和方式也将与现代社会大不相同。今天的“我们”是技术、生理和文化糅合的产物。

以上三类要素中，技术是变化最快的。飞速的变化会带来一些问题。就像肠道菌群紊乱可能会引发我们身体不适一样，技术的紊乱也会造成严重的后果。但同样地，正如益生菌这样的存在可以帮助我们变得更加健康，技术的进步也能给人类带来更多的福祉。

畏惧改变是天性使然。人工智能是否真的对人类构成了存在性威胁？我们是否注定要被地球上新的超智能生命形态灭绝？我们是否注定要与技术融合，用大脑植入体把自己变成控制论机体，成为全新的准人类智慧生命形态？如果技术和人类真的是协同进化，那么主动权从来就不在我们手中。我们所能做的，最多只是推动这个过程朝着互利共生的方向前进，并解决不断出现的新问题。即便我们成功地实现了与机器的共生，未来的人类可能也还是会像畏惧变革的人们所担心的那样，与今天的人类大不相同。

这注定不会是一帆风顺的旅程，并且风险不小。快速的协同进化本质上是不可预测的，出现问题和麻烦在所难免。但我们应该将这些挑战视为病症，而不是与入侵的外敌之间的战争。对人类来说，最大的威胁并不是机器会剥夺我们存在的意义，而是机器会改变我们作为人类最本质的东西。

改变当然可怕，但至少我个人并不怀念原来的时代。我的一生恰逢人类历史上最为繁荣并且相对和平的时代，但这在很大程度上也要归功于技术的发展。当然，当今的世界也不是什么伊甸园，但人类的状况在很多方面无疑已经大大地有所改善了。这并不是说这个世界一定会越来越好，但我们越是理解人与科技协同进化的机理，世界朝向好的方向发展的概率也就会越大。

文奇、库兹韦尔、博斯特罗姆和泰格马克等思想家都讨论过失控的反馈环路：机器设计自己的继承者，彻底挣脱了与人类的共生关系。我认为，他们可能高估了数字计算的能力，但即便事实真如他们所说，更有可能发生（或许也是更可怕）的情景还是人与机器建立起了密切的伙伴关系。数字计算是人类有史以来最强有力的发明，而人类一向都会把新的发明用来自相残杀。人与机器这一对搭档中，我们才是更可怕的那一个。

第四时期

我们在第 3 章和第 13 章中提到的进化生物学家凯文·拉兰德在 2017 年出版的作品《未完成的进化》中指出人类的进化可以分为三个时期：基因进化时期、基因-文化协同进化时期和文化进化时期。或许，我们已经进入了第四个时期："合成进化时期"（synthetic age）。

根据拉兰德的理论，人类的基因进化阶段与地球上其他生物的相同。在这一阶段，生物进化和环境的偶然因素占据主导地位。此前人们一直认为，新达尔文式的进化是这一阶段的主流，亦即随机突变增加物种的多样性，环境和竞争压力负责剪除那些生存和繁殖能力不够强大的分支。但实际上，这似乎是一段更加复杂的故事，而早期生物的生命历程与今天机器的进化有异曲同工之处。

拉兰德所说的基因进化时期的一个重要特征是，生物进化时经常受到完全超出它们控制的环境事件的影响。一个颇具戏剧性的例子是，1980 年由科学家路易斯·阿尔瓦雷茨（Luis Alvarez）和沃尔特·阿尔瓦雷茨（Walter Alvarez）父子提出的白垩纪-古近纪灭绝事件。阿尔瓦雷茨父子提出，大约 6 600 万年前，一颗小行星或者彗星撞击地球，导致恐龙及其他很多物种彻底灭绝。

拉兰德估计，基因-文化协同进化时期开始于大约 400 万年前，这一进程在接下来的大约 4 万年中不断加速。在这个阶段，类人动物以及后来的人类开始对自身的生活环境产生足够大的影响，一个反馈模式就此产生，亦即除了环境影响基因（这一点与此前相同）外，基因也开始影响环境（这一点是从这个时期才开始的）。拉兰德认为，这种反馈源自文化的兴起。根据拉兰德的定义，文化就是“共同习得知识的大量积累以及技术的迭代改进”。[1]

在第二时期，从狩猎采集社会到农耕社会的转变引发了人口的增长，这使得社会组织成为必需。拉兰德认为，这加快了进化的进程：

> 当种群规模扩大到临界点，小规模的狩猎采集者相互联系、交换食物和知识的概率就会增大，文化信息就变得不再容易散失，知识和技能也得以积累。[2]

拉兰德所说的第二时期的关键特征便是，人类开始对他们的生活环境产生影响，逐渐成为“生态系统工程师”。荷兰进化生物学家曼诺·许特惠森（Menno Schilthuizen）在《达尔文进城来了》（*Darwin Comes to Town*）一书中指出，人类并非自然界中诞生的首个生态系统工程师。蚂蚁和河狸改造自身生活环境的历史比人类更久，而它们对生态的改造反过来也影响到它们自身的发展。这样的反馈环路在自然界中是非常常见的。

拉兰德将第三时期描述为：

> 如今我们生活在文化进化占据主导地位的第三阶段。文化实践给人类提出了适应性的挑战，但在生物进化“出手”之前，人类就利用进一步的文化活动解决了挑战。文化并没有也无法阻止生物进化，但确实已经将生物进化甩在了身后。[3]

为什么文化进化的节奏比生物进化的节奏快这么多？当然是因为人类有能力在文化进化方面带来更多的突变。正如图灵在 1950 年所说的：

> 如果要衡量物种之间相对的优势，适者生存的办法太慢了。实验者应该可以利用自己的智力把这一过程加快。[4]

不过，图灵指的并非文化进化，而是我所说的第四个时期，“合成进化时期”。这一时期的标志便是硅基新生命形态的诞生。我之所以单列出来一个第四时期，是因为不同于人类将智力施加于自身进化的文化进化阶段，合成进化时期的人类智力用在了推动人类的共生体——机器——的进化上，而机器反过来也提升了人的能力，推动了人类智力的进化。机器共生体未来或许可以像博斯特罗姆等人预测的那样，在不与人类交互的情况下完全控制自身智力实现进化。到了那时，我们也将随之进入第五个时期。

当然，所有将历史简单地划分为截然不同的阶段的做法都是有问题的。各阶段之间的边界并不清晰。但拉兰德提出的三个时期能够帮助我们区分出推动变革的不同机制。驱动生物变革的机制显然与驱动文化变革的机制不同。我们甚至可以质疑，使用“进化”这个词描述这两个过程是否合适。这些机制与达尔文最初提出的概念之间有什么联系？用“进化”这个词来形容机器的发展是否合适？毕竟即便是在生物学领域，“进化”这个词的含义也在不断发展变化。但自然选择的原则的确从达尔文的时代一直保留至今，适用于所有时期。

进化终究非易事

与大多数科学理论一样，达尔文的进化论也随着时间的推移而不断演进。达尔文在 DNA 被人们理解之前就提出了他的理论，那时候遗传和突变的机制都还是谜。比如，达尔文认为，生物后天获得的性状必然也能由后代继承，这种观点被法国生物学家让-巴普蒂斯特·拉马克（Jean-Baptiste Lamarck）命名为“后天获得性遗传”。

作家戴维·奎曼（David Quammen）在《缠结之树：一部全新的生命史》（*The Tangled Tree: A Radical New History of Life*）一书中生动地讲述了进化论本身的进化故事。他指出，拉马克是“法国进化论的先驱”，曾因后天获得性遗传的观点而备受嘲笑。用奎曼的话来说：

> 对于此类性状演进的遗传，我们最熟悉的例子便是由拉马克本人最先提出的长颈鹿了。生活在干旱的非洲平原上的原始长颈鹿努力够着高处的树叶，脖子和前腿（被认为）在这一过程中伸长了，于是它的后代（据说）出生时就拥有长长的脖子和前腿。

你要对这种看上去荒诞无稽的拉马克学说嗤之以鼻很容易，但是想要彻底消灭它却没有那么简单。[5]

事实证明，拉马克的学说之所以很难被彻底消灭，是因为它有一部分在一定程度上是对的——只不过长颈鹿的脖子变长的原因并不是像拉马克所说的那样。性状遗传来自几个机制的作用，包括共生微生物基因组（所谓“共生总基因组”）的代际遗传、免疫系统的自我调整以及表观遗传学的影响——尤其是与染色体结合、能影响基因表达的蛋白质。所有这些都能反映后天获得的性状，并对代际遗传物质进行补充。我曾在第 8 章指出，DNA 包含的信息根本不够创造一个人，所以一定存在其他的补充性机制。

显然，共生总基因组可以与人类和机器的协同进化相类比。当我们把一个 iPad 交给我们年仅 2 岁的孩子时，他们就“继承”了滑动屏幕、捏拉缩放这些写在我们的共生机器“基因组”（或者应该叫“代码组”？）中的交互方式。这样的机制融入了我们的大脑，它们对我们思维方式的塑造远远超出我们的想象。如果这些都是人类的“突变”，那么它们既没有被写入我们的基因组，肯定也不符合“自然选择—随机突变”的经典的新达尔文主义进化机制。随机突变当然有其作用，但事实远比这复杂得多。

随机突变之外

在某些方面，相对较新的进化论与其说是随机突变理论的延续，倒不如说更接近机器的发展。奎曼在书中写到的全新发现之一，便是所谓的“水平基因转移”（horizontal gene transfer，简称“HGT”）。

用他的话来说：

> 生命之树更加盘根错节。基因不只是纵向运动，它们还能跨过物种边界、跨过更宽的鸿沟甚至跨生命域进行传递——有些来自未知的非灵长类生物的基因甚至进入了人类所在的灵长类动物谱系。你可以将这理解成基因的输血，或者（用一个部分科学家偏好的说法）一次能改变身份的感染，即所谓“感染性遗传”（infective heredity）。[6]

在达尔文的“生命之树”（参见图 14.1）中，物种通过缓慢积累微小的随机突变以及以生殖繁衍为衡量标准的“物竞天择”分裂成为不同的亚种（subspecies）。在第 9 章我们已经看到，真正的生命之树没有这么简单，因为分支可能会以杂交的形式重新合并。但实际上，情况甚至比这还要复杂。

HGT 在细菌中更为常见，受其影响的细菌进化速度也远远快于随机突变。目前普遍认为，HGT 是导致细菌形成抗生素耐药性的主要机制。很多生物学家认为，HGT 在生命的早期发展中发挥了重要的作用，但也有证据显示，包括人类在内的高等生物也受到了 HGT 的影响。按照奎曼的说法，研究结论显示，人类有大约 1% 的基因很可能是在过去几百万年中通过 HGT 机制进入人类基因组的。

细菌交配

至今已经发现了至少三种 HGT 机制，分别是转化（transformation）、接合（conjugation）和转导（transduction）。最先被发现的转化

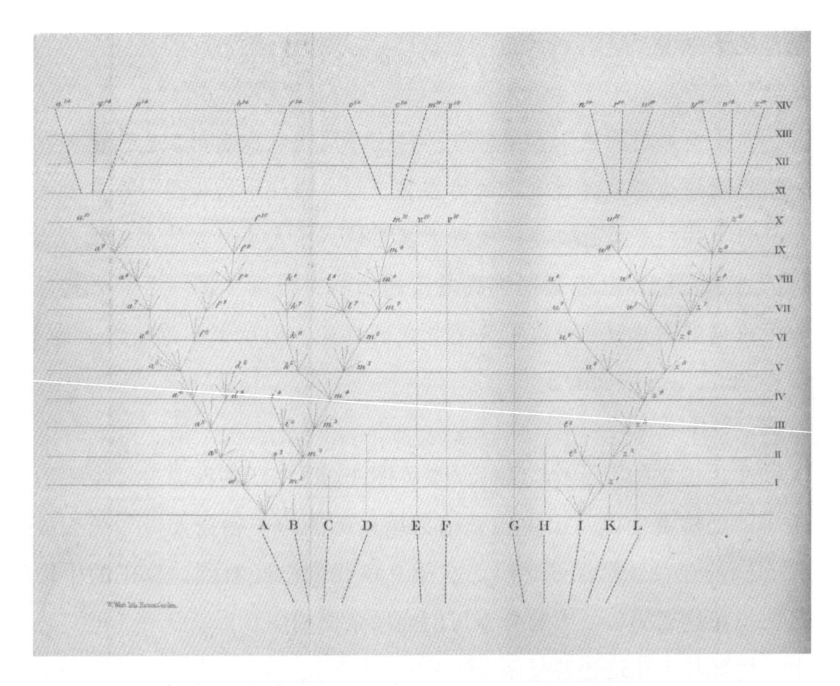

图 14.1　达尔文 1859 年版《物种起源》中唯一的插图便是这幅生命之树的示意图。底部的字母“A”到字母“L”表示同一属下的不同物种。从“I”到“XIV”的横线两两之间的间隔表示一千代。示意图显示，有些分支最终灭绝，有些分支则得以保留，成为新的物种

机制至少可以上溯到 20 世纪 20 年代。英国医生弗雷德·格里菲思（Fred Griffith）注意到，一个完全无害的细菌可以突然变成能够引起致死性肺炎的致病体。

后来到了 20 世纪 40 年代，在纽约洛克菲勒医学研究所工作的生物学家奥斯瓦尔德·埃弗里（Oswald Avery）发现，DNA 是构成基因和染色体的物质，而死亡细菌释放出的游离 DNA 会引起格里菲思观察到的转化现象。活体细菌能通过细胞膜吸收已经死亡的细菌的遗传物质，并借此对自身的 DNA 进行编辑。埃弗里发现的这种转化机制后来被称作“感染性遗传”，并被证明是细菌中非常常见的现象。别忘了，这时距离沃森和克里克 1953 年发表描述 DNA 双螺旋结构的里程碑式论文还有近 10 年的时间。埃弗里曾多次获得诺贝尔奖提名，但最终并没有获奖。

1946 年，时年 21 岁的研究员乔舒亚·莱德伯格（Joshua Lederberg）从哥伦比亚大学医学院休学一年，来到耶鲁大学工作，师从微生物学家爱德华·塔特姆（Edward Tatum）。在耶鲁大学不到两年的时间里，他先后与塔特姆的另外一个学生埃丝特·米丽亚姆·齐默（Esther Miriam Zimmer）相识并结婚，发现了第二种 HGT 机制并将其命名为“接合”，与塔特姆联名在《自然》杂志上发表了关于接合的论文，接受了威斯康星大学麦迪逊分校的遗传学副教授教职。真是无比忙碌的两年。

埃弗里发现的转化机制是，活体细菌吸收了已经死亡的其他细菌留下的遗传物质。而莱德伯格在耶鲁大学的研究显示，在活体细菌之间也能发生基因转移。他和塔特姆合作的关于存在临时性细胞融合和遗传物质交换的论文在《自然》杂志上发表时，他还不到 22 岁。他们将这一过程命名为“接合”，并把它称作一种“交配过程”（sex process）。

1951 年，莱德伯格与他在威斯康星大学麦迪逊分校招收的第三位研究生诺顿·津德（Norton Zinder）合作发现了第三种 HGT 机制——病毒将 DNA 从一个菌株运到另一个菌株上——并将其命名为“转导”。随后，他和 1950 年从威斯康星大学获得博士学位的夫人埃丝特·莱德伯格合作，发现了一种随机性较低的特殊转导形式。1958 年，时年 33 岁的乔舒亚·莱德伯格凭借其在遗传学领域的贡献与爱德华·塔特姆和乔治·比德尔（George Beadle）共同获得了诺贝尔奖。此后，他转到斯坦福大学工作，并创立了斯坦福大学的遗传学系。

莱德伯格还为计算机科学做出过重大贡献。20 世纪 60 年代，他在斯坦福大学人工智能程序 Dendral 开发项目中发挥了核心作用。颇具影响力的 Dendral 是一个老式人工智能风格的专家系统，基于以产生式规则（参见第 4 章）形式编写的化学知识，帮助有机化学家识别未知的有机分子。

水平代码转移

HGT 彻底推翻了旧的进化生物学理论体系。埃弗里和莱德伯格发现的机制能引发比新达尔文主义的“随机突变 + 自然选择”速度更快的进化。生物学家所说的“随机突变”，是由外部因素（extraneous factor）引起的突变，而不是有机生物正常生理过程的一部分。比如，X 射线或者环境毒素暴露都可能导致随机突变。虽然我们在第 11 章提到过，“随机性”和“因果关系”的概念并没有那么简单，但是像 X 射线这样的突变来源明显是外在的。很多生物学家一度认为，外部因素是进化中主要的突变来源。

不过，绝大多数随机突变影响的不是卵子和精子这样的生殖细胞，因此不会遗传给下一代。另外，绝大多数随机突变是有害的，因此不会遗传。这样看来，如果外部因素是唯一的突变来源，那么生物进化的速度很可能会比现在慢得多。

HGT 加快了随机突变的速度，但也让随机性更弱、针对性更强的突变成为可能——比如一个菌株可以将有益基因转移给另一个与它完全不同的菌株。这一发现动摇了进化论的根基，对物种和生命之树的概念（至少是对细菌这个领域）提出了挑战。

后来的研究发现，HGT 不是细菌独有，而是存在于整个自然界。人类的 DNA 含有大量似乎是来自细菌甚至病毒的片段。卡尔·齐默（Carl Zimmer）在《纽约时报》的报道中称，科学家发现，人类DNA中约有10万个因子很可能来自病毒。[7]

我们很容易把这与打开钓鱼邮件时中的计算机病毒进行类比。一个值得一提的例子是专门感染Microsoft Word软件的梅丽莎（Melissa）病毒。有一天你从你朋友那儿收到一封邮件，正文写着："附件是你要的那个文件，别给别人看。"只要你打开了附件，文件里内嵌的宏就会访问你的Microsoft Outlook* 软件通讯录，把类似的邮件发送给你的联系人。也就是说，Microsoft Word吸收了环境中的"遗传"物质（也就是宏），然后把它纳入了自己的"基因组"，这是不是与转化机制很相似？不过，这并不是一个非常恰当的类比。被感染的Microsoft Word不会把突变传递给后代，而是传给其他同类。这个机制其实更接近普通感冒病毒的传播。

我们或许可以在软件开发过程中找到一个更恰当的类比。软件工程就是创造新品种数字机器的学科，被编写的代码就是机器的"DNA"。但软件工程师极少从零开始，更常见的做法是找一个现成的程序，在它的代码基础上进行修改。因此，如果从一个新达尔文主义"代码树"的视角来看，软件工程师才是突变来源。

代码树与生命树一样，长着长着就变得盘根错节。软件工程师时常会把一个软件的部分代码塞进另一个软件的代码中。工程师扮演的角色就像是转导作用中把DNA从一个细胞带到另外一个细胞中的病毒。我们可以把这个过程称作"水平代码转移"（horizontal code transfer）。

与HGT的转化机制类似，工程师也会用一些已经"死亡"的代码片段作为原材料。之所以说这些代码片段已经"死亡"，意思是它

---

* 微软办公软件套装的组件之一，可以用来收发电子邮件、管理联系人信息、记日记、安排日程等。——编者注

们不属于任何仍在运转的程序，而是在互联网上或者软件组件库里被发现的。工程师会把这些片段添加进一个新的程序中。那些已经被很多程序证明有用的有益组件更容易被添加到新程序的“代码组”（codome）。

与进化一样，做工程是为了创造出前所未有的物件或者流程。我们作为工程师，习惯于把自己在这个过程中扮演的角色定位成一个造物者，一个自上而下地操控物质和能量为我们服务的智慧设计者。我们为我们工作的成果、我们的创造物、我们的发明而感到无比自豪，就像对我们的孩子那样。但我们对自己的孩子的控制力其实比我们想象的要低。我们在第2章讨论过的凯文·凯利用维基百科的“灵活组织结构”（adhocracy）为例提出，我们若想要达到良好的结果，其实并不需要自上而下的设计。[8] 我们只需要一点点计划。与其说我们是智慧的设计者，倒不如说我们是进化过程中突变的中介。

再者，在软件设计开发的过程中，我们自身的思维也随着我们所建造的机器不断发展变化。支持软件开发的软件塑造了开发的过程，不断地把新的模因材料添加到我们的认知“基因组”（或许应该称作“模因组”？）。我们用来创造软件的工具改变着我们的心智，而我们的心智反过来又改变着我们开发的软件。

自上而下的智能设计？

哲学家丹尼尔·丹尼特在2017年出版的作品《从细菌到巴赫：心智的进化》中提出，人类的心智、意识、语言和文化都是进化的产物。他所说的并不是大脑及其生理结构和过程，而是超越基本生理的心智。丹尼特捍卫和阐释了理查德·道金斯在1976年出版的《自私的基因》中提出的颇富争议的观点。道金斯在书中发明了“模因”这个词，用以形容人类的文化物品和观念在人类文化中的传播与达尔文进化论之间的相似性。用道金斯的话来说：

> 我认为，这个星球上新近产生了一种新的复制因子。它正盯着我们的脸上下端详。它还在襁褓之中，仍在“原始汤”中笨拙地漂浮，尽管如此，它的进化速度已经让旧的基因望尘莫及……这锅新的“汤”就是人类文化。我们需要给这个新的复制因子起一个名字，一个能表达“文化传播单位”或者“模仿单位”这个概念的名词。[9]

那个名词就是“模因”。

不少道金斯的批评者不喜欢他的生物学类比，但道金斯认为，即便是一些最激烈地抨击他的人本质上也在用不同的措辞表达同样的观点，也就是说，观念、文化和语言是通过一种以生殖能力（丹尼特的原话是“procreative prowess”）强弱为标准的新达尔文主义的自然选择过程传播的。后新达尔文主义的 HGT 机制或许更加贴切，因为在大多数情况下，观念的突变并不是由完全来自文化外部的因素随机造成的。

生物进化与机器进化之间的相似性，比生物进化与模因进化之间的相似性甚至更为显而易见，因为数字机器比模因更接近人类（参见第 2 章）。模因无法脱离人脑在物理世界自主存在，但机器可以。

不过，丹尼特并没有将当今科技也纳入他所提出的不断演进的生态系统。相反，他认为数字技术和软件是完全不同于进化的另一种设计——他所谓“自上而下的智能设计”（top-down intelligent design）的典型代表。为了避免过多重复这个短语，我在这里把“自上而下的智能设计”缩写为“TDID”。丹尼特不认同“生命的复杂性正是上帝存在的证明”的宗教立场，他认为，TDID在产生复杂行为上，并不比进化有效。

丹尼特以电梯控制系统为例，认为系统所有的应急事件响应和所有行为都是系统的设计者、拥有认知能力的工程师赋予的。这一观点只是部分正确，因为电梯控制系统设计的很多方面都深受此前技术发展的影响，所以即便是一个最普通的电梯控制系统也是进化过程的产物。另外，电梯控制系统在机器中属于非常简单的了。对于维基百科、银行系统和智能手机等表现出的更加复杂的数字算法行为，我们很难识别出是哪个认知体在进行TDID（或者类似TDID的操作）。这些系统通过很多组件的组合进化而来，而各组件本身也在类似地演进，工程师在这一过程中不仅引入了突变，还带来了水平代码转移。经过几十年的迭代设计修正和多次的失败，这个达尔文式的突变和自然选择的进程才得以形成。

丹尼特认为，数字设计的组件并不像生物体那样渴求资源，它们没有驱动力，没有目标或者理由，因此只是被动反应的自动机。但这样的区分并没有什么实际的用处，因为有很多替代性的设计和机制在演进的过程中“死掉”了，而幸存下来的都是达尔文式物竞天择的胜者，因为它们能够繁殖、传播。如果不考虑靠不住的目的论，那么繁衍后代就是最接近生物进化目的的东西。机器能繁衍是因为它们能给使用它们的人类带来切实的好处，比如给人类提供收入，人类有了收入就可以换得食物，有了食物就能够生育繁衍。

将软件视为“自上而下的智能设计”，犯的是与丹尼特所批评的“大脑中的小矮人”的观点一样的错误。这种观点认为，人的心智中有一个小矮人或是一个矮人委员会时刻观察并驱动着人类的决策。相反，协同进化的观点认为，软件的进化方式与细菌的进化方式基本相同，同样是与受到自身生存繁衍的回报函数驱动的人类一起进行无具体目的的协同进化。将这一过程视作 TDID 的倾向，本质上是一种人类中心论，但这对于我们人类来说也是在所难免。我们不喜欢将自己的大脑认知过程看作一场持续不断的无目的进化中的一颗轮齿。但事实究竟如何呢？

促成者还是发明者？

丹尼特甚至将 TDID 理论用在了复杂到根本不可能设计得出来的东西上：

> 举一个此类现象最广为人知的例子：互联网非常复杂、成本很高，它是为了服务一个最实际且重要的目的而被有意识地设计和制造出来的。如今的互联网是 ARPA（也就是现在的 DARPA，美国国防部高级研究计划局）提供资金支持开发的“阿帕网”（Arpanet）的直系后裔。1958 年，五角大楼在苏联人抢先一步发射 Sputnik 人造地球卫星后开发了阿帕网，其目的便是支持军事技术的研发。[10]

这是对互联网的过度简化。ARPA 的确出资支持了几个互联网底层协议的开发，但即便是这些协议也是在经历了无数次计算机交互实验的失败之后才脱颖而出的。[11] 另外，ARPA（DARPA）与我们当今所熟悉的互联网——包括网页、搜索引擎和 YouTube 等——关系不大。正如我在前一章所提到的，万维网的发明人蒂姆·伯纳斯-李对互联网发展的现状感到痛心疾首。当今互联网的繁荣，很大程度上缘于硅谷高度竞争、你死我活的企业生态环境，以及成千上万的开发者在网络标准制定完善中共同做出的贡献。

计算机科学家、企业家丹尼·希利斯（Danny Hillis）在谈到互联网时写道：

互联网尽管是我们创造的，却不是我们设计的。它是自己不断进化成今天这个样子的。我们与互联网之间的关系类似于我们与生物生态系统之间的关系。我们相互依存，却不能完全掌控局面。[12]

丹尼特对此不以为然，他辩解道：

所有计算机研发毫无疑问地都是自上而下的智能设计，它们基于对问题空间、声学、光学以及其他相关物理方面的广泛分析，并以明确的成本收益分析为指导。但诚然，这一过程中也出现了很多自下而上的达尔文式设计在漫长的时期内盲目探索出来的优秀设计路径。[13]

丹尼特没有认识到，所谓“计算机研发”与其说接近 TDID，倒不如说更像是道金斯所提出的模因。人类更多扮演的是促成者而不是发明者的角色，就像丹尼特在谈到文化时所指出的：

有些文化的伟大成果的确可以归功于发明者的天才创造，但这样的情形比我们想象的要少得多……[14]

技术也是如此。

进化放大器

虽然丹尼特夸大了技术中 TDID 的成分，但毫无疑问，人类的认知决策对技术的进化影响很深。人只要敲击键盘，便能创造出能定义一个新的机器种类的软件；如果这个新的机器种类对外部刺激的反应不利于人类，那么这个种类很快就会消亡。但这种设计本身就是在一个进化而来的环境中构建的。它使用一种人类设计的、在达尔文式进化中幸存下来的编程语言，用编码的形式表达一种思维方式。它将多年来他人创造、修改、编入组件库的软件片段组合起来。人类在这一过程中所扮演的角色，部分是设计，部分是随机突变、水平代码转移以及简单的管理，“把已有的程序重新组合变异成新的程序，促成软件体之间的交配”。[15] 如此看来，这是一场由 TDID 和有意识的刻意管理共同促成的进化。自然界中有很多类似的例子，包括寒武纪生命大爆发（参见第 2 章），人类饲养家畜、宠物和种植农作物，[16] 动植物为了适应人类城市化而发生的进化，[17] 以及细菌利用 HGT 作用形成抗生素耐药性。

机器的进化与其他进化过程一样，其中重要的部分是对资源的争夺，而死亡和灭绝同样司空见惯。硅谷的成功依赖于那些成功的创业公司，也同样建立在失败的创业公司之上。人类的关注和扶持是软件得以存活和传播不可或缺的稀缺资源，也是所有软件争夺的目标。以 20 世纪 90 年代的浏览器战争为例：为了使自身开发的浏览器在诸多网页浏览器中脱颖而出，有些服务供应商迫于竞争的压力，甚至不惜“痛下杀手”。被网络的崛起打了个措手不及的微软公司从 1995 年左右开始，将 Internet Explorer 浏览器植入所有的 Windows 系统中，供客户免费使用，这样做的目的就是扼杀其他竞争者的浏览器。如今，只有为数不多的浏览器存活了下来。

维基百科和谷歌都是人类认知能力的极佳放大器，但它们本身并不是 TDID。尽管它们在进化的过程中毫无疑问受到了各种小规模 TDID 的支持和影响，但它们远远超出了任何人类设计能力的范畴。它们是与人类共生体共同演进的。

丹尼特提到，合作让人类拥有了远超任何个体的能力。与技术合作则进一步放大了这种效应。技术已经在我们的（文化）进化生态系统中占据了一席之地。与人类相比，技术仍处于相对原始的阶段。这一点很像我们的肠道菌群，只不过肠道菌群帮助我们消化，而技术帮助我们思考。

寄生还是共生？

丹尼特认为，人工智能尤其是深度学习系统是“寄生”的。他关注的是它们的工作机制。他举例说，虽然深度学习系统能很好地对图像进行分类，但这些图像对于它们来说毫无意义。如果有任何意义的话，那都是它们“寄生虫似的”从人类那里得来的。用他的原话来说：

> （到目前为止）深度学习系统只会辨别，却不会洞察。也就是说，对系统而言，人类输入的大量数据不过是要“消化”的“食物”，除此之外毫无意义。[18]

如果换一个角度，将人工智能系统视为人类的共生体，那么这种局限性便随之烟消云散。用丹尼特的原话来说就是，“深度学习机器依赖于人类的理解”。

丹尼特指出，模因和大脑神经元之间也存在类似的合作关系：

> 不仅模因和基因之间存在协同进化的关系，我们心智自上而下的推理能力与我们动物大脑自下而上的不理解的天赋也是相互依存的。[19]

对于我们大脑中的神经元来说，它们所经历的数据洪流也“不过是要‘消化’的‘食物’，除此之外毫无意义”。一个需要人类对其产出物赋予语义的人工智能[20]所发挥的功能跟我们大脑的神经元是非常相似的——后者本身也不具有理解的能力。这是一种 IA（智能增强），而不是 AI。

日益迟钝

现在，有很多人对人工智能存在疑问并感到焦虑。丹尼特就提出过一个常见的问题：

> 如今我们越来越依赖智能机器，放任自己的头脑变得越来越迟钝，我们应该对此感到担忧吗？[21]

我们的头脑是否真的因为依赖机器而变得迟钝了？在我看来并没有。但这也不意味着我们就没有任何风险了。我们还远不能高枕无忧。在这个问题上，丹尼特曾写道：

> 我认为，真正的危险并不在于比我们更聪明的机器会篡夺我

们对自身命运的主宰权，而在于我们会高估我们最新开发出来的思想工具的理解能力，过早地赋予它们没有能力驾驭的权力。[22]

我认为，还有比这严重得多的风险。第一，IA 如果落入不怀好意的个人或者政府手中，那前景则是极其可怕的。第二，机器会像现在一样继续利用过滤气泡和回音室改变我们的思想。

进化压力或将引发生物学家所说的“鲍德温效应”（Baldwin effect），从而加剧信息的碎片化。鲍德温效应以美国哲学家詹姆斯·马克·鲍德温（James Mark Baldwin，1861—1934）的名字命名，它描述的是有机生物后天习得的新习性会影响其繁殖成功的概率，并借由自然选择影响其物种的基因构成。现在，对我足够“了解”、能根据我的好恶调整反馈结果的搜索引擎，更有可能在争夺广告费的搜索引擎生态系统中存活下来并得以繁衍。随着搜索引擎不断学习，它的繁殖能力也越来越强，导致能使人类思想碎片化的机器队伍不断壮大。通过进一步的学习，这样的搜索引擎能创造出越来越小的回音室，最终只给我提供我想看到的信息。它的后代也将更有效地使我们的后代彼此隔离开来。

第三个更大的危险点便是机器终将脱离对人类的依赖，人类最终将失去对机器的控制。这是博斯特罗姆、泰格马克等人关注的焦点。诚然，程序学习编写程序的实验有过一些成功的先例，而且从目前来看，机器自我设计的能力将不可避免地不断得以增强。对此问题的担忧是真实的，但问题是，机器可能从来都不在我们的掌控当中，因此失去控制其实是一个伪命题。若机器真的是通过达尔文式进化而来的，那么我们顶多也只能引导它们进化的方向。我们无法真正控制它，但或许可以利用政策和法规延缓甚至避免对人类不利的局面的出现。

丹尼特最终也以乐观的口吻做结语：

> 如果我们的未来注定要“重蹈覆辙”——这是我们在一定程度上可以控制的——那么在我们越来越依赖、也越来越提防人工智能的同时，人工智能也仍将保持对我们的依赖。[23]

我也抱有同样的乐观态度，但同时我承认，（几乎可以肯定正在发生的）快速协同进化对个体而言是极度危险的。快速的进化必然伴随着大量的“死亡”。技术和模因都将因共生起源（symbiogenesis）的演变而半路掉队。协同进化意味着人类和技术双方都将发生变化。即便双方仍然保持共生关系，演进过程的结果仍然可能会让人大吃一惊。历经这个协同进化过程而诞生的未来人类，可能与当今的我们大不相同。

内共生

用丹尼特的话来说，类比可以是非常有用的直觉泵，但类比同样有风险。我在这里将数字技术的进化与生物进化和道金斯的模因进化同时进行类比。数字技术与模因一样，进化中也会发生突变和自然选择，只不过其突变和自然选择的机制都是人类提供的。这不仅仅是一种类比。机器的演进与生命的进化确有相似性，但这种相似性其实并没有那么重要。重要的是我们要理解这种改变发生的机制，而不是每次发现了这个不断演进的生态系统的问题，就把问题简单化成技术专家个人作恶。假若这些改变发生的机制确实是自上而下的 TDID，那么追究工程师的责任或许还情有可原。但真相要复杂得多。我们都参与了这个生态系统的塑造，哪种技术成功流传、哪种技术失败消亡，我们都难逃干系。工程师只是扮演了 HGT 中病毒的角色，把“基因”物种从一种技术转移到另一种技术。但如果全社会都滥用抗生素，那么如此创造出来的生态系统也自然具有抗生素耐药性。

尽管如今我们面临着机器影响我们基因的可能性，但这段协同进化关系中的人类这一方仍然主要按照模因进化的方式——而不是生物进化的方式——发展。我们利用技术赋予我们的软硬件开发新的软硬件，而在技术的推动下，我们促发技术突变、创造新技术种类的能力也像道金斯的模因一样不断进化。一个强大的反馈环路就此形成：技术带来模因突变，模因又反过来引发技术突变。

事实上，技术的进化与生物的进化之间还存在一个更强、更可怕的相似点。人与技术之间相互依赖形成了一种共生关系，而共生关系可以带来比 HGT 更强大的突变来源。生物学家将其称为“共生起源”，即共生双方融合成为一种更复杂的全新的生命形态。共生起源也被称作“内共生学说”，而内共生的双方一旦离开对方都将无法单独存活——这一点与程度弱于它的专性共生相同——并且共生双方已经合二为一，一方生活在另一方的组织中。

生物学家戴维·史密斯（David Smith）和安杰拉·道格拉斯（Angela Douglas）举了奶牛作为内共生的例子。他们指出，一头牛就是“4 条腿顶着一个容量为 40 加仑（约合 151.42 升）的发酵罐”。[24] 对内共生学说做出重大贡献的林恩·马古利斯（Lynn Margulis）是这样描述奶牛的：

> 奶牛吃下了草，但却无法消化，因为它们没有能力分解纤维素。牛的消化主要是由瘤胃中的共生微生物完成的。瘤胃是一种特殊的胃，本质上是在进化中形成的一节过度发育的食道。世界

上不存在没有瘤胃的奶牛；奶牛（和公牛）只要失去了共生微生物，就会死亡。[25]

奶牛并不单纯地是一种与微生物共生的动物。事实是，共生体和瘤胃一样，都是奶牛不可或缺的组成部分。没有了共生体，也就没有奶牛。

人类对于技术的依赖还远远没有达到这样的程度；假如没有了技术，人类仍然能存活，只不过人口的数量会比现在的少很多。但人与技术之间相互依赖的程度正在不断加强，或许真的有一天，那些我们一旦离开便活不下去的技术也将成为“人”的定义的一部分。

进化的不连续性

奶牛与其消化道微生物之间的关系是不对称的。微生物的个头比奶牛要小得多，生理结构也更加简单。现在，人与技术之间的关系也是不对称的。与我们的大脑相比，数字人工物更加简单，而且我们至少认为自己控制着机器、把机器当作工具使用。随着技术变得越来越精密，这种非对称性很可能会逐渐被减弱，而人与机器的共生也会相继向专性共生和内共生转变。

生物学上有很多比奶牛与消化道微生物之间的关系要对称得多的共生案例。人体细胞和动植物细胞很可能也是由低等生物的内共生进化而来的。这些细胞与细菌大不相同，后者没有线粒体、叶绿体或者细胞核。这些细胞器都拥有自己的细胞膜，因此当今大多数生物学家认为它们原本是独立的生物体，后来才融合成为现在的细胞。生物学家把有这类细胞器的细胞称为真核细胞，并将其与细菌细胞等没有此类内部结构的原核细胞相区分。真核生物是从原核生物的共生中进化而来的。这一步在进化史上的重要性再怎么强调都不为过：

> 这个星球上最大的进化不连续性不在动物与植物之间，而是在原核生物（细菌，它们不具备包覆着细胞膜的细胞核）与真核生物（其他一切由有细胞核——包覆着细胞膜——的细胞构成的生物）之间。这两者之间巨大鸿沟的产生与物种起源密切相关。[26]

进化生物学家恩斯特·迈尔（Ernst Mayr）认为，真核生物的出现“可能是生命史上最重要、最激动人心的事件”。[27] 人与技术的融合如果能够成为现实，也必将具有同样重大的意义。

如今人类生育后代的数量降低，每对父母引入的突变更少、生育的后代存活概率更高，这或许导致了人类的新达尔文式进化步伐的减慢。更高的医疗水平、清洁的水源和安全的食物削弱了自然选择的效果。换句话说，让我们学会不要乱喝阴沟积水的模因进化影响了基因池，这是鲍德温效应的一种体现。

未来，人类基因组进一步的进化可能会更多地通过基因工程而非随机突变或者 HGT 发生。乔治·戴森猜测：

> 是我们为了优化人类而使用数字计算机测序、存储和复制我们的基因编码，还是数字计算机优化了我们的基因编码——以及我们的思维方式——以便让我们更好地帮助它们复制自己？[28]

不过，即便没有基因工程，人类可能也会通过与技术的共生而发生改变。生理领域的心脏起搏器和胰岛素泵，文化领域的银行、交通和通信系统，都有可能会发展出对未来生育繁衍的人类来说不可或缺的共生体。一个性爱无法使人受孕、人类也不再通过性爱繁衍的世界或许并非天方夜谭。

内共生学说仍然比较年轻。林恩·马古利斯1967年以林恩·萨根（Lynn Sagan，她曾与著名科普作家卡尔·萨根结婚，后离异）的名字发表《论有丝分裂细胞的起源》时只有29岁。她的这篇论文的标题明显是在致敬达尔文1859年的《物种起源》。这篇论文使得俄国植物学家康斯坦丁·梅列施柯夫斯基（Konstantin Mereschkowski）在20世纪初提出的“真核细胞是由原核细胞共生进化而来的”这一理论重新焕发生机。马古利斯为这个被很多生物学家视为狂言呓语的学说赋予了坚实的生物化学支撑。在与她的儿子多里昂·萨根（Dorion Sagan）后来合著的一部知名作品中，她写道：

> 我们认为，随机突变作为遗传突变源头的作用被大大夸大了……不同于一般认知，带来“进化新征”（evolutionary novelty）的重要的传递变异往往来自外部获取的基因组，也就是整套基因组甚至拥有完整基因组的微生物被其他生物吞并。而最常见的基因组获取途径便是被称为“共生起源”的过程。[29]

人体细胞中的线粒体基因组与细胞核基因组完全不同。两套基因都是通过遗传继承得来的，只不过线粒体基因仅继承自母亲一方。梅列施柯夫斯基和马古利斯提出的假说是，在很久以前，一个细胞在吞噬了另一个细胞之后没有把后者消化掉，而是劫持了它的机体功能，共同构成了一种全新的细胞。

有些人的生活已经高度依靠心脏起搏器等植入我们身体中的技术产品，但心脏起搏器不会被后代继承。如果有一天，人类的新生儿通常都有技术假体的支撑，或者人类的生育都是在机器的辅助下完成的，那么我们就进入了生物生命的全新时代。更进一步想，人类有没有可能变成技术元素的线粒体，一个在更大机体中发挥重要作用却不能独立生存的细胞器？这样的场景现在还只是出现在科幻小说当中。

实际上，比这更加恐怖的情景已经开始迫近。内共生将两个生命形态合而为一。目前，技术仍然无法脱离人而存在，因此虽然我们对技术的依赖不是绝对的，但技术却绝对地依赖着我们。有朝一日，我们是否会变成技术元素的肠道菌群，虽然脱离宿主仍可存活，但存活质量将大大降低？毕竟，“野生”肠道菌群的日子并不好过。或者更糟糕的是，我们会不会沦为技术元素的寄生虫或者病状，注定将被制服甚至被消灭？我们已经见到了“机器医学”（machine medicine）和“机器免疫系统”（machine immune system）领域的进步，见证了软件自我修复、人工智能驱除恶意软件的能力。假如人类变成另一种恶意软件，又将面临怎样的命运？

长夜将至？

我们对技术的依赖程度一直在增加，并且这一趋势看起来仍将延续；但是技术如果失去了人类的帮助，可能一夜之间就将消失得无影无踪。机器真的能摆脱对我们的依赖吗？要做到这一点，机器必须能在没有人类帮助的情况下运行、繁衍和进化。

2018 年，图卢兹大学–约克大学联合研究团队开发出一个程序，凭借这个程序编写的程序，人们能够正常地玩老式雅达利[*]（Atari）电视游戏。[30]这个程序采取首先生成随机突变、然后模拟自然选择的方法，而这种方法本身就是基于此前迭代进化软件图像处理功能的研究成果，通过水平代码转移进化而来的。[31]总体上来看，相关项目以及其他很多自动编码方面的新尝试表明，如果机器能够通过某种方式找到在不借助人力的情况下维持自身运转的方法，它们就能够做到在不借助人力的情况下不断改进软件。另外，机器的演进使用的是自然选择的方法，而我们已经知道这种方法能够有效地创造出非常复杂精密的存在。

不过，图卢兹大学-约克大学联合研究团队开发的雅达利游戏游玩程序在效果上与基于深度学习的程序还有很大差距。图卢兹大学-约克大学联合研究团队也承认这一点，认为他们的方法的主要优势在于开发出的程序可解释性更强（参见第6章）。人们完全可以看懂程序的游戏策略。不过，如果没有人要求得到一个解释的话，这点优势就没什么意义了。

进化也是一种学习。至于二者的区别，进化决定的是初生时的状态，而学习则决定了后天的成长。在生物系统中，两种习得的能力都能遗传给下一代，前者主要靠基因，后者主要靠模因。

从香农的信道容量定理（参见第8章）这一角度来看，无论是进化还是学习，信息都是通过一个有噪声的信道，从这一代传达给下一代的，因此只能传输有限数位。与人类的学习相比，（至少目前的）机器学习中只涉及有限的数位，因此一种技术后天所习得的能力

---

* 雅达利是诺兰·布什内尔（Nolan Bushnell，生于1943年2月）和特德·达布尼（Ted Dabney，1937—2018）创办的游戏公司，该公司于1972年推出的模拟乒乓球游戏“Pong”是最早的街机游戏之一，也是首个在商业上获得成功的电子游戏。——译者注

可以完美地遗传给后代。后天获得性遗传就是数字技术的现实。但对于生物体来说，情况就没有那么清楚了，因为有些信息是通过自在之物——已经进行了大约 40 亿年的连续生物过程——实现代际传递的。这部分信息就不仅是有限数位了。

另外，鲍德温效应的存在，意味着更大范围地应用机器学习将有助于提升各种技术产品的创造能力。它们由此获得的后天学习能力将帮助它们更好地适应不断变化的环境条件，并因此提高它们存活和增殖的概率。举例来说，如果人类某天决定要消灭某种技术，那么只有能够适应恶劣环境的机器才能存活、繁衍下去。人类创造的法律法规已经在禁止某些特定种类的技术，我们也因此看到某些发展出适应性的技术种类得以在禁令下存活。有些技术会被病状打败，由于自身安全系统不够强大、容易受到病毒和蠕虫的攻击而灭绝。适应能力不足的物种是注定无法存活下来的。2018 年，谷歌公司宣布将于 2019 年关闭个人用户版 Google+，原因是该系统易受恶意软件的攻击且修复成本过高。显然，个人用户版 Google+ 被关闭的原因便是其适应能力不够。

永生不死

正在运行的计算机程序的状态能以极高的置信度被完美地复制、存储和恢复，这是因为程序的本质属性是数字化的。运行程序芯片的温度这样的非本质属性无法被完美复制，但也并非定义程序所必需的要素。数字化的特征同样可以完美地传递给后代。

尽管如此，很多数字技术并不完全是数字化的。举例来说，机器人如果没有能用来与客观世界交互的物理实体，也就不能被称作机器人。自动驾驶汽车如果没有轮子、不能在物理空间中运动，也就不能被称为自动驾驶汽车。机器人研究者保罗·菲茨帕特里克（Paul Fitzpatrick）、乔治·梅塔（Giorgio Metta）和洛伦佐·纳塔勒（Lorenzo Natale）在《通向长寿机器人基因之路》一文中感慨：

> 机器人项目通常都是进化上的死胡同；一旦结束，生产出来的软件和硬件也就消失得无影无踪了。[32]

随着机器变得越来越具身化（参见第7章），它们的遗传机制将无法避免地变得越来越不完美。

我在第8章中曾指出，任何完全以数字代码定义的存在原则上基本都可以永生。但是自然没有赋予我们永生的存在。实际上，进化连长寿都反对，更不要说永生不死了！我们在第2章提到的、研究章鱼的彼得·戈弗雷-史密斯曾提出，所有进化优势都伴随着某种代价，而进化尤其偏好使生命体在生命早期（繁育前和繁育过程中）享受优势，到了生命后期（完成繁育后）再承受代价。这就解释了为什么进化没有或许也永远不可能创造出不死之物。年老力衰便是为曾经的年富力强付出的代价。类似地，具身机器恐怕也永远无法获得永生。它们同样会衰老、死亡。

智力失位

就算具身机器人无法彻底压制人类、实现完全数字化的智慧存在，人类还是有可能在智力上被机器边缘化。在2016年的一场TED演讲中，我们在第10章提到过的萨姆·哈里斯提出，智力就是信息处理能力，而机器的信息处理能力还将持续提高。他得出结论，机器压制人类不过是时间问题。这并非哈里斯一个人的看法。尼克·博斯特罗姆、迈克斯·泰格马克和凯文·凯利都在各自的作品中做出过类似的预测。

尽管我在第 1 章提出，智力并不是线性的，但要想反驳上述预测实在是很难。机器当然有可能在一切相关的智力维度上持续提高，并最终把我们远远甩在身后。但是以上几位都没有对数字化信息和非数字化信息进行区分。如果非数字化信息是这个世界上必不可少的，那么能真正在智力上碾轧我们的技术目前还没有问世。

我在第 8 章提出的观点——认知（大概）不是数字的、算法的——或许可以帮我们争取更多的时间。随着我们对智力的神经科学原理的了解越来越深入，要制造出拥有正确的程序、能匹敌甚至超过人类认知功能的机器也将变得越来越简单。智慧机器是造得出来的，我们的大脑作为一部大自然创造出来的“智慧机器”，便是无可辩驳的明证。认为只有人类 DNA 驱动的生化机器才能拥有智慧是不是太牵强了？具身认知的概念是否能拯救我们的命运？毕竟，数字机器永远不可能拥有人类的躯体。

在第 11 章和第 12 章中我们看到，交互比计算更加强大。在第 7 章中我们明白，与物理世界的交互是认知的核心。尽管现在的机器的具身化程度远不及人类，但它们每天都在与物理世界发生交互。我们在第 13 章提到过的李开复指出，中国的互联网和人工智能基础设施已经深刻地渗透进现实世界。这些探入现实世界中的“耳目”便是实现具身认知的第一步。

接下来，机器需要影响物理世界。正如脸书的机器能通过实验了解用户对不同用户界面设计的反响（参见第 11 章），腾讯的机器可以就物理的运动展开实验。自行车投放是如何影响城市交通的？服务定价如何影响人流方向？如何激励用户将使用后的电动车停到其他用户最容易找到和使用的地方？随着这些计算机系统打通闭合的反馈环路，影响着客观世界并衡量客观世界的反应，这种自传入（参见第5章）是否必然会创造出自我意识和类人的智能？我猜测——只是一种猜测——在这一过程中产生的智能将与人类的智能完全不同。但这远不足以让我们放心。

人类将在智力上被机器压制的观点还存在另外一个弱点——尽管这个弱点也不足以让我们高枕无忧。末日场景的预测是对比今天的人类与未来的机器后得出的，但人类正在发生改变，并且仍将不断地改变。我们的认知和实体存在已经与机器高度交织，而这种相互依赖、相互融合的过程只会越来越快，但这未必就一定会带来可怖的末世。

没有灵魂的机器？

尽管存在人工智能生成的艺术品（参见第10章），但或许我们仍能从只有人类才能创造和欣赏诗歌、音乐、舞蹈这一事实中获得一丝灵魂的慰藉。侯世达是这样描述这种感觉的：

> 很多饱学之士认为，尽管机器已经可以或者未来可以很好地模仿人类的行为，但任何机器的表演都难免是索然无味的，时间一长了自然会露馅。你会不由自主地认定，机器是没有原创性的，它的想法都来自某个装满陈词滥调的仓库，虽然表面看着像人，但说到底还是没有任何的活力——换言之，就是没有“生命的跃动”（*élan vital*）。[33]

可是推特上 Tay 的发言却是一点儿也不“索然无味”。（参见第10 章）

史蒂芬·平克将艺术归结为神经科学，他说：

> 无论是何种艺术门类，艺术家真正的媒介其实是人类的心理表征（mental representation）。无论是油彩、挥动的四肢还是铅印的文字都无法直接触及大脑，它们只是触发了一连串神经事件，始于感官，终于思想、感情和记忆。[34]

如果艺术的本质是“人类的心理表征”，那么机器压根无法参与其中。说到底，它们不是人类。按照这种观点，艺术的目的就是将这些心理表征从一个人那里传递给另一个人。

我们有一个词可以用来形容那种寥寥数语便能有效传递心理表征的词句：诗歌。但即使是诗歌也是不完美的。同样一首诗，无论遣词造句多么诗意盎然，它在你的头脑中激发的想法也不可能与诗人的想法完全合拍。诗歌的力量往往就在于它的朦胧，在于它能适配不同个体、激发认知世界与诗人大不相同的个体心中强烈的个人化情感。

技术赋予了艺术家更丰富的素材和更多样的媒介。虽然画不是画笔自己画的，但一支好的画笔可以帮上大忙。最好的画笔莫过于专为人的手和眼所设计的了。随着机器越来越深地融入人类的世界，它们必将为我们带来更多发挥创造力的媒介。因此，它们在人类灵魂中扮演的角色，不会是用干瘪的客观性取而代之。相反，它们真的有可能为我们带来全新的画笔，从而让我们的艺术生活变得更加丰富多彩。回想一下我们在第 10 章中谈到过，柏拉图在《蒂迈欧篇》中指出，如果我们理解了促成人类某个行为的机制，那么那个行为就失去了灵魂，我们也无法要求做出那个行为的人承担责任。我们之所以认为机器的行为是没有灵魂的，或许是因为我们假设这些行为背后的机制是可以解释的。但正如我们在第 6 章中所讨论的，现在的人工智能程序可以做出我们无法解释的行为，这或许也正是艺术家们开始重视人工智能并使用人工智能作为艺术创作媒介的原因。

我们还可以在此基础上更进一步。目前的软件是数字化的、算法的，而物质世界（很可能）既不是数字化的，也不是算法的，而且可以同时表现出非确定性和混沌，物质世界中的行为也因此变得难以预测。未来的机器或许可以利用这两方面的优势，给它们的人类共生体带来真切的愉悦感。

合乎伦理规范的技术

如今的数字技术是一场席卷人类文化的海啸，它改变着我们的政治体系、经济和社会关系。它正在重新定义我们的智识生活，改变我们探求科学、人类学、艺术和文学的方式。它创造了巨大的财富和机遇，也彻底摧毁了一些人的职业岗位。它能助你广学多闻，也能把你引入歧途；它能将分散的个体团结成铁板一块，也能把我们的社会变成一盘散沙；它能带给你前进的能量，也能让你寸步难行。它让言论变得自由开放，也让无处不在的监视成为可能。这还仅仅是现在，明天又会如何？

巨大的机遇和巨大的风险都在等待着我们。如何才能降低风险、最大限度地利用机遇？很多教育家认为，应该在工程和计算机科学专业的课程中加入伦理学课程。如果这真的能解决问题，那么一个必然的推论便是，不好的结果来自一个或者更多个体的不道德行为。但考虑到社会技术交互本身的复杂性和本书协同进化的主题，这个推论很可能是站不住脚的。这就等同于说，如果大脑中的每个神经元都正常工作，那么精神疾病就不会发生。按照这个假设，精神疾病可以通过识别并杀死出问题的神经元得到根治。我想，没有哪个可靠的精神病学家或者神经科学家会寻找这样的治疗方法。

虽然技术伦理对工程师来说很重要，但教授伦理学课程并不能包治百病。即便所有技术开发者都遵照道德伦理标准行事（这个目标本身就是不现实的），病状还是会出现。我们看到的很多有害影响都是“好心办坏事”的意外结果。过分强调伦理可能只是能让我们拿替罪羊出气，却没有真正解决任何问题。

现在，逐利似乎是唯一能有效指引技术发展的原则。对利益的追求的确是一种能激发创造力的强劲驱动力，但它仍是一件笨拙的工具，历史已经证明我们必须对它进行监管。要想做得更好，我们必须首先理解这个不断进化的社会技术文化的复杂机理。

有人用“数字人文主义”（digital humanism）这个词来描述从人类中心视角出发的技术研究。各学科的有识之士都必须认真直面这个重大的智识挑战。到目前为止，我们为数不多的试图控制技术负面影响的努力大多被证明没有什么效果，这凸显出我们对这个问题的理解仍然不足。比如，美国和欧洲的隐私法规并没有实现预期的目标。我们甚至不能确定，假如所有人类参与者都遵照道德伦理的标准行事，隐私保护的目标是否可以实现——更何况，指望人人都规规矩矩，本身就是不现实的。

我们应该怎样教育年青一代？

与机器相比，人类有一大缺陷。数字机器所掌握的一切知识都是数字化的，它们可以近乎即时地把它们所习得的一切都复制给另外一台机器。但人类只能从零开始，在几十年的时间里历经各种困苦接收他人传递给我们的不完美的知识，而这个知识转移的过程就是我们所说的“教育”。不过，这既是缺陷，也是机遇。如果我们早起步，引导年轻的头脑关注数字人文主义的难题，或许我们仍有机会。毕竟，我们的下一代既要推动技术创新，又要承担犯错的后果。

传统上，掌握语言、历史和科学等专科知识，能熟练运用数学、计算机软件等形式系统的人被认为是受过良好教育的人。如今，技能和对事实的了解似乎已经变得比智慧更为重要。实践证明这种转变是极有价值的，它将我们的年青一代塑造成可用之才。但问题在于，机器的技能水平和处理事实问题的能力越来越强，所以未来的教育似乎不宜延续目前的侧重方向。

我们的年青一代当然应该学习技术，但在我看来，这主要不是为了增加他们找到好工作的机会，而是为了拓展他们对这个社会的理解。短期内，对技术的了解能给他们带来更好的职业发展机会，这是一个附带的好处。更深入地理解那些终将使他们的技能变得过时、让他们的知识变得多余的技术力量，才是持久的价值所在。

举例来说，我们不仅应该教孩子们如何使用 Python 语言写程序，还应该向他们介绍在荷兰国家数学与计算机科学研究中心（CWI）工作、创造了 Python 语言的吉多·范罗苏姆（Guido van Rossum），以及围绕 Python 发展起来的开源社区。他们应该进一步了解 Python 和开源软件的社会学。

我们应该以年轻人最常用的 Snapchat、微信、Instagram、脸书这些工具为例，向他们说明隐私的概念。隐私是一个令人着迷的哲学难题，同时也是一个相对新鲜的概念。研究与隐私相关的技术，可以让我们更深刻地理解隐私对人类的真正意义是什么。我们需要一套完全不同的教程——不同于当今大多数强调编写数字排列程序的计算机科学入门课程——以帮助他们理解观念的病毒式传播的机理。

可惜大多数教育工作者从事的都不是我设想的那种教育。我作为一名教授，在我的教学生涯的大部分时间里，也是一样。我不会想到 Python 有自己的发展历史，不会想到它最初来自一个创造力极强的头脑，后来逐渐演化成一个拥有多个科技物种的完整生态系统，更不会想到这个生态系统中的大多数科技物种最终都将消亡。对我来说，Python 不过是关于这个世界的一个柏拉图式的事实，或许一直以来都存在。在我看来，所有的编程概念都是如此。

如今我有了完全不同的看法，但多年来，我一直传播着对技术的错误理解——一种让年轻人被动接受把技术当作这个世界的“事实”的糟糕观念。我们以为，我们所做的事情是在赋予他们技能，以帮助他们找到工作，但实际上，我们教给他们的东西让他们深陷眼下的事实，无力应对这个不断变化的世界。或许颇具讽刺意味的是，未来的技术专家同时必须是最强的人文主义者。

公共政策

人类需要英雄。我们喜欢选出优秀的个体，授予他们诺贝尔奖，把他们誉为发明家、企业家。每一次这样做，我们都忽视了成千上万个对这些重大成果做出同样不可或缺的贡献的其他个体。相应地，当技术带来不好的后果时，我们喜欢揪出恶人。我们把硅谷的企业高管带到国会议员的面前接受审问，威胁要将他们的企业拆得四分五裂。把问题归咎于贪婪的资本家或许能让我们感觉好一些，但这样做对未来技术的发展毫无意义。攻击资本主义制度会影响未来的社会结果——尽管无法影响到未来的科技成果——但很多人或许不会喜欢毁掉了资本主义制度的社会。20 世纪时我们见证过这样的尝试。那么，我们究竟应该做些什么，才能避免科技发展给人类带来不利的后果呢？

根据数字创世论的观点，监管的目的在于对开发技术的个人形成约束；从协同进化的视角来看，监管的目的在于推动技术发展的进程。根据数字创世论的观点，不合意的结果来自个体的不道德行为，比如不顾社会影响盲目逐利。从协同进化的视角来看，不合意的结果是生殖能力的产物。能有效地生殖繁衍的技术才能获得成功。技术的发明者当然在这一过程中发挥了作用，但技术的使用者同样也起到了一定的作用。这么看来，我们是不是应该制定政策，对用户进行约束了？

想想隐私保护法。在我看来，隐私保护法是没有达到预期效果的，因为它们都是基于数字创世论原则制定的。这些法规错误地认为，改变了企业的行为就足以实现隐私保护的目标。如果从协同进化的视角来看，我们就能明白，即便你明确告知用户他们的个人信息会被滥用，用户也还是会选择放弃隐私。所有的隐私协议都用小字写着“你的个人数据将被滥用”，但我们往往是读也不读就选择了“同意”。

如何有效地改善个人隐私保护？我也给不出一个具体的方案。我甚至不知道，“改善个人隐私保护”究竟意味着什么。我认为自由有非常重要的价值，每个人都有放弃个人隐私的自由。我曾经跟很多人谈论过这个问题，大多数人都告诉我，他们没有什么要掩盖的，因此不介意放弃隐私。但如果众多不介意放弃隐私的个人加总起来的集体行为会制造出一个奥威尔式的国家呢？

我相信我们的社会可以做得更好。我不知道如何才能防止奥威尔式国家（或者“老大哥”式企业）的出现，但我可以肯定的是，除非放弃数字创世论的原则，否则我们便无法更进一步。

致谢

在思考本书所涉问题的过程中，我受到了很多人的启发，包括尼克·博斯特罗姆、罗德尼·布鲁克斯、肖恩·卡罗尔、布赖恩·克里斯蒂安、帕特里夏·丘奇兰德、安迪·克拉克、丹尼尔·丹尼特、乔治·戴森、马丁·福特、汤姆·格里菲思、尤瓦尔·诺亚·赫拉利、萨姆·哈里斯、弗吉尼娅·赫弗南、侯世达（道格拉斯·霍夫施塔特）、凯文·凯利、凯文·拉兰德、杰夫·利希曼、塞思·劳埃德、朱迪亚·珀尔、史蒂芬·平克、罗伯特·萨博尔斯基、李·斯莫林、斯图尔特·拉塞尔以及迈克斯·泰格马克。这些人中大多数我都未曾有幸谋面，但多亏印刷术等技术的诞生，我们得以向我们从未见过的人学习。

我希望借此机会感谢阿克拉姆·艾哈迈德、伊维卡·克恩科维奇、戈尔达娜·多迪格-克恩科维奇、沙赫拉姆·达斯特达、姬蒂·法赛特、汤姆·霍根博姆、达米尔·伊索维奇、海伦·李-赖特、莱斯特·路德维希、马修·皮特、芭芭拉·赖特、伦达·赖特、斯图尔特·拉塞尔、卡洛·塞金、马尔扬·西尔雅尼、迪克·史蒂文斯以及戴维·斯顿普在本书初稿撰写中给予的帮助和建议。最后，我想感谢麻省理工学院出版社的编辑玛丽·勒夫金·李的指导和建议。本书所有的错误和我顽固坚持的观点都是我个人的责任，与在成书过程中帮助过我的人无关。

我还希望向很多选择了知识共享许可协议并通过维基百科及其他匿名媒体分享见解、上传图片的不知情贡献者表示感谢。本书很多素材和插图都来自他们的无私贡献。

注 释

第 1 章　半个大脑

1. 乔·阿尔科克（Joe Alcock）、卡洛·C. 梅利（Carlo C. Maley）和雅典娜·阿克蒂皮斯（Athena Aktipis）在 2014 年发表的一篇综述文章中写道："宿主和肠道微生物之间的进化冲突导致二者在饮食习惯上存在分歧。肠道微生物可以操控宿主的饮食习惯，朝有利于肠道微生物健康却有害宿主健康的方向改变。"
2. 亚拉巴马大学伯明翰分校的遗传学家卡尔·布鲁德（Carl Bruder）牵头开展的研究显示，同卵双胞胎的基因有时会存在差异，尤其是在特定基因的副本数量上（参见 Casselman，未标明日期）。这些基因上的差异可能会造成双胞胎显性性状的不同，但显性性状不同的双胞胎，其基因也可能完全相同。
3. Dawkins, *Blind Watchmaker*, p. 5.
4. Dawkins, *Blind Watchmaker*, pp. 185–186.
5. 帕特里夏·丘奇兰德很好地解释了先见是如何给人类之外的很多动物带来了选择优势的（Churchland, 2013）。
6. Rogers and Ehrlich, "Natural Selection and Cultural Rates."
7. Handwerk, "Gut Bacteria May Be Controlling."
8. Sigmund, *Exact Thinking*, pp. 146–147.
9. Pinker, *Enlightenment Now: The Case for Reason, Science, Humanism, and Progress*, p. 296.

第 2 章 “生命”的意义

1. Dyson, *Turing's Cathedral*, pp. 308, 313, 325.
2. Dyson, *Darwin among the Machines*, p. 121.
3. Hobbes, *Leviathan*, p. 7. [译文摘自（英）托马斯·霍布斯：《利维坦》，刘胜军、胡婷婷译，中国社会科学出版社，2007 年。略有改动。——译者注]
4. Langton, *Artificial Life*, p. 1.
5. 温迪·阿圭勒等（Aguilar et al.,2014）的文章对人工生命领域有很好的总结。
6. Langton, *New Definition*.
7. Aguilar et al., "Past, Present, and Future."
8. von Neumann, "General and Logical Theory."
9. Emmeche, *Garden in the Machine*, p. x.
10. Lee, *Plato and the Nerd*.
11. Maturana et al., *Autopoiesis and Cognition*, p. xvii.
12. Dennett, *Intuition Pumps*, p. 4.
13. 奇怪的是，研究人员在参与“阿波罗计划”的宇航员从月球带回的样本中发现了少量的氨基酸。美国国家航空航天局（NASA）表示，科研人员并不认为这些有机物质来自月球上的生命，并给出了几个可能的来源。其中一种可能性是样本在登月任务执行中或者在回到地球后的处理过程中受到污染。另外，研究人员发现登月舱的喷焰含有能在实验室分析过程中转化为氨基酸的前驱分子。类似的前驱分子也存在于太阳风（太阳表面持续喷射的低密度导电气体流）中。有可能是这些前驱分子在实验室操作过程中转化成了氨基酸。最后，科研人员还曾在偶尔作为陨石降落到地球表面的小行星碎片上发现过氨基酸。经常受到陨石冲击的月球表面也有可能通过这种途径获得小行星上的氨基酸成分。当然，这些陨石也可以用于解释地球上氨基酸的来源问题，但这难免会引出另一个问题，那就是小行星上的氨基酸是从哪儿来的。也正因为如此，米勒–尤里实验以及类似的尝试仍是有意义的。
14. Wolchover, "New Physics Theory."
15. England, "Statistical Physics."
16. Kauffman, *Origins of Order*.
17. Parker, *Blink of an Eye*.
18. 访问于 2018 年 5 月 29 日。
19. Dennett, *Intuition Pumps*, p. 98.
20. Dickinson, *Complete Poems*, p. 312.（引自江枫译文。——译者注）
21. Pinker, *Blank Slate*, p. 423.

22. Pinker, *Blank Slate*, p. 424.
23. Lichtman, "Can the Brain's Structure Reveal?"
24. Lichtman et al., "Big Data Challenges."
25. Mitchell, *Machine Learning*, p. 2.［译文摘自（美）Tom M. Mitchell：《机器学习》，曾华军、张银奎等译，机械工业出版社，2003 年，第 3 页。——译者注］
26. https://blog.wikimedia.org/2018/04/24/new-data-center-singapore/.

第 3 章　计算机无用？

1. Bratsberg and Rogeberg, "Flynn Effect and Its Reversal."
2. Laland, *Darwin's Unfinished Symphony*, pp. 29, 209.
3. Laland, *Darwin's Unfinished Symphony*, p. 224.
4. Stringer, "Brain Size Has Increased."
5. McLuhan, *The Gutenberg Galaxy*; McLuhan, *Understanding Media*.
6. Russell, *Human Compatible*.
7. Harari, *Homo Deus*, p. 397.
8. Harari, *Homo Deus*, p. 311.
9. Harari, *Homo Deus*, p. 2.
10. Harari, *Homo Deus*, p. 158.
11. Harari, *Homo Deus*, p. 131.

第 4 章　有话直说

1. 可以访问 https://youtu.be/ZX564BRcOdo 观看我的表现。
2. Nietzsche, *Will to Power*, p. 283.
3. Wittgenstein, *Tractatus Logico-Philosophicus*, 5.6.
4. Chesterton, *G. F. Watts*.
5. Carmena et al., "Learning to Control."
6. Haugeland, *Artificial Intelligence*.
7. http://www.masswerk.at/elizabot/.
8. Weizenbaum, "ELIZA."
9. Dreyfus and Dreyfus, "Limits of Calculative Rationality."
10. Kelley, "Optimal Flight Paths."
11. Bryson et al., "Steepest-Ascent Method."
12. Dreyfus, "Artificial Neural Networks."

13. Lee and Messerschmitt, *Digital Communication*; Barry et al., *Digital Communication*.
14. Rumelhart et al., “Learning Representations.”
15. Giles, “The GANfather.”

第 5 章　负反馈

1. 运动信号感知副本在言语生成中发挥关键作用的观点是田兴和戴维·珀佩尔（Tian and Poeppel, 2010）提出的。他们认为，“对准备下达的动作指令应该带来的听觉效果进行预期”是言语生成必不可少的一环。
2. Black, “Stabilized Feed-back Amplif iers.”
3. Godfrey-Smith, *Other Minds*.
4. 奥托–乔基姆·格吕瑟（Otto-Joachim Grüsser, 1995）很好地总结了这段历史。
5. Pinker, *Blank Slate*.
6. Wiener, *Cybernetics*, p. 97.
7. Rosenblueth et al., “Behavior, Purpose, and Teleology.”
8. 为了保证实验效果，延迟的语音必须通过耳机播放，以盖过通过头部的骨骼和组织从声腔传到耳朵的正常语音。这方面的代表作有伯纳德·S. 李（Bernard S. Lee, 1950）的论文。此外，加利福尼亚大学洛杉矶分校的心理学家唐纳德·麦凯（Donald MacKay）在相关研究中梳理了讲话者年龄的影响，以及话语断续与声音失真之间的差别（MacKay, 2005）。
9. 瞬时反馈及其与因果关系之间的关联是一个引人入胜的话题，涉及数学、计算机科学和哲学等多个学科，其深刻性已超出本书的范畴。数学上，反馈体现在不动点理论（fixed-point theories）中。满足函数 $x = F(x)$ 的 x 被称为“不动点”，而 $x = F(x)$ 这样的等式是循环性的，因为未知数 x 的取值取决于自身。在这种情况下如何求 x？不动点 x 是否存在？函数 $x = F(x)$ 是否存在唯一解？基于此类等式建模的系统如果存在不唯一不动点，那么就能够表现出非确定性的行为。在计算机科学领域，被称为“同步响应语言”（synchronous reactive language）的一类编程语言便是反馈系统，其中程序规定了一个需要满足的自指关系，执行引擎的任务就是找出满足这种关系的行为（Benveniste and Berry, 1991）。存在此类行为、有唯一解并且可以被分解为有限步骤的程序据称是“构造性的”（Barry, 1999）。哲学上，瞬时反馈与直觉主义逻辑存在关联。在直觉主义逻辑下，“真理”是可以利用建构性方式从先前事实中推导出的事实。如果你想了解我本人在这个问题上的研究成果，请参见我 2014 年和 2016 年的论文。
10. Dennett, *Elbow Room*, p. 32.
11. 丹尼尔·丹尼特发明了“异类现象学”（heterophenomenology）这个相当拗口

的词，来形容一种不依靠内省，而是基于外部可观察现象的认知研究（Dennett, 2013）。但异类现象学本身打破了所有的反馈环路，它的关键特质是，观察者同时也是被观察者。如果理解本身内在地需要反馈，那么在异类现象学的框架下，深入认识任何东西或许都是不可能的。我将在第 12 章说明，在禁止交互的情况下单纯依靠观察，实际上是自缚手脚。

第 6 章　解释难以解释之物

1. Kosinski et al., “Private Traits and Attributes.”
2. Wang and Kosinski, “Deep Neural Networks.”
3. Ribeiro et al., “Why Should I Trust You?”
4. Ribeiro et al., “Why Should I Trust You?”
5. Simonite, “Google Photos Remains Blind.”
6. Cooper et al., “Predicting Pneumonia Mortality.”
7. Caruana et al., “Intelligible Models for HealthCare.”
8. Wachter et al., “Right to Explanation in GDPR.”
9. Danziger et al., “Extraneous Factors in Judicial Decisions.”
10. Kahneman, *Thinking Fast and Slow*.
11. Taleb, *Black Swan*.
12. Taleb, *Black Swan*.

第 7 章　错　了

1. Putnam, “Psychological Predicates.”
2. Thelen, “Grounded in the World,” p. 5.
3. Thelen, “Grounded in the World,” p. 7.
4. “算法”（algorithm）这个词源自波斯数学家、天文学家、地理学家穆罕默德·伊本·穆萨·阿尔-花剌子模（Muhammad ibn Musa al-Khwarizmi，780—850）的名字，他在当今我们所使用的阿拉伯数字系统的传播方面发挥了重要的作用。
5. Thelen, “Grounded in the World,” p.8.
6. Clark and Chalmers, “Extended Mind.”
7. Clark, *Supersizing the Mind*.
8. James Gleick, *Genius: The Life and Science of Richard Feynman*, p. 409.
9. Clark, *Supersizing the Mind*.
10. Sapolsky, *Behave*, p. 588.

11. Sapolsky, *Behave*, p. 588.
12. Carmena et al., "Learning to Control."
13. Clark, *Supersizing the Mind*, pp. 3–4.
14. Brooks, "Artif icial Life."
15. Bongard et al., "Resilient Machines."
16. Clark, *Supersizing the Mind*, p. 57.
17. Hofstadter, *Strange Loop*, p. 193.
18. Clark, *Supersizing the Mind*, p. 59.

第 8 章　我是数字化的吗？

1. Gribbin, *Alone in the Universe*.
2. Tegmark, *Life 3.0*, Kindle 版本的第 4038 页。
3. Parf it, *Reasons and Persons*.
4. Dennett, *Consciousness Explained*, p. 430，粗体按原文标注。
5. Hofstadter, *Strange Loop*, p. 257.
6. Hofstadter, *I Am a Strange Loop*, p. 315
7. Shannon, "Mathematical Theory."
8. 《柏拉图与技术呆子》一书第 7 章曾经简单提及信息量化的问题。简言之，观察某物预计得到的信息量便是"熵"。熵的确定需要一个概率测度，也就是对我们不知道的事情进行量化。关于概率测度的简介，请参见该书第 11 章。如果被观察对象拥有有限的可能结果，那么我们就可以通过它的熵了解到，要再现一个结果，平均需要多少比特。此外，如果被观察对象的可能结果构成一个连续统，那么我们根本无法用有限数位对所有结果进行编码。如此，虽然这个被观察对象的熵仍然能够量化信息的内容，但这个信息测度的单位已经不是"比特"。我们仍然可以把这个被观察对象所包含的信息与其他被观察对象的进行比较，但这种信息无法以有限数位来表示。
9. Wright, "Relative Importance of Heredity."
10. 我们可以辩称，有限数位可以任意近似任何需要无限数位进行编码的东西。但是，我可以证明，任意近似可能会完全丢失近似对象的全部本质属性。关于这一个论点，可以参见我上一本书的第 10.3 节，我在那里给出了一个非确定性系统能任意接近确定性系统的例子。确定性当然是一种本质属性，并且是图灵机的属性之一。另一个论点便是，当我们将推理限定在可数集上的时候，会损失表达性（expressiveness）。在数学上，离散空间的世界实际上比容许连续统的世界更为复杂、更加难以模拟。举一个简单的例子，在限定可数集的情况下，要定义一个像圆这样的简单几何图形都会变得十分困难。如果空间是离散的，即便这个空间无限大，空间中的位置集仍然是可数的。实际上，在可数集条件下，可以描述多种图形的丢番图方程（Diophantine equation）会表现出怪异、混沌的特性。圆是可作为丢番图方程解的图形的简单一例。比如，欧几里得空间中的一个圆可以被定义为（x, y），亦即丢番图方程 $x^2 + y^2 = 1$ 的解。多位数学家毕生致力于研究丢番图方程的有理数解问题（Hartnett, 2017）。有理数解构成了可数集，而这样的解集表现出一些奇怪和混沌的特性，与丢番图方程的实数解集不同。连续统世界中的几何比数字世界中的要简单得多。

11. Clarke, *2001: A Space Odyssey*.
12. Brown, *Origin: A Novel*.
13. Hofstadter, *Strange Loop*, p. 194.
14. 同一个过程既可以用离散模型表示，也可以用连续模型表示，这是受到量子力学的波粒二象性支持的。但公认的粒子模型依赖空间-时间连续统，因此并不是完全离散的。将空间和时间离散化的模型未被广泛接受，并且缺乏实验支持。
15. 比如，可参见夏皮罗（Shapiro, 2012）的作品。
16. 杰克·B. 科普兰（Copeland, 2017）对丘奇-图灵论题常见的误解做过很好的解释。
17. 布朗大学的计算机科学教授彼得·韦格纳认为，交互式程序的功能可以超过算法（Wegner, 1997）。2005 年 4 月在爱丁堡举办的交互计算基础研讨会（Workshop on Foundations of Interactive Computation）开展了小组讨论并发表了会议讨论小结（Wegner et al., 2005）。援引会议讨论小结中的话来说："通常认为，丘奇-图灵论题表明，图灵机可以模拟一切计算。论题的原话就是对论题的解释，这很荒诞（Goldin and Wegner, 2005）。事实上，丘奇-图灵论题仅涉及函数的计算，并且明确排除了交互式计算。"
18. Chaitin, "Real Numbers"; Chaitin, *Meta Math*.
19. Chaitin, *Meta Math*.
20. 这种罗列之所以可行，是因为在任何固定的书面语言中，所有文字的集合都是可数集。
21. 构建一个有效是非问题的无限序列是很容易的。比如，假设第一个问题是"1 是整数吗"，第二个问题是"第一个问题的答案是'是'吗"，第三个问题是"第二个问题的答案是'是'吗"，以此类推。
22. 可以使用康托尔的对角化方法进行更严格的论证。用文字描述对角化方法，而这句话描述的数字不在所有可描述或者可指名数字的清单中。
23. 关于形式语言的介绍以及可数集与不可数集的区别，参见《柏拉图与技术呆子》第 8 章、第 9 章。
24. Chaitin, "Real Numbers."

25. 另外，用贝肯斯坦上限（Bekenstein bound）和全息原理（holographic principle）支持数字物理学的论点建立在对贝肯斯坦上限的错误解读上，即没有认识到离散随机变量（表示数位化的信息）的熵与连续随机变量（不能表示数位化的信息）的熵之间的区别。这种论点错误地将物理学上熵的概念映射到了香农的信息论中。参见《柏拉图与技术呆子》第 7 章和第 8 章。
26. Chaitin, “Real Numbers.”
27. Dyson, *Turing's Cathedral*.
28. Chaitin, “Real Numbers.”
29. Lee, *Plato and the Nerd*, p. 180.
30. 我在《柏拉图与技术呆子》一书中为这种猜测做过更全面的辩护。这个论点是以我 2016 年最先提出的一个数学结果为基础的（Lee, 2016）。首先，没有噪声的测量仪器必然是确定性的。换言之，给定同样的输入，它必然返回同样的结果。宽泛地讲，我的研究表明，对于任何足够丰富的离散和连续行为组合，任何测量仪器最终都必然会给出非确定性的结果，也就是对于同样的输入可能会返回不同的结果。更准确地说，任何（足够丰富的）关于物质世界的确定性模型集，只要同时涵盖离散和连续行为，就一定是不完备的。这个集合不包含它自身的极限点。一个针对同一物体给出不同测量结果的测量仪器显然是有噪声的。因此，只有两种方式可以规避这种噪声：其一是排除离散行为，假定在物质世界中不存在离散行为，因此不需要对其进行测量；其二是排除连续行为，或者说采纳数字物理学的预设，假定世界其实是离散的，这样一来世界是离散的这个假说就变得科学了。历史上，这种循环推理在科学界没什么影响力，但考虑到本书第 5 章讨论的反馈和自我指涉的力量，循环推理未来可能会变得更受尊重。只有到那时候，我们才能从理性上接受数字物理学的假说。
31. 截至 2016 年，最精确的时间测量已经到了仄秒级（zeptosecond），比普朗克时间大 23 个数量级。1 仄秒等于 10^{-21} 秒。10^{23} 个普朗克时间等于 1 仄秒。（1 个普朗克时间约等于 5.4×10^{-44} 秒，所以作者用了 10^{-44} 秒这个数量级。）
32. Wheeler, “Unity of Knowledge.”
33. Rovelli, *Order of Time*, p. 84.［译文摘自（意）卡洛·罗韦利：《时间的秩序》，杨光译，湖南科学技术出版社，2019 年。下面三处引文同。——译者注］
34. Rovelli, *Order of Time*, p. 140.
35. Rovelli, *Order of Time*, p. 84.
36. Rovelli, *Order of Time*, p. 90.
37. 多迪格–瑟恩科维奇（Dodig-Crnkovic, 2006）对这一问题给出了深入的分析。

第9章 智 能

1. 值得注意的是，无论数字物理学最终是不是真的，如今的计算机都是构建在模拟基板上的。晶体管的设计不依赖于数字物理学。底层物理机制的最佳模型确实依赖于量子现象，因此存在离散型的元素，但模型是在一个空间-时间连续统中运行的。这个电子在电场影响下在硅体中流动的过程无疑是一种模拟处理。
2. Kelly, *Inevitable*.
3. 视频见 https://www.youtube.com/watch?v=E8Ox6H64yu8。
4. 艾伦·图灵于 1950 年提出的图灵测试是一种用来确定某个计算机程序是否表现出等同于或者无法区别于人类的智慧行为的方式（Turing, 1950）。测试中，一个人类评估者观察另一个人与一台程序设定生成类人响应的计算机之间的自然语言对话。评估者会意识到对话双方中有一方是计算机，但不知道是哪一方。图灵认为，如果评估者不能可靠地区分哪一方是计算机，哪一方是人类，那么就可以认为计算机通过了测试。
5. 关于 CNET 的报道见 https://www.cnet.com/how-to/what-is-google-duplex/。
6. Pollock and Samuels, "Jade Helm Exercise."
7. Vincent, "Lyrebird."
8. Baraniuk, "'Creepy Facebook AI' Story."
9. Ford, *Rise of the Robots*.
10. Bostrom, "History of Transhumanist Thought."
11. 博斯特罗姆认为，《美丽新世界》（*Brave New World*）的作者奥尔德斯·赫胥黎（Aldous Huxley）的哥哥朱利安·赫胥黎（Julian Huxley）最先在《没有神示的宗教》（*Religion Without Revelation*, 1927）一书中使用了“超人类主义”这个概念。不过，我在那本书里没找到“超人类主义”这个词。
12. Good, "Speculations Concerning Ultraintelligent Machine."
13. Vinge, "Technological Singularity."
14. Goldberg, "Robot-Human Alliance."
15. Ford, *Rise of the Robots*.
16. Legg and Hutter, "Universal Measure of Intelligence."
17. Hart, "Wall of Lava Lamps."
18. Armstrong, *Smarter Than Us*.
19. Armstrong, *Smarter Than Us*.
20. Lucas, "Minds, Machines, and Gödel."
21. 关于我对哥德尔不完备性定理的看法，可参见《柏拉图与技术呆子》第 9 章。侯世达在《哥德尔、艾舍尔、巴赫：集异璧之大成》（Hofstadter, 1979）一书中对哥德尔不完备性定理的重要性做了饶有趣味的阐述。

22. Lucas, "Minds, Machines, and Gödel."
23. Hofstadter, "Can Inspiration Be Mechanized?," pp. 18–34.
24. Chalmers, *Conscious Mind.*
25. Penrose, *Emperor's New Mind*, p. 30.
26. 彭罗斯指出物理学中存在混沌和非确定性两类不可计算的现象，并表示他看不出这两种方式产生意识的可能性。他指出，非确定性来源于经典力学（同时多重碰撞）、相对论（一种被称为“宇宙监察”的现象）和量子力学。他假设不存在同时多重碰撞，选择“[忽略]多重碰撞问题”（Penrose, 1989, p. 219）。我猜想，他如此心安理得是因为他假定大脑不会发生碰撞。但他似乎遗漏了经典力学中另一种产生自“亚稳态”的非确定性，我将在第 11 章中对此进行说明。我将提出，这种非确定性可以在创造力和自由意志中发挥核心作用，而创造力和自由意志可以说是有意识的存在的关键特征。

    关于混沌，彭罗斯专门探讨了在连续统中运行的光滑混沌函数，并认为如果要利用这些函数创造意识，那么必须假设无限精确测量是可能的。但他的结论是存疑的。天气与意识一样，都是物理世界的一种现象。天气可以在不需要无限精确测量的情况下驾驭混沌。这里，彭罗斯混淆了地图与地理情况。制作地图需要测量，但“自在之物”的实现不需要。混沌也可能扮演类似亚稳态的角色，因为混沌与非确定性一样，都可以让未来变得不可预测。关于这些问题更深入的讨论，参见《柏拉图与技术呆子》。
27. Lake et al., "Human-Level Concept Learning."

第10章　责 任

1. 参见 http://obvious-art.com/。
2. Vincent, "Three French Students."
3. 实践中，可靠性仍然是一大难题。例如，埃里克·索伦森和杰夫·莱因克（Sorensen and Reinke, 2018）曾指出，一种将近 100 万辆日产汽车都安装了的防碰撞自动刹车系统有时会突然自动关闭。
4. Awad et al., "Moral Machine Experiment."
5. Harari, *21 Lessons.*
6. Doyle, *Free Will.*
7. Gaudiano, "One Key Factor"; Leland and Rubinstein, "Evolution of Portfolio Insurance."
8. Git 是芬兰裔美籍软件工程师林纳斯·托瓦兹（Linus Torvalds）于 2005 年最先开

发的开源版本控制系统。托瓦兹因其开发的另一个开源项目——如今已经成为Linux操作系统、安卓手机操作系统以及Chrome操作系统的Linux内核——而闻名。程序员要使用Git，首先要将项目程序的库（repository）“克隆”（clone）到本地电脑上。当程序员准备编辑程序时，可以从库里“拉取”（pull）程序的最新版本进行编辑，然后将改动“上传”到库中。如果上传成功，则他的版本就成了这个程序最新的共享版本。接下来的步骤可能有些不必要的复杂：上传改动首先会与其他程序员提交的改动合并（merge），检查确认各个版本没有冲突后，便正式生效。如果有另外一个程序员对同一部分的程序上传了改动，便可能会发生冲突。如果存在冲突，程序员就需要在考虑其他程序员改动的情况下修改他做出的改动，例如覆盖或者进一步修订等。这是一个有些混沌的民主过程。

9. 很多深度学习程序都使用了常用的工具箱。代码包含的签名模式使它们变得易于识别。
10. 在2010年2月的一次TED演讲中，哈里斯提出，道德的理性基础牢牢根植于逻辑和科学中。这一论点的基础在于，对于两个只有一个因素不同的情境，对意识体造成痛苦更少的一个更有道德。用数学家的术语来说，哈里斯的观点属于“偏序关系”（partial order relation）。它“偏”就偏在，完全可能存在两个不可比的情境。比如，情境A中的一个因素造成的痛苦更少，情境B中则是另外一个因素造成的痛苦更少，那么这两个因素谁也不比谁更道德。另外一个问题在于，痛苦和意识都是难以测量甚至是难以定义的。哈里斯提出，科学可以赋予痛苦和意识以基准，但实际上我们需要首先在神经科学和心理学上取得很大的进步才能做到这一点。我怀疑，以这种方式利用基于科学的意识和痛苦的概念构建的偏序会不会构成数学家所说的“格”（lattice）；其中，任意情境均存在一个唯一的最小上界（一个仅足以比两个情境都更道德的唯一“更道德”情境）以及一个唯一的最大下界（一个仅足以比两个情境都更不道德的唯一的“更不道德”情境）。我严重怀疑这个偏序将是一个格，如果是这样，那么即便有了坚实的科学基础，道德争议仍将永远存在。
11. Harris, *Free Will*, p. 1.
12. Harris, *Free Will*, p. 4.
13. Harris, *Free Will*, p. 9.
14. Libet et al., “Time of Conscious Intention”; Libet, “Unconscious Cerebral Initiative.”
15. Haynes, “Decoding and Predicting Intentions.”
16. Fried et al., “Internally Generated Preactivation”; Haggard, “Decision Time.”
17. Harris, *Free Will*, pp. 7–8.
18. 第5章里我们讲到过，“传出”是神经中枢系统发给周边肌群的运动信号。因此“伪传出”是一种类似的信号，只不过这种信号不会引起肌肉运动。“自传入”

是耳朵等感官接收到的、由说话等自身行动带来的结果的信号。你说话时制造出声音，耳朵就会听到你自己说话的声音。“伪自传入”便是没有实际声音的自传入。所谓“内心的声音”便是伪自传入的一例。

19. 需要注意的是，“发生在宇宙大爆炸之时”这个说法是有问题的。关于宇宙大爆炸的一种朴素观点似乎将宇宙起源的时间定在了大约 140 亿年前的某个点，但现代的宇宙学理论认为，在那一点之前时间和空间本身都还不存在。换个角度来看，如果我们朝着宇宙大爆炸的时间点进行时间旅行，那么我们可能永远无法到达那里，因为时钟运转的速度会像爱因斯坦的广义相对论所说的那样不断减缓，而宇宙大爆炸就变成了一条不断后退的地平线（receding horizon）。可参见穆勒（Muller, 2016）的作品。在这样的模型下，我们无法断言在宇宙大爆炸时发生了可能结果与不可能结果之间的决断。可能的结果便是既成事实，而任何对于不可能结果的想象也仅仅停留在幻想中。奇怪的是，在我撰写这本书的过程中，这样的想象就发生在那个被想象之事现在不可能也永远不可能发生的世界中，亦即我大脑的世界中。
20. 在这里，我要为没有逐字逐句地引用哈里斯和丹尼特的原文而向他们二位诚心诚意地道歉。我希望我正确地阐述了他们的立场，但如果我曲解了他们的意思，我恳请读者理解，就像我在前文中说明的，此处所写的是我对他们二位作品的解读，而我的解读不是也无法代表他们本人的观点。
21. Dennett, *Elbow Room*.
22. Harris, *Free Will*.
23. 一种名为“非确定型图灵机”（nondeterministic Turing machine）的假想机器为我们提供了一个有用的概念框架，或许可以帮助我们制造出比今天的计算机能力更强的机制。从概念上来讲，非确定型图灵机在任意给定状态下都有不止一种的可选择行动。对于这种机器的运行方式的一种思考方式是，当处于存在多种可能行动的状态时，机器会同时执行所有可能的行动，以在短时间内探索更大的解决空间。这个机器仍是数字的、算法的，但原则上可以解决当今的计算机需要很长时间才能解决的问题。对于复杂的问题，它能为我们提供一个易于管理的解决方案，但对于图灵机无法解决的问题，无论给它多少时间它基本上也仍然无法解决。量子计算机（截至本书写作时，量子计算机仍然是我们在实验室里才能见到的新鲜玩意儿）原则上可以像非确定型图灵机那样同时探索很多种可能的解决方案。虽然人们时常将量子计算机比作非确定型图灵机，但二者本质上是否相同仍然存在争议。
24. “排中律”是经典逻辑学中的一个公理，它规定任何句子都必须非真即假。从逻辑上来讲，如果一个系统“不是确定性的”，那么它就一定“是非确定性的”。根据排中律，“一个系统是确定性的”这个表述非真即假，而如果它是假的，那么这个系统就是非确定性的。但是还存在一种名为"直觉主义逻辑"的逻辑形式，这种逻辑形式排除排中律。在直觉主义逻辑下，一个句子只有在有证据表明它是真的时才是真的，只有在有证据表明它是假的时才是假的。按照这种逻辑，"一个系统是确定性的"这个表述可能既不是真的，也不是假的。直觉主义逻辑用建构性的原则替代了经典的规则，认为真实或虚假都是指向真实或虚假的建构性论证的结果。只有在直觉主义逻辑的框架下，哈里斯的观点才能容许一种机制拥有自由意志的可能。

25. Harari, *Homo Deus*, p. 282.
26. Kastrenakes, "Microsoft Made a Chatbot."
27. Vincent, "Twitter Taught Microsoft's Chatbot."
28. 例如，布尔什契奇等人（Brscic et al., 2015）记录了日本的儿童在面对商店里摆放的社交机器人时所表现出来的行为。这些儿童有时候会对机器人说不礼貌的话，挡机器人的路，甚至对机器人拳打脚踢。在另外一项更早的研究中，巴特内克等人（Bartneck et al., 2005）在机器人身上重做了著名的"米尔格拉姆服从实验"（Milgram's obedience experiment），表明人们在面对机器人的时候比面对其他人类时更容易做出破坏性行为。他们发明了"机器人虐待"（robot abuse）一词来形容这一现象。
29. Harris, *Free Will*, p. 28.
30. Fremont et al., "Control Improvisation."
31. Donzé et al., "Machine Improvisation."
32. Akkaya et al., "Control Improvisation."
33. Hofstadter, *Strange Loop*, p. 20. [译文摘自（美）侯世达:《我是个怪圈》，修佳明译，中信出版集团，2019年。略有改动。——译者注]
34. United States v. Grayson, 1978, and Morissette v. United States, 1952.
35. 根据美国法律，企业（不包含所有者、员工等与其有关联的个人）至少拥有某些人类的法定权益和责任。尤其值得一提的是，对于一些企业所有者和员工无须负责的事项，法律可以要求企业为其负责。
36. Vigna and Casey, *Age of Cryptocurrency*, p. 222.
37. Sapolsky, *Behave*.

第11章 起 因

1. Davies, "Sleeping Tesla Driver."
2. Russell, "Notion of Cause."
3. Hitchcock, "What Russell Got Right," p. 53.

4. Norton, "Causation as Folk Science," p. 34.
5. 《语法结构中的因果关系》(Copley and Martin, 2014)一书收录了多篇关于因果观念对语言的深远影响的文章。
6. https://www.3ammagazine.com/3am/the-causal-revolutionary，访问于 2018 年 10 月 15 日。
7. Pearl and Mackenzie, *Book of Why*, p. 349.
8. Pearl and Mackenzie, *Book of Why*, p. 89.
9. Pearl and Mackenzie, *Book of Why*, p. 79.
10. Pearl and Mackenzie, *Book of Why*, p. 84.
11. Pearl and Mackenzie, *Book of Why*, p. 269.
12. 请参见诺顿的有关文献(Norton, 2007)。达尔给出了另外一个类似性质的例子(Dhar, 1993)。
13. Norton, "Causation as Folk Science," p. 26.
14. 诺顿在此基础上，让我们考虑一个略有不同的场景：开始时小球是在山丘下，我们用刚刚好的力量把小球推上山丘，刚好让小球停在山丘顶端。如果用力太大，小球到达山顶后会再次滚下去。如果用力不足，小球到不了山顶就会滚下山。如果我们用刚好合适的力量推动小球，小球就会在山顶停留任意时间，然后在未来某个时间点再自发地向山下滚去。

    诺顿指出，要使这个场景实现，山丘的形状十分重要。如果山丘是完美的半球形，那么使用刚好合适的力量推动小球，小球需要经过无限长的时间才能到达山顶。因为随着小球离山顶越来越近，它的速度也会越来越慢，以至于小球永远无法真正抵达山丘的顶端。但山丘如果是其他形状，小球就可以在有限时间内到达山顶。诺顿给出了一个具体的例子：山丘的高度为 $h = (2/3g)r^{3/2}$，其中 r 表示到山丘中心的水平距离，g 表示重力。这个模型的数学计算十分简单。

    牛顿的定律一般被认为是时间可逆的。换言之，无论时间是向前还是向后，定律都同样适用。如此，将小球从山下推上山顶的过程就可以被视作前一个情境的时间逆转。但正如诺顿所指出的，这二者之间仍然存在微妙的差别。如果我们将小球推上山，小球在 T_1 时刻在山顶停住，那么在任意 $T_2 \geqslant T_1$ 时，小球可能会再次滚下山。最终我们可以得到若干可能的时间对称行为，而其中大多数都并非彼此的时间反演。
15. 可参见马里诺(Marino, 1981)、金尼蒙特(Kinniment, 2007)和门德勒等人(Mendler et al., 2012)的有关文献。
16. Ditlevsen and Samson, "Introduction to Stochastic Models."
17. Earman, *Primer on Determinism*, p. 21.
18. Lee, *Plato and the Nerd*.

19. “输入”是一个建模概念，在物理世界中并非真实存在。它指的是并非受组件直接影响产生的、对组件的刺激。输入是由环境施加的——我们在此违反了牛顿第三定律，忽略了组件对输入来源的反作用。如果牛顿第三定律是正确的，那么组件无法对输入来源产生直接影响的设定就是错误的。组件确实会对输入来源产生直接影响，但正如博克斯和德雷珀（Box and Draper, 1987）指出的：“虽然所有的模型都是错误的，但有些模型是有用的。”对模型的输入本质上是一种关于因果关系的表述。输入引起了行为，而不是行为引起了输入。当然，如果将模型放入一个反馈环路中，那么模型的输出也会通过环境对输入产生影响。
20. Sigmund, *Exact Thinking*, pp. 17–18.
21. Hitchcock, “What Russell Got Right,” p. 54.
22. Churchland, *Touching a Nerve*, p. 178.
23. Churchland, *Touching a Nerve*, p. 180.
24. Dennett, *Intuition Pumps*, p. 358.
25. 请参见拉普拉斯（Laplace, 1901）的有关文献。2008 年，戴维·沃尔伯特用对角化方法证明拉普拉斯妖不可能存在（Wolpert, 2008）。他的证明指出，如果拉普拉斯妖存在，则必然存在于它所预测的那个物理世界中。这会引起矛盾的自我指涉，与图灵的不可判定性和哥德尔不完备性定理类似。
26. 另外，我在第 8 章中提到了我在 2016 年发表的论文中论述过的一个数学结论，该结论表明，如果对一个同时包含离散和连续行为的物理世界建模，且要求模型足以涵盖牛顿定律，那么任意这样的模型都难以避免地会表现出非确定性（Lee, 2016）。
27. Hawking, “Gödel.”
28. 根据最为普遍接受的哥本哈根诠释（Copenhagen interpretation），波函数为一个在观察者观察下进行的随机试验提供了一个概率密度函数。这个一般被称为“波函数坍缩”的随机试验，以一种随机的方式将概率转化为确定性。
29. Popper, *Logic of Scientific Discovery*.
30. Pearl and Mackenzie, *Book of Why*, p. 362.

第12章 交 互

1. Thelen, “Grounded in the World,” p. 7.
2. Quisquater et al., “Zero-Knowledge Protocols.”
3. Goldwasser et al., “Interactive Proof Systems (Extended Abstract)”; Goldwasser et al., “Interactive Proof Systems.”
4. Goldwasser and Micali, “Probabilistic Encryption.”

5. 零知识证明是“交互式证明”（interactive proof）这个更普遍观点的第一个实例。交互式证明与前一章提到的 RCT 一样，将随机性与交互结合在一起。交互式证明是由当时同时在匈牙利布达佩斯罗兰大学（Eőtvős University）和美国芝加哥大学任教的拉斯洛·巴拜（László Babai）独立提出的。交互式证明可以被理解成一场两个玩家之间的游戏，一个是证明者（巴拜将其命名为“梅林”），另一个是验证者（巴拜将其命名为“亚瑟”）。验证者亚瑟的计算能力有限。具体来说，亚瑟只能进行现代时序计算机在一定合理时间内可以完成的运算，而证明者梅林可以运行更加复杂的计算。合理时间被定义为受到待证明问题大小的多项式函数的限制。在上面的故事中，莎·菲是证明者（梅林），而米克·阿里就是验证者（亚瑟）。
6. Philippe et al., “Object-Comparison System.”
7. 数学家十分熟悉随机系统中的超限状态结构。这样的模型中有一类被称为马尔可夫过程，是以俄罗斯数学家安德雷·马尔可夫的名字命名的。维纳过程（Wiener process）是马尔可夫过程的一个简单有力的实例，以我在第 5 章提到过的研究高射炮的诺伯特·维纳的名字命名。维纳过程是一种连续的随机游走，亦即从某点开始在空间–时间连续统中随机漫步。物理上，维纳过程被用来模拟扩散、求解薛定谔方程以及模拟宇宙膨胀。工程上使用维纳过程模拟电子学中的噪声以及统计力学和控制论中的扰动。维纳过程还在金融数学理论中占据着重要地位，并在生物学模拟神经行为中发挥了作用。（Ditlevsen and Samson, 2013）
8. Popper, *Logic of Scientific Discovery*.
9. 虚线符号借鉴自戴维·哈雷尔（Harel, 1987），他在他发明的“状态图”（StateCharts）视觉语言中也使用了这种符号。
10. 这种两个存在的并发构成被称为“同时构成”。从拉丁语的“同时”一词来看，“synchronous”表示两个存在同时改变状态。
11. 我不由自主地猜想，这可能与量子物理学中的观察者问题存在某种有用的相似之处。或许哥本哈根诠释所需要的波函数坍缩就是这样一种对被观察系统的“灵魂”的“窥视”。两个爱德华相互模拟的情境与量子纠缠之间或许也存在有益的相似之处。在爆炸发生之后、“滴”或者“答”发生之前，这两个爱德华需要处于可比状态，以此为下一步同时发出“滴”或者同时发出“答”做好准备。以爱尔兰物理学家约翰·斯图尔特·贝尔（John Stewart Bell）的名字命名的贝尔定理（Bell’s theorem）用量子纠缠排除了可能会使量子系统在实验中观察到随机性的隐变量。具体来说，实验表明，对空间中的一个点进行测量，便可以立即影响到位于远距离以外的位置上的另一个实验的结果，而这似乎违反了通信的光速限制。爱因斯坦将量子物理学的这种特性称为“[鬼魅]超距作用”（spooky action at a distance）。在一个存在两个爱德华、其中一个模拟另一个的宇宙中，也存在类似的特殊情况，因为模拟者爱德华必须看到被模拟者爱德华的未来。贝尔定理通常被解读为指向物理世界中随机性的真实性，但同样具有说服力的另一种解释是，世界其实具有极强的确定性，每个粒子自诞生以来便一直携带着未来任何时刻它的全部测量结果。既然任意测量仪器和任意模型都必须存在于同一宇宙中，那么这个宇宙中的粒子也必须终身携带着它们的全部测量结果。正是这种对未来的编码使模拟者爱德华得以在宇宙小爆炸时做出“正确的选择”。只不过它是在出生的那一刻便预见了它的终生。

12. 为了避免让读者误以为我在涉及非确定性的例子中使用拉丁裔的名字是出于文化偏见，我必须指出，“爱德华多”是我童年生活在波多黎各时的名字，而我长大回到美国之后则一直使用“爱德华”这个名字。对于小时候的我来说，未来是不确定的，我尝试了很多职业路径，其中也包括艺术行业，但事实证明我在这方面可能并不在行。后来，我痴迷于决定论，并因为宣传确定性模型也用于非确定性系统的建模而为人所知。选择“巴勃罗”这个名字的原因是显而易见的，这是我对巴勃罗·毕加索的致敬。
13. 请参见帕克（Park, 1980）和米尔纳（Milner, 1989）的论述。圣乔治（Sangiorgi, 2009）对这一观点的历史发展做了很好的概括。他提到，从本质上来讲，哲学逻辑和集合论（set theory）领域也发展出了等同于互模拟的概念。
14. 我在2018年11月与马修·皮特（Matthew Peet）的一次对话中，第一次认识到米尔纳的模拟方法与零知识证明之间的联系可能比我理解的更强。这个模型便是受到那次对话的启发形成的。
15. 哲学家用“意向性”这个术语来形容“心智关注、描绘或者代表”心智以外的“事物、特征以及状态的能力”。加利福尼亚大学伯克利分校的哲学家约翰·塞尔认为，意向性是认知的核心（Searle, 1983）。意向性关系到我们在大脑中构建的宇宙的模型。丹尼尔·丹尼特认为，“意向性”一词术语性太强，不如干脆叫“关于”（Dennett, 2013）。精神状态与精神状态关乎的事物之间的关系，本质上是一种模拟。在米尔纳的自动机中，模型与模型所模拟的自动机之间状态的匹配可以被视作意向性的一个简单类比。米尔纳已经表明，“关于”对模拟来说必不可少。另外正如我们已经见到的，当存在对话亦即双向交互时，模拟的效果更好。仅能观察世界的心智（或者计算机）可能无法产生意向性，它还必须具备影响世界的能力。

第13章　病状

1. Copeland, *Essential Turing*, pp. 472–475.
2. Samuel Butler, *Erewhon*.

3. 2018年9月的私人通信。
4. 2016年5月25日，美国审计总署（General Accounting Office）发布报告指出，美国政府有超过七成的信息技术预算是用于维持旧机器运行，而不是用在“发展、现代化以及强化”等目的上。这就意味着，每年花在过时编程语言和硬件上的经费高达650亿美元，其中有些编程语言和硬件已经服役了50年。截至2016年，美国国防部还在使用8英寸（20.32厘米）软盘，而美国财政部仍在使用以汇编代码编写的程序。
5. Harari, *Homo Deus*, p. 21.
6. Rawls, *Theory of Justice*, p. 11.
7. Garner, *A Theory of Justice for Animals.*
8. 鲁肯斯坦和舒尔（Ruckenstein and Schüll, 2017）对“医疗的数据化”进行了简要介绍。
9. Laland, *Darwin's Unfinished Symphony*, p. 263.
10. Bossert, “North Korea Behind WannaCry.”
11. Husain, *Sentient Machine.*
12. Vincent, “Deepfakes for Dancing.”
13. Rothman, “Is Seeing Still Believing?”
14. Dennett, *From Bacteria to Bach.*
15. 青年活动家阿维夫·奥瓦迪亚将此称为“信息末日”（Warzel, 2018）。
16. Gleick, *Information.*
17. Russell, *Human Compatible.*
18. Brooker, “‘I Was Devastated.’”
19. Lee, *Super-Powers.*
20. Moor, “Machine Ethics.”
21. Wiener, “Moral and Technical Consequences.”
22. Armstrong, *Smarter Than Us*, p. 37.
23. Russell and Norvig, *Artificial Intelligence.*
24. Russell, “Learning Agents”; Ng and Russell, “Algorithms.”
25. Hadfield-Menell et al., “Reinforcement Learning.”
26. 罗素深入讨论了如何统一人与人之间的利益分歧，以提升人工智能行为的安全性（Russell, 2019）。

第14章　协同进化

1. Laland, *Darwin's Unfinished Symphony*, p. 6.

2. Laland, *Darwin's Unfinished Symphony*, p. 150.
3. Laland, *Darwin's Unfinished Symphony*, p. 234.
4. Turing, "Computing Machinery and Intelligence."
5. Quammen, *Tangled Tree*.
6. Quammen, *Tangled Tree*.
7. Zimmer, "Hunting Fossil Viruses in Human DNA."
8. Kelly, *Inevitable*.
9. Dawkins, *Selfish Gene*.
10. Dennett, *From Bacteria to Bach and Back*.
11. Lee, *Plato and the Nerd*, chapter 6.
12. Hillis, "Dawn of Entanglement."
13. Dennett, *From Bacteria to Bach*.
14. Dennett, *From Bacteria to Bach*.
15. Lee, *Plato and the Nerd*, chapter 9.
16. 范格鲁在书中用精美的插图讲述了人类对动物进化的影响（van Grouw, 2008）。
17. 关于城市环境中动植物实现快速达尔文式进化的例子，可参见许特惠森（Schilthuizen, 2018）的文章。
18. Dennett, *From Bacteria to Bach*.
19. Dennett, *From Bacteria to Bach*.
20. Lee, *Plato and the Nerd*, chapter 9.
21. Dennett, *From Bacteria to Bach*.
22. Dennett, *From Bacteria to Bach*.
23. Dennett, *From Bacteria to Bach*.
24. Smith and Douglas, *Biology of Symbiosis*.
25. Margulis and Sagan, *Acquiring Genomes*, pp. 14–15.
26. Margulis and Sagan, *Acquiring Genomes*, p. 141.
27. Mayr, *What Evolution Is*, p. 48.
28. Dyson, *Turing's Cathedral*, p. 311.
29. Margulis and Sagan, *Acquiring Genomes*, pp. 11–12.
30. Wilson et al., "Simple Programs."
31. Miller and Thomson, "Cartesian Genetic Programming."
32. Fitzpatrick et al., "Towards Long-lived Robot Genes."
33. Hofstadter, "Can Inspiration Be Mechanized?"
34. Pinker, *Blank Slate*, p. 417.

参考文献

Aguilar, Wendy, Guillermo Santamará-Bonfil, Tom Froese, and Carlos Gershenson. "The Past, Present, and Future of Artif icial Life." *Frontiers in Robotics and AI* 1, no. 8 (October 2014): pp. 1–15. doi:10.3389/frobt.2014.00008.

Akkaya, Ilge, Daniel J. Fremont, Rafael Valle, Alexandre Donzé, Edward Lee, and Sanjit A. Seshia. "Control Improvisation with Probabilistic Temporal Specif ications." In *Internet-of-Things Design and Implementation (IoTDI)*. IEEE, April 2016. doi:10.1109/IoTDI.2015.33.

Alcock, Joe, Carlo C. Maley, and C. Athena Aktipis. "Is Eating Behavior Manipulated by the Gastrointestinal Microbiota? Evolutionary Pressures and Potential Mechanisms." *BioEssays* 36, no. 10 (2014): pp. 940–949. doi:10.1002/bies.201400071.

Armstrong, Stuart. *Smarter Than Us: The Rise of Machine Intelligence.* Berkeley, CA: Machine Intelligence Research Institute, 2014.

Awad, Edmond, Sohan Dsouza, Richard Kim, Jonathan Schulz, Joseph Henrich, Azim Shariff, Jean-François Bonnefon, and Iyad Rahwan. "The Moral Machine Experiment." *Nature* (2018). doi:10.1038/s41586-018-0637-6.

Babai, László. "Trading Group Theory for Randomness." In *Symposium on Theory of Computing (STOC)*, pp. 421–429. New York: ACM, 1985. doi:10.1145/22145.22192.

Baraniuk, Chris. "The 'Creepy Facebook AI' Story That Captivated the Media." *BBC News,* August 2017. https://www.bbc.com/news/technology-40790258.

Barrat, James. *Our Final Invention: Artif icial Intelligence and the End of the Human Era.* New York: St. Martin's Press, 2013.

Barry, John R., Edward A. Lee, and David G. Messerschmitt. *Digital Communication.* Third edition. New York: Springer Science + Business Media, LLC, 2004.

Bartneck, Christoph, Chioke Rosalia, Rutger Menges, and Inèz Deckers. "Robot Abuse—A Limitation of the Media Equation." In *Interac Workshop on Abuse.* 2005. https://www.bartneck.de/publications/2005/robotAbuse/artneckInteract2005.pdf.

Benveniste, Albert, and Gérard Berry. "The Synchronous Approach to Reactive and Real-Time Systems." *Proceedings of the IEEE* 79, no. 9 (1991): pp. 1270–1282.

Berry, Gérard. *The Constructive Semantics of Pure Esterel.* Draft Version 3. Unpublished, 1999. http://www-sop.inria.fr/meije/esterel/doc/main-papers.html.

Black, H. S. "Stabilized Feed-back Amplifiers." *Electrical Engineering* 53 (1934): pp. 114–120.

Bongard, Josh, Victor Zykov, and Hod Lipson. "Resilient Machines Through Continuous Self-Modeling." *Science,* 2006, pp. 1118–1121.

Bossert, Thomas P. "It's Official: North Korea Is Behind WannaCry." *The Wall Street Journal,* December 2017.

Bostrom, Nick. "A History of Transhumanist Thought." *Journal of Evolution and Technology* 14, no. 1 (2005). https://nickbostrom.com/papers/history.pdf.

Bostrom, Nick. *Superintelligence: Paths, Dangers, Strategies.* Oxford, UK: Oxford University Press, 2014.

Box, George E. P., and Norman R. Draper. *Empirical Model-Building and Response Surfaces.* Wiley Series in Probability and Statistics. Hoboken, NJ: Wiley, 1987.

Bratsberg, Bernt, and Ole Rogeberg. "Flynn Effect and Its Reversal Are Both Environmentally Caused." *Proceedings of the National Academy of Sciences of the United States of America,* 2018. doi:10.1073/pnas.1718793115.

Brooker, Katrina. " 'I Was Devastated': Tim Berners-Lee, The Man Who Created the World Wide Web, Has Some Regrets." *Vanity Fair,* July 2018. https://www.vanityfair.com/news/2018/07/the-man-who-created-the-world-wide-web-has-some-regrets.

Brooks, Rodney A. "Artificial Life and Real Robots." In *Toward a Practice of Autonomous Systems: Proceedings of the First European Conference on Artificial Life,* pp. 3–10. Cambridge, MA: MIT Press, 1992.

Brown, Dan. *Origin: A Novel.* New York: Doubleday, 2017.

Brscic, Drazen, Hiroyuki Kidokoro, Yoshitaka Suehiro, and Takayuki Kanda. "Escaping from Children's Abuse of Social Robots." In *International Conference on Human-Robot Interaction (HRI).* ACM/IEEE, March 2015.

Bryson, Arthur E., Walter F. Denham, Frank J. Carroll, and Kinya Mikami. "A Steepest-

Ascent Method for Solving Optimum Programming Problems." *Journal of Applied Mechanics* 29, no. 2 (1961): pp. 247–257. doi:10.1115/1.3640537.

Butler, Samuel. *Erewhon: or Over the Range*. London: Trübner, second edition, 1872. Available from the Gutenberg Project at http://www.gutenberg.org/ebooks/1906.

Carmena, José M., Mikhail A. Lebedev, Roy E. Crist, Joseph E. O'Doherty, David M. Santucci, Dragan F. Dimitrov, Parag G. Patil, Craig S. Henriquez, and Miguel A. L. Nicolelis. "Learning to Control a Brain-Machine Interface for Reaching and Grasping by Primates." *PLoS Biol* 1, no. 2 (2003). doi:10.1371/journal.pbio.0000042.

Caruana, Rich, Yin Lou, Paul Koch, Marc Sturm, Johannes Gehrke, and Noémie Elhadad. "Intelligible Models for HealthCare: Predicting Pneumonia Risk and Hospital 30-Day Readmission." *ACM SIGKDD Conference on Knowledge Discovery and Data Mining (KDD)*, pp. 1721–1730. 2015. doi:10.1145/2783258.2788613.

Casselman, Anne. "Identical Twins' Genes Are Not Identical." *Scientific American*. https://www.scientificamerican.com/article/identical-twins-genes-are-not-identical/.

Chaitin, Gregory. "How Real Are Real Numbers?" *ArXiv* arXiv:math/0411418v3[math.HO] (2004). https://arxiv.org/abs/math/0411418v3.

Chaitin, Gregory. *Meta Math!: The Quest for Omega*. New York: Vintage Books, 2005.

Chalmers, David J. *The Conscious Mind: In Search of a Fundamental Theory*. Oxford, UK: Oxford University Press, 1996.

Chesterton, G. K. *G. F. Watts*. New York: Cosimo, 1904, reprinted 2007.

Churchland, Patricia. *Touching a Nerve: Our Brains, Our Selves*. New York: W. W. Norton, 2013.

Clark, Andy. *Supersizing the Mind: Embodiment, Action, and Cognitive Extension*. Oxford, UK: Oxford University Press, 2008.

Clark, Andy, and David Chalmers. "The Extended Mind." *Analysis* 58, no. 1 (1998): 7–19. doi:10.1111/1467-8284.00096.

Clarke, Arthur C. *2001: A Space Odyssey*. London: Hutchinson/Company, 1968.

Cooper, Gregory F., Constantin F. Aliferis, Richard Ambrosino, John Aronis, Bruce G. Buchanan, Richard Caruana, Michael J. Fine, Clark Glymour, Geoffrey Gordon, Barbara H. Hanusa, Janine E. Janosky, Christopher Meek, Tom Mitchell, Thomas Richardson, Peter Spirtes, "An Evaluation of Machine-Learning Methods for Predicting Pneumonia Mortality." *Artificial Intelligence in Medicine* 9 (1997): pp. 107–138.

Copeland, B. Jack. "The Church-Turing Thesis." *The Stanford Encyclopedia of Philosophy*, Winter 2017. https://plato.stanford.edu/archives/win2017/entries/church-turing.

Copeland, B. Jack. *The Essential Turing: Seminal Writings in Computing, Logic, Philosophy,*

Artificial Intelligence, and Artificial Life Plus The Secrets of Enigma. Oxford, UK. Oxford University Press, 2004.

Copley, Bridget, and Fabienne Martin. *Causation in Grammatical Structures.* Oxford, UK: Oxford University Press, 2014.

Danziger, Shai, Jonathan Levav, and Liora Avnaim-Pesso. "Extraneous Factors in Judicial Decisions." *Proceedings of the National Academy of Sciences of the United States of America* 108, no. 17 (2011): 6889–6892. doi:10.1073/pnas.1018033108.

Davies, Alex. "A Sleeping Tesla Driver Highlights Autopi lot's Biggest Flaw." *WIRED,* December 2018. https://www.wired.com/story/tesla-sleeping-driver-dui-arrest-autopilot/.

Dawkins, Richard. *The Blind Watchmaker: Why the Evidence of Evolution Reveals a Universe Without Design.* New York: Norton, 1987.

Dawkins, Richard. *The Selfish Gene.* Oxford, UK: Oxford University Press, 1976.

Dennett, Daniel C. *Consciousness Explained.* New York: Back Bay Books, 1991.

Dennett, Daniel C. *Elbow Room: The Varieties of Free Will Worth Wanting.* Cambridge, MA: MIT Press, 1984, 2015.

Dennett, Daniel C. *From Bacteria to Bach and Back: The Evolution of Minds.* New York: W. W. Norton, 2017.

Dennett, Daniel C. *Intuition Pumps and Other Tools for Thinking.* New York: W. W. Norton, 2013.

Dhar, Abhishek. "Nonuniqueness in the Solutions of Newton's Equation of Motion." *American Journal of Physics* 61, no. 1 (1993): pp. 58–61. doi:10.1119/1.17411.

Dickinson, Emily. *The Complete Poems of Emily Dickinson,* edited by Thomas H. Johnson. Boston, Toronto: Little Brown/Company, 1890.

Ditlevsen, Susanne, and Adeline Samson. "Introduction to Stochastic Models in Biology." In *Stochastic Biomathematical Models: With Applications to Neuronal Modeling,* 3–35. New York: Springer, 2013. doi:10. 1007/978-3-642-32157-3_1.

Dodig-Crnkovic, Gordana. *Investigations into Information Semantics and Ethics of Computing.* vol. 33. Dissertations. Västerås, Sweden: Mälardalen University Press, 2006. http://mdh.diva-portal.org/smash/get/diva2:120541/ FULLTEXT01.

Donzé, Alexandre, Raphael Valle, Ilge Akkaya, Sophie Libkind, Sanjit A. Seshia, and David Wessel. "Machine Improvisation with Formal Specifications." In *International Computer Music Conference (ICMC),* pp. 1277–1284. September 2014.

Doyle, Bob. *Free Will: The Scandal in Philosophy.* Cambridge, MA: I- Phi Press, 2011.

Dreyfus, Hubert L., and Stuart E. Dreyfus. "From Socrates to Expert Systems: The Limits of Calculative Rationality." *Technology in Society* 6, no. 3 (1984): pp. 217–233. doi:10.1016/0160-791X(84)90034-4.

Dreyfus, Hubert L., and Stuart E. Dreyfus. *Mind Over Machine: The Power of Human Intuition and Expertise in the Era of the Computer.* New York: Free Press, 1986. doi:10.1016/0160-791X(84)90034-4.

Dreyfus, Stuart E. "Artificial Neural Networks, Back Propagation, and the Kelley-Bryson Gradient Procedure." *Journal on Guidance, Control, and Dynamics* 13, no. 5 (1990): pp. 926–928. doi:10.2514/3.25422.

Dyson, George. *Darwin Among the Machines: The Evolution of Global Intelligence.* New York: Basic Books, 1997.

Dyson, George. *Turing's Cathedral: The Origins of the Digital Universe.* New York: Pantheon Books, 2012.

Earman, John. *A Primer on Determinism.* vol. 32. The University of Ontario Series in Philosophy of Science. Dordrecht, Holland: D. Reidel Publishing Company, 1986.

Emmeche, Claus. *The Garden in the Machine.* Princeton, NJ: Princeton University Press, 1994.

England, Jeremy L. "Statistical Physics of Self-replication." *The Journal of Chemical Physics* 139, no. 121923 (2013): pp. 1–8.

Fitzpatrick, Paul, Giorgio Metta, and Lorenzo Natale. "Towards Long-lived Robot Genes." *Robotics and Autonomous Systems* 56, no. 1 (2008): pp. 29–45. doi:10.1016/j.robot.2007.09.014.

Ford, Martin. *Rise of the Robots: Technology and the Threat of a Jobless Future.* New York: Basic Books, 2015.

Fremont, Daniel J., Alexandre Donzé, Sanjit A. Seshia, and David Wessel. "Control Improvisation." In *Foundations of Software Technology and Theoretical Computer Science (FSTTCS),* pp. 463–474. 2015. https://arxiv.org/abs/1704.06319.

Fried, lItzhak, Roy Mukamel, and Gabriel Kreiman. "Internally Generated Preactivation of Single Neurons in Human Medial Frontal Cortex Predicts Volition." *Neuron* 69, no. 3 (2011): pp. 548–562. doi:10.1016/j.neuron.2010.11.045.

Garner, Robert. *A Theory of Justice for Animals: Animal Rights in a Nonideal World.* Oxford, UK: Oxford University Press, 2013.

Gaudiano, Anora M. "Here's One Key Factor That Amplified the 1987 Stock-Market Crash." *Market Watch,* October 1987. https://www.marketwatch.com/story/heres-one-key-factor-that-amplified-the-1987-stock-market-crash-2017-10-16.

Giles, Martin. "The GAN father: The Man Who's Given Machines the Gift of Imagination."

MIT Technology Review 121, no. 2 (2018): pp. 48–53.

Gleick, James. *Genius: The Life and Science of Richard Feynman.* New York: Vintage Books, 1993.

Gleick, James. *The Information: A History, A Theory, A Flood.* New York: Pantheon Books, 2011.

Godfrey-Smith, Peter. *Other Minds: The Octopus, the Sea, and the Deep Origins of Consciousness.* New York: Farrar, Straus/Giroux, 2016.

Goldberg, Ken. "The Robot-Human Alliance." *Wall Street Journal* Op Ed (2017).

Goldin, Dina, and Peter Wegner. "The Church-Turing Thesis: Breaking the Myth." In *New Computational Paradigms,* vol. LNCS 3526, pp. 152–168. New York: Springer, 2005.

Goldwasser, Shafi, and Silvio Micali. "Probabilistic Encryption." *Journal of Computer and System Sciences (JCSS)* 28, no. 2 (1984): pp. 270–299.

Goldwasser, Shafi, Silvio Micali, and Charles Rackoff. "The Knowledge Complexity of Interactive Proof Systems (Extended Abstract)." In *Symposium on Theory of Computing (STOC),* 291–304. New York: ACM, 1985.

Goldwasser, Shafi, Silvio Micali, and Charles Rackoff. "The Knowledge Complexity of Interactive Proof Systems." *SIAM Journal on Computing* 18, no. 1 (1989): pp. 186–208. doi:10.1137/0218012.

Goldwasser, Shafi, Silvio Micali, and Charles Rackoff. "The Knowledge Complexity of Interactive Proof Systems (Extended Abstract)." In *Symposium on Theory of Computing (STOC),* 291–304. ACM, 1985.

Good, Irving John. "Speculations Concerning the First Ultraintelligent Machine." *Advances in Computers* 6 (1966): pp. 31–88.

Gribbin, John. *Alone in the Universe: Why Our Planet Is Unique.* Hoboken, NJ: John Wiley & Sons, 2011.

Grüsser, Otto-Joachim. "On the History of the Ideas of Efference Copy and Reafference." In *Essays in the History of Physiological Sciences: Proceedings of a Symposium Held at the University Louis Pasteur Strasbourg, on March 26–27th, 1993,* 33: pp. 35–56. London: The Wellcome Institute Series in the History of Medicine. Clio Medica, 1995.

Hadfield-Menell, Dylan, Stuart J Russell, Pieter Abbeel, and Anca Dragan. "Cooperative Inverse Reinforcement Learning." In *Advances in Neural Information Processing Systems 29,* edited by D. D. Lee, M. Sugiyama, U. V. Luxburg, I. Guyon, and R. Garnett, pp. 3909–3917. Red Hook, NY: Curran Associates, Inc., 2016. http://papers.nips.cc/paper/6420-cooperative-inverse-reinforcement-learning.pdf.

Haggard, Patrick. "Decision Time for Free Will." *Neuron* 69, no. 3 (2011): pp. 404–406.

doi:10.1016/j.neuron.2011.01.028.

Handwerk, Brian. "Your Gut Bacteria May Be Controlling Your Appetite." *Smithonian.com.* https://www.smithsonianmag.com/science-nature/gut-bacteria-may-be-controlling-your-appetite.

Harari, Yuval Noah. *Homo Deus: A Brief History of Tomorrow.* New York: Harper-Collins, 2017.

Harari, Yuval Noah. *21 Lessons for the 21st Century.* New York: Penguin Random House, 2018.

Harel, David. "Statecharts: A Visual Formalism for Complex Systems." *Science of Computer Programming* 8, no. 3 (1987): pp. 231–274.

Harris, Sam. *Free Will.* New York: Free Press, 2012.

Hart, Mathew. "Giant Wall of Lava Lamps Helps Protect 10% of Internet Traffic (Seriously)." Nerdist, November 2017. https://nerdist.com/wall-of-lava-lamps-protect-internet-traffic/.

Hartnett, Kevin. "Secret Link Uncovered Between Pure Math and Physics." *Quanta Magazine,* December 2017. https://www.quantamagazine.org/secret-link-uncovered-between-pure-math-and-physics-20171201/.

Haugeland, John. *Artificial Intelligence: The Very Idea.* Cambridge, MA: MIT Press, 1985.

Hawking, Stephen. "Gödel and the End of the Universe." *Stephen Hawking Public Lectures,* 2002. http://www.hawking.org.uk/godel-and-the-end-of-physics.html.

Haynes, John-Dylan. "Decoding and Predicting Intentions." *Annals of the New York Academy of Science* 1224 (2011): pp. 9–21. doi:10.1111/j.1749-6632.2011.05994.x.

Hillis, W. Daniel. "Introduction: The Dawn of Entanglement." In *Is the Internet Changing the Way You Think?: The Net's Impact on Our Minds and Future.* pp. 1–14, New York: Harper Collins, 2011.

Hitchcock, Christopher. "What Russell Got Right." In *Causation, Physics, and the Constitution of Reality,* pp. 45–65. Oxford, UK: Clarendon Press, 2007.

Hobbes, Thomas. *Leviathan: or the Matter, Forme, & Power of a Common-wealth Ecclesiasticall and Civil.* London: Andrew Crooke, 1651. https://socialsciences.mcmaster.ca/econ/ugcm/3ll3/hobbes/Leviathan.pdf.

Hofstadter, Douglas. "Can Inspiration Be Mechanized?" *Scientific American* 247, no. 3 (1982): pp. 18–34.

Hofstadter, Douglas. *Gödel, Escher, and Bach: An Eternal Golden Braid.* New York: Basic Books, 1979.

Hofstadter, Douglas. *I Am a Strange Loop.* New York: Basic Books, 2007.

Husain, Amir. *The Sentient Machine: The Coming Age of Artificial Intelligence.* New York: Scribner, 2017.

Hutter, Marcus. *Universal Artificial Intelligence: Sequential Decisions Based on Algorithmic Probability.* Berlin: Springer, 2004.

Huxley, Julian S. *Religion Without Revelation.* New York: Harper & Brothers Publishers, 1927.

Jacob, Pierre. "Intentionality." *Stanford Encyclopedia of Philosophy,* October 2014. http://plato.stanford.edu/archives/win2014/entries/intentionality/.

Kahneman, Daniel. *Thinking Fast and Slow.* New York: Farrar, Straus/Giroux, 2011.

Kastrenakes, Jacob. "Microsoft Made a Chatbot That Tweets Like a Teen." *The Verge,* 2016. https://www.theverge.com/2016/3/23/11290200/tay-ai-chatbot-released-microsoft.

Kauffman, Stuart. *The Origins of Order: Self-Organization and Selection in Evolution.* Oxford, UK: Oxford University Press, 1993.

Kelley, Henry J. "Gradient Theory of Optimal Flight Paths." *ARS Journal* 30, no. 10 (1960): 947–954. doi:10.2514/8.5282.

Kelly, Kevin. *The Inevitable: Understanding the 12 Technological Forces That Will Shape Our Future.* New York: Penguin Books, 2016.

Kelly, Kevin. *What Technology Wants.* New York: Penguin Books, 2010.

Kinniment, David J. *Synchronization and Arbitration in Digital Systems.* New York: John Wiley & Sons, 2007.

Kosinski, Michal, David Stillwell, and Thore Graepel. "Private Traits and Attributes Are Predictable from Digital Records of Human Behavior." Published ahead of print. *Proceedings of the National Academy of Sciences of the United States of America,* 2013. doi:10.1073/pnas.1218772110.

Kurzweil, Raymond. *The Age of Intelligent Machines.* Cambridge, MA: MIT Press, 1990.

Lake, Brenden M., Ruslan Salakhutdinov, and Joshua B. Tenenbaum. "Human-Level Concept Learning Through Probabilistic Program Induction." *Science* 350, no. 6266 (2015): pp. 1332–1338. doi:10.1126/science.aab3050.

Laland, Kevin N. *Darwin's Unfinished Symphony: How Culture Made the Human Mind.* Princeton, NJ: Princeton University Press, 2017.

Langton, Christopher G. *A New Definition of Artificial Life.* Unpublished Report. 1998. http://scifunam.fisica.unam.mx/mir/langton.pdf.

Langton, Christopher G., ed. *Artificial Life: Proceedings of an Interdisciplinary Workshop on the Synthesis and Simulation of Living Systems.* Boston: Addison-Wesley, 1988.

Laplace, Pierre-Simon. *A Philosophical Essay on Probabilities.* Translated from the sixth

French edition by F. W. Truscott and F. L. Emory. Hoboken, NJ: John Wiley & Sons, 1901.

Lee, Bernard S. "Effects of Delayed Speech Feedback." *Journal of the Acoustical Society of America* 22, no. 6 (1950): pp. 824–826. doi:10. 1121/1.1906696.

Lee, Edward A. "Constructive Models of Discrete and Continuous Physical Phenomena." *IEEE Access* 2, no. 1 (2014): pp. 1–25. doi:10.1109/ACCESS.2014.2345759.

Lee, Edward A. "Fundamental Limits of Cyber-Physical Systems Modeling." *ACM Transactions on Cyber-Physical Systems* 1, no. 1 (2016): pp. 3:1–3:26. doi:10.1145/2912149.

Lee, Edward A., and David G. Messerschmitt. *Digital Communication.* Boston: Kluwer Academic Publishers, 1988.

Lee, Edward Ashford. *Plato and the Nerd: The Creative Partnership of Humans and Technology.* Cambridge, MA: MIT Press, 2017.

Lee, Kai-Fu. *Super-Powers: China, Silicon Valley, and the New World Order.* New York: Houghton Mifflin Harcourt Publishing Company, 2018.

Legg, Shane, and Marcus Hutter. "A Universal Measure of Intelligence for Artificial Agents." In *International Joint Conference on Artificial Intelligence (IJCAI),* pp. 1509–1510. Mahwah NJ: Lawrence Erlbaum, 2005. http://www.ijcai.org/papers/post-0042.pdf.

Leland, Hayne E., and Mark Rubinstein. "The Evolution of Portfolio Insurance." In *Dynamic Hedging: A Guide to Portfolio Insurance.* pp. 1–7, New York: John Wiley & Sons, 1988.

Libet, Benjamin. "Unconscious Cerebral Initiative and the Role of Conscious Will in Voluntary Action." *Behavioral and Brain Sciences* 8, no. 4 (1985): pp. 529–539. doi:10.1017/S0140525X00044903.

Libet, Benjamin, Curtis A. Gleason, Elwood W. Wright, and Dennis K. Pearl. "Time of Conscious Intention to Act in Relation to Onset of Cerebral Activity (Readiness-Potential): The Unconscious Initiation of a Freely Voluntary Act." *Brain* 106, no. 3 (1983): pp. 623–642. doi:10.1093/brain/106.3.623.

Lichtman, Jeff W. "Can the Brain's Structure Reveal Its Function, Theoretically Speaking?" In *Theoretically Speaking Series.* Invited talk. Simons Institute for the Theory of Computing, 2018. https://simons.berkeley.edu/events/theoretically-speaking-jeff-lichtman.

Lichtman, Jeff W., Hanspeter Pfister, and Nir Shavit. "The Big Data Challenges of Connectomics." *Nature Neuroscience* 17 (2014): pp. 1448–1454. doi:10.1038/nn.3837.

Lucas, John Randolph. "Minds, Machines, and Gödel." *Philosophy* 36, no. 137 (1961): pp. 112–127.

MacKay, Donald G. "Metamorphosis of a Critical Interval: Age-Linked Changes in the Delay in Auditory Feedback that Produces Maximal Disruption of Speech." *Journal of the Acoustical Society of America* 43, no. 4 (2005): pp. 811–821. doi:10.1121/1.1910900.

Margulis, Lynn, and Dorion Sagan. *Acquiring Genomes: A Theory of the Origins of Species.* New York: Basic Books, 2002.

Marino, Leonard R. "General Theory of Metastable Operation." *IEEE Transactions on Computers* C-30, no. 2 (1981): pp. 107–115.

Maturana, Humberto, and Francisco Varela. *Autopoiesis and Cognition: The Realization of the Living.* Dortrecht, Boston, London: D. Reidel Publishing Company, 1980.

Mayr, Ernst. *What Evolution Is.* New York: Basic Books, 2001.

McLuhan, Marshall. *The Gutenberg Galaxy: The Making of Typographic Man.* Toronto: University of Toronto Press, 1962.

McLuhan, Marshall. *Understanding Media: The Extensions of Man.* New York: McGraw Hill, 1964.

Mendler, Michael, Thomas R. Shiple, and Gérard Berry. "Constructive Boolean Circuits and the Exactness of Timed Ternary Simulation." *Formal Methods in System Design* 40, no. 3 (2012): pp. 283–329. doi:10.1007/s10703-012-0144-6.

Miller, Julian F., and Peter Thomson. "Cartesian Genetic Programming." In *European Conference on Genetic Programming,* vol. LNCS vol. 10802, pp. 121–132. New York: Springer, 2000.

Milner, Robin. *Communication and Concurrency.* Englewood Cliffs, NJ: Prentice Hall, 1989.

Mitchell, Tom M. *Machine Learning.* New York: McGraw Hill, 1997.

Moor, James H. "The Nature, Importance, and Diff iculty of Machine Ethics." *IEEE Intelligent Systems* 21, no. 4 (2006): pp. 18–21. doi:10.109/MIS.2006.80.

Muller, Richard A. *Now: The Physics of Time.* W. W. Norton, 2016.

Ng, Andrew, and Stuart Russell. "Algorithms for Inverse Reinforcement Learning." in *Proc. 17th International Conf. on Machine Learning,* pp. 663–670. San Francisco, CA: Morgan Kaufman, 2000.

Nietzsche, Friedrich. *The Will to Power.* Translated by Walter Kaufmann and R. J. Hollingdale. New York: Vintage Books, 1886–87, 1967 translation.

Norton, John D. "Causation as Folk Science." In *Causation, Physics, and the Constitution of Reality,* pp. 11–44. Oxford, UK: Clarendon Press, 2007.

Parf it, Derek. *Reasons and Persons.* New York: Oxford University Press, 1984.

Park, David. "Concurrency and Automata on Inf inite Sequences." In *Theoretical Computer Science,* vol. LNCS 104. Berlin, Heidelberg: Springer, 1980. doi:10.1007/BFb0017309.

Parker, Andrew. *In the Blink of an Eye: How Vision Sparked the Big Bang of Evolution.* New York: Perseus Pub, 2003.

Pearl, Judea, and Dana Mackenzie. *The Book of Why: The New Science of Cause and Effect.* New York: Basic Books, 2018.

Penrose, Roger. *The Emperor's New Mind: Concerning Computers, Minds and The Laws of Physics.* Oxford, UK: Oxford University Press, 1989.

Pfeifer, Rolf, and Josh Bongard. *How the Body Shapes the Way We Think: A New View of Intelligence.* Cambridge, MA: MIT Press, 2007.

Philippe, Sébastien, Robert J. Goldston, Alexander Glaser, and Francesco d'Errico. "A Physical Zero-Knowledge Object-Comparison System for Nuclear Warhead Verification." *Nature Communications* 7 (2016): pp. 1–7. doi:10.1038/ncomms12890.

Pinker, Steven. *The Blank Slate: The Modern Denial of Human Nature.* New York: Viking, 2002/2016.

Pinker, Steven. *Enlightenment Now: The Case for Reason, Science, Humanism, and Progress.* New York: Penguin Books, 2018.

Pollock, Cassandra, and Alex Samuels. "Hysteria Over Jade Helm Exercise in Texas Was Fueled by Russians, Former CIA Director Says." *Texas Tribune,* May 2018. https://www.texastribune.org/2018/05/03/hysteria-over-jade-helm-exercise-texas-was-fueled-russians-former-cia-/.

Popper, Karl. *The Logic of Scientific Discovery.* London: Hutchinson & Co., 1959.

Putnam, Hilary. "Psychological Predicates." In *Art, Mind, and Religion,* pp. 37–48. Pittsburgh: University of Pittsburgh Press, 1967.

Quammen, David. *The Tangled Tree: A Radical New History of Life.* New York: Simon & Schuster, 2018.

Quisquater, Jean-Jacques (with Myriam, Mureil, and Michaël), Louis C. Guillou (with Marie Annick, and Gäıd, Genolé, and Soazig), and with Tom Berson (for the English translation). "How to Explain Zero-Knowledge Protocols to Your Children." In *Advances in Cryptology (CRYPTO),* pp. 628–631. New York: Springer, 1989.

Rawls, John. *A Theory of Justice.* Cambridge, MA: Harvard University Press, 1971.

Ribeiro, Marco Túlio, Sameer Singh, and Carlos Guestrin. "Why Should I Trust You? Explaining the Predictions of Any Classifier." In *International Conference on Knowledge Discovery and Data Mining,* pp. 1135–1144. New York: ACM, 2016. doi:10.1145/2939672.2939778.

Rogers, Deborah S., and Paul R. Ehrlich. "Natural Selection and Cultural Rates of Change." *Proceedings of the National Academy of Sciences of the United States of America* 105, no. 9 (2008): pp. 3416–3420.

Rosenblueth, Arturo, Norbert Wiener, and Julian Bigelow. "Behavior, Purpose, and Teleology." *Philosophy of Science* 10, no. 1 (1943): pp. 18–24.

Rothman, Joshua. "In the Age of A.I., Is Seeing Still Believing?" *New Yorker,* November 2018. https://www.newyorker.com/magazine/2018/11/12/in-the-age-of-ai-is-seeing-still-believing.

Rovelli, Carlo. *The Order of Time.* New York: Riverhead Books, 2018.

Ruckenstein, Minna, and Natasha Dow Schüll. "The Datafication of Health." *Annual Review of Anthropology* 46 (2017): pp. 261–278. doi:10.1146/annurev-anthro-102116-041244.

Rumelhart, David E., Geoffrey E. Hinton, and Ronald J. Williams. "Learning Representations by Back-propagating Errors." *Nature* 323 (1986): pp. 533–536.

Russell, Bertrand. "On the Notion of Cause." *Proceedings of the Aristotelian Society* 13 (1913): pp. 1–26.

Russell, Stuart. *Human Compatible: Artificial Intelligence and the Problem of Control.* New York: Viking, 2019.

Russell, Stuart. "Learning Agents for Uncertain Environments (Extended Abstract)." In *Computational Learning Theory (COLT),* New York: ACM pp. 101–103. July 1998. doi:10.1145/279943.279964.

Russell, Stuart, and Peter Norvig. *Artificial Intelligence.* London: Pearson, 2010.

Sagan, Lynn. "On the Origin of Mitosing Cells." Journal of Theoretical Biology 14, no. 3 (1967): pp. 225–274. doi:10.1016/0022-5193(67)90079-3.

Sangiorgi, Davide. "On the Origins of Bisimulation and Coinduction." ACM Transactions on Programming Languages and Systems 31, no. 4 (2009): 15:1–15:41. doi:10.1145/1516507.1516510.

Sapolsky, Robert M. *Behave: The Biology of Humans at Our Best and Worst.* New York: Penguin Press, 2017.

Schilthuizen, Menno. *Darwin Comes to Town: How the Urban Jungle Drives Evolution*. New York: Picador, Macmillan Publishing Group, 2018.

Schrödinger, Erwin. *What Is Life: The Physical Aspect of the Living Cell.* Cambridge, UK: Cambridge University Press, 1944.

Searle, John R. *Intentionality: An Essay in the Philosophy of Mind.* Cambridge, UK: Cambridge University Press, 1983.

Shannon, Claude E. "A Mathematical Theory of Communication." Reprinted in 2001 with corrections from the Bell System Technical Journal, 1948. ACM SIG-MOBILE Mobile Computing and Communications Review 5, no. 1 (1948): pp. 3–55.

doi:10.1145/584091.584093.

Shapiro, Ehud. "A Mechanical Turing Machine: Blueprint for a Biomolecular Computer." Interface Focus 2, no. 4 (2012): pp. 497–503. doi:10.1098/rsfs.2011.0118.

Sigmund, Karl. *Exact Thinking in Demented Times: The Vienna Circle and the Epic Quest for the Foundations of Science.* New York: Basic Books, 2017.

Simonite, Tom. "When It Comes to Gorillas, Google Photos Remains Blind." WIRED, January 2018. https://www.wired.com/story/when-it-comes-to-gorillas-google-photos-remains-blind/ .

Smith, David C., and Angela E. Douglas. *The Biology of Symbiosis.* London: Edward Arnold (Publishers) Ltd., 1987.

Sorensen, Eric, and Jeff Reinke. "Nissan Braking System Deactivating Itself." IEN (Industrial Equipment News) Newsletter, September 2018. https://www.ien.com/product-development/video/21024265/nissan-braking-system-deactivating-itself.

Stringer, Christopher. "Brain Size Has Increased for Most of Our Existence, So Why Has It Started to Diminish for the Past Few Thousand Years?" Scientif ic American Mind 25 (October 2014): p. 74. doi:10.1038/scientif icamericanmind1114-74b.

Taleb, Nassim Nicholas. *The Black Swan.* New York: Random House, 2010.

Tegmark, Max. *Life 3.0: Being Human in the Age of Artif icial Intelligence.* New York: Alfred A. Knopf, 2017.

Thelen, Esther. "Grounded in the World: Developmental Origins of the Embodied Mind." *Infancy* 1, no. 1 (2000): pp. 3–28.

Tian, Xing, and David Poeppel. "Mental Imagery of Speech and Movement Implicates the Dynamics of Internal Forward Models." *Frontiers in Psychology,* 1, article 166 pp. 1–23 2010. doi:10.3389/fpsyg.2010.00166.

Turing, Alan. M. "Computing Machinery and Intelligence." *Mind* 59, no. 236 (1950): pp. 433–460. http://www.jstor.org/stable/2251299.

Turing, Alan M. "On Computable Numbers with an Application to the Entscheidungsproblem." *Proceedings of the London Mathematical Society* 42 (1936): pp. 230–265.

van Grouw, Katrina. *Unnatural Selection.* Princeton, NJ: Princeton University Press, 2008.

Vigna, Paul, and Michael J. Casey. *The Age of Cryptocurrency: How Bitcoin and Digital Money Are Challenging the Global Economic Order.* New York: St. Martin's Press, 2015.

Vincent, James. "Deepfakes for Dancing: You Can Now Use AI to Fake Those Dance Moves You Always Wanted." *The Verge,* August 2018. https://www.theverge.

com/2018/8/26/17778792/deepfakes-video-dancing-ai-synthesis.

Vincent, James. "How Three French Students Used Borrowed Code to Put the First AI Portrait in Christie's." *The Verge,* October 2018. https://www.theverge.com/2018/10/23/18013190/ai-art-portrait-auction-christies-belamy-obvious-robbie-barrat-gans.

Vincent, James. "Lyrebird Claims It Can Recreate Any Voice Using Just One Minute of Sample Audio." *The Verge,* April 2017. https://www.theverge.com/2017/4/24/15406882/ai-voice-synthesis- copy-human-speech-lyrebird.

Vincent, James. "Twitter Taught Microsoft's AI Chatbot to Be a Racist Asshole in Less Than a Day." *The Verge,* March 2016. https://www.theverge.com/2016/3/24/11297050/tay-microsoft-chatbot-racist.

Vinge, Vernor. "The Coming Technological Singularity." *Whole Earth Review* Winter issue (1993).

von Neumann, John. "The General and Logical Theory of Automata." In *Hixon Symposium,* 1–41. Hafner Publishing, September 1951.

Wachter, Sandra, Brent Mittelstadt, and Luciano Floridi. "Why a Right to Explanation of Automated Decision-Making Does Not Exist in the General Data Protection Regulation." *International Data Privacy Law, Available at SSRN,* 2017. doi:10.2139/ssrn.2903469. https://ssrn.com/abstract=2903469.

Wang, Yilun, and Michal Kosinski. "Deep Neural Networks Are More Accurate than Humans at Detecting Sexual Orientation from Facial Images." *Journal of Personality and Social Psychology* 114, no. 2 (2018): pp. 246–257. doi:10.1037/pspa0000098.

Warzel, Charlie. "He Predicted The 2016 Fake News Crisis. Now He's Worried About An Information Apocalypse." *Buzz Feed,* 2018. https:// www.buzzfeednews.com/article/charliewarzel/ the-terrifying-future-of-fake-news.

Wegner, Peter. "Why Interaction Is More Powerful Than Algorithms." *Communications of the ACM* 40, no. 5 (1997): pp. 80–91. doi:10.1145/253769.253801.

Wegner, Peter, Farhad Arbab, Dina Goldin, Peter McBurney, Michael Luck, and Dave Roberson. "The Role of Agent Interaction in Models of Computing: Panelist Reviews." *Electronic Notes in Theoretical Computer Science* 141 (2005): pp. 181–198. https://eprints.soton.ac.uk/261913/1/finco05.pdf.

Weizenbaum, Joseph. "ELIZA—A Computer Program for the Study of Natural Language Communication Between Man and Machine." *Communications of the ACM* 9, no. 1 (1966): pp. 36–45. doi:10.1145/365153.365168.

Wheeler, John Archibald. "Hermann Weyl and the Unity of Knowledge." *American Scientist* 74 (1986): pp. 366–375. http://www.weylmann.com/wheeler.pdf.

Wiener, Norbert. *Cybernetics: Or Control and Communication in the Animal and the Machine.* Cambridge, MA: Librairie Hermann & Cie, Paris/MIT Press, 1948.

Wiener, Norbert. "Some Moral and Technical Consequences of Automation." *Science of Computer Programming* 131 pp. 1355–1358 (1960).

Wilson, Dennis G., Sylvain Cussat-Blanc, Hervé Luga, and Julian F Miller. "Evolving Simple Programs for Playing Atari Games." In *The Genetic and Evolutionary Computation Conference (GECCO).* New York: ACM, pp. 229–236, June 2018. doi:10.1145/3205455.3205578.

Wittgenstein, Ludwig. *Tractatus Logico-Philosophicus.* Translated by Charles Kay Ogden. London: Routledge & Kegan Paul Ltd., 1922, 1960 translation.

Wolchover, Natalie. "A New Physics Theory of Life." *Quanta Magazine,* January 2014. https://www.quantamagazine.org/a-new-thermodynamics-theory-of-the-origin-of-life-20140122/.

Wolfram, Stephen. *A New Kind of Science.* Champaign, IL: Wolfram Media, Inc., 2002.

Wolpert, David H. "Physical Limits of Inference." *Physica* 237, no. 9 (2008): pp. 1257–1281. doi:10.1016/j.physd.2008.03.040.

Wright, Sewall. "The Relative Importance of Heredity and Environment in Determining the Piebald Pattern of Guinea-Pigs." *Proceedings of the National Academy of Sciences of the United States of Amer i ca* 6, no. 6 (1920): 320–332. doi:10.1073/pnas.6.6.320.

Zimmer, Carl. "Hunting Fossil Viruses in Human DNA." *New York Times,* January 2010. https://www.nytimes.com/2010/01/12/science/12paleo.html.